U0262740

本书得到“十一五”国家科技支撑计划项目“城郊区环保型特色农业支撑技术研究与示范”、“十二五”国家科技支撑计划课题“中南稻区复合生物循环技术集成与示范”和“十二五”国家科技支撑计划项目“城郊环保型高效农业关键技术研究与示范”的资助。

南方环保型种养循环农业原理与应用

吴金水 等 著

科 学 出 版 社

北 京

内 容 简 介

本书系统地阐述了循环农业的内涵以及国内外循环农业的发展趋势、环保型循环农业系统的结构和功能，构建了适合我国南方的牧草-肉牛-蔬菜复合循环农业体系，阐述了牧草和青贮玉米种植与加工、肉牛养殖、养牛场废弃物肥料化利用、环境保育系统和特种作物绿色生产等关键技术，并阐述了循环农业园区的建设与管理。以期为解决当前农业种养分离和环境污染等问题，构建南方环保型种养循环农业体系和循环农业园区提供参考。

本书适合农学、环境学、生态学、区域规划与管理等领域的科研、教学、管理部门人员及研究生、本科生阅读参考。

图书在版编目(CIP)数据

南方环保型种养循环农业原理与应用/吴金水等著. —北京：科学出版社，2021.6

ISBN 978-7-03-069028-9

Ⅰ. ①南…　Ⅱ. ①吴…　Ⅲ. ①生态农业-研究-南方地区　Ⅳ. ①S-0

中国版本图书馆 CIP 数据核字（2021）第 104680 号

责任编辑：王　倩 / 责任校对：樊雅琼

责任印制：吴兆东 / 封面设计：无极书装

科学出版社 出版

北京东黄城根北街 16 号

邮政编码：100717

http://www.sciencep.com

北京建宏印刷有限公司 印刷

科学出版社发行　各地新华书店经销

*

2021 年 6 月第　一　版　开本：787×1092　1/16

2021 年 6 月第一次印刷　印张：17 1/4

字数：410 000

定价：238.00 元

（如有印装质量问题，我社负责调换）

《南方环保型种养循环农业原理与应用》撰写委员会

主　　笔　吴金水

副 主 笔　肖和艾　李明德　蔡立湘　纪雄辉　邹冬生
彭福元　黄凤球　彭新德　张玉烛　魏文学
刘琼峰　周传社　盛　浩　曾冠军

成　　员　（按姓名拼音排序）

陈　亮　陈　向　陈香碧　程江锋　崔新卫
高志强　葛体达　宫殿林　谷　雨　胡廉成
胡亚军　黄道友　李　睿　李　希　李　勇
李宝珍　李红芳　李万明　李宇虹　李裕元
刘　锋　刘　洋　刘新亮　卢红玲　鲁耀雄
罗　沛　孟　岑　倪　笑　彭　华　秦红灵
沈健林　盛良学　石新科　苏以荣　孙继民
田发祥　童成立　王　华　王　娟　王　毅
吴海勇　向左湘　肖光辉　肖润林　谢运河
徐华勤　许　超　杨倩茹　杨曾平　张　帆
张　泉　张焕裕　张苗苗　张树楠　张文钊
张戊梅　张杨珠　张智优　郑　亮　周　萍
周脚根　周峻宇　朱国奇　朱捍华　朱奇宏
祝贞科

序

农业是我国国民经济的重要基础产业，改革开放以来我国现代农业水平取得了长足的发展。但随着我国畜禽养殖业集约化程度的不断提高，种植业化肥施用量的不断增长，以及种植与畜禽养殖业严重脱节，导致种养废弃物造成的环境污染问题日益突出，严重制约了现代农业与经济和社会的可持续发展。如何实现种养循环农业与生态环境保护的协调发展，是我国目前农业发展的当务之急。

环保型循环农业以低投入、低排放、循环化和废弃物资源化利用为技术支撑，将污染物源头控制、过程阻控、末端消减和资源循环利用等基本原则和措施融入农业时空布局、产业结构配置和生产全过程。通过科学设计、规模运行、精细管理和科技支撑，实现种养加产业链过程中的生物能多级转化和资源（氮磷）循环，通过废弃物无害化处理系统对种养加生产过程中废弃物进行无害化处理和资源化利用，建立环境保育系统保护循环农业系统生态环境，通过延伸系统，建立循环农业文化园进行科普教育和传播农业文化，最终实现投入最低、产出最大、价值最高和环境影响最小的目标。

该书系统阐述了循环农业的理论基础和科学内涵及发展趋势、环保型循环农业的结构模式和功能，构建了适合我国南方地区的种养复合循环农业模式，阐述了环保型种养循环农业的关键技术以及循环农业园区建设。对于深入探讨种养复合循环农业理论，创新环保型循环农业模式，运用循环农业理论指导现代农业生产转型和结构调整与优化，构建区域特色环保型循环农业园区，实现农业生产资源节约和环境友好，推动我国循环农业发展具有重要的理论价值和科学意义。

衷心祝贺吴金水研究员和他的项目团队同事们完成该书的撰写，该书必会受到相关领域读者的欢迎。

畜禽养殖污染控制与资源化技术国家工程实验室主任

中国工程院院士

2020 年 11 月

前　言

我国现行农业体系建立在高投入模式上，种植业和养殖业出现结构性的分离。进入21世纪以来，全国化肥施用总量超过6000万t/a，平均高达0.45t/hm^2。长期大量施用化肥不仅造成土壤酸化、镉等重金属活性升高、中微量元素相对缺乏、农产品质量下降等问题，还产生了严重的农田面源污染。同时，我国的集约化畜禽养殖规模已达约7亿头猪当量，粪便排放总量高达36亿t，成为全国COD和氮磷排放的主要源头，但如果加以充分利用，预期可以替代1/3的化肥氮磷。此外，我国改革开放以来，农产品加工业也得到高速发展，全行业2019年的经济规模达到22万亿元，产生的固体废弃物（简称固废）和废水量亦较为巨大。

环保型循环农业的本质是种养加结合，使养殖业和农产品加工业的固废与废水得到充分利用，从而消除其环境排放，减少种植业的化肥投入，实现低投入、高产出、环境影响小的目标，建立生态环境优美的农业生态系统。在实践中如何确保养殖和加工系统与种植系统在经济可行的空间内实现周年衔接？一是应按照因地制宜的原则科学设计；二是按照经济效益驱动的可持续原则，通过规模运行、精细管理，尽可能地实现产品增值和产业链延伸增值；三是系统性地运用科技手段与先进设施，实现种养加废弃物无害化和资源化高效转化利用，并构建可靠的环境保育系统。

本书基于中南丘岗区的土地和水热优势及农业结构特点，阐述构建区域环保型种养循环农业系统的基本原理；结合当前国内外最新技术成果，阐述了牧草和青贮玉米种植与加工、肉牛养殖、养牛场废弃物肥料化利用、环境保育系统、特种作物绿色生产等循环农业关键技术，以及循环农业园区建设与管理。通过建立基于稻田、丘岗坡地系统的“种植-养殖-废弃物资源化-再循环或再利用”的循环生产体系，优化农业生态系统生物结构，构建循环高效的农田生产系统，提高种植业系统的物质和能量的多级循环利用，有效控制和消解农田有害物质，最大限度地减轻环境污染，构建基于中南丘岗区生物质高效利用、环境安全、产品优质、低碳的区域特色环保型循环农业体系。

本书以“十一五”国家科技支撑计划项目“城郊区环保型特色农业支撑技术研究与示范”、“十二五”国家科技支撑计划课题“中南稻区复合生物循环技术集成与示范”和“十二五”国家科技支撑计划项目“城郊环保型高效农业关键技术研究与示范”为主要支持平台。项目和课题实施中得到科技部的大力支持，是课题参与单位（中国科学院亚热带农业生态研究所、湖南省农业科学院、湖南农业大学等）的110多位科研工作者和研究生辛勤工作的共同成果。循环农业示范基地建设得到长沙县人民政府、富川瑶族自治县人民政府等地方政府的大力支持，并得到长沙县金井镇湘丰村委会、长沙县开慧镇锡福村委会的大力支持，同时得到湘丰茶叶集团有限责任公司、大长江环境工程技术有限公司、湖南天府生态农业有限公司、河南省诸美种猪育种集团有限公司、湖南中科肥业有限公司、湖南瑞臻生态农业有限公司、湖南洋利农林科技有限公司、富川富泽生态农业科技开发有限责任公司、广西富川华发科技股份有限公司、湖南阳春农业生物科技有限责任公司、湖南省春华生物科技有限公司、湖南和平生物科技有限公司、湖南国进食用菌开发有限公司、湖南省坤豫源农业科技发展有限公司、泰谷生态科技集团股份有限公司、湖南百威生物科技有限公司、长沙浩博生物技术有限公司、无锡中科活力生物技术有限公司等企业的大力支持。特此表示感谢！

由于水平有限，本书难免存在不足之处，敬请读者指正。

吴金水

2020年11月于长沙

目　　录

第一章 循环农业内涵与现状

农业是我国国民经济的重要基础产业，改革开放以来我国现代农业水平取得了长足的发展。但是，我国畜禽养殖业集约化程度的不断提高、种植业化肥施用量的不断增长，以及种植与养殖业的严重脱节，导致种养废弃物的环境污染及农业面源污染问题日益突出，严重制约着现代农业与经济、社会的可持续发展。如何实现种养循环农业与生态环境保护的协调发展，以及现代农业的优化转型与整体技术提升，是我国农业发展的当务之急。深入研究种养结合循环农业理论与科学内涵，合理运用循环农业理论指导现代农业生产实践，不断创新具有中国特色的循环农业理念和模式，实现资源节约和环境友好，对于指导在我国具有举足轻重地位的循环农业的发展具有重要的现实意义。

第一节 我国循环农业形成与发展

一、我国循环农业发展历程

（一）循环经济理论的提出

随着我国近现代经济和社会的快速发展，工业化与农业现代化进程的推进，资源、生态、环境和能源等方面面临严峻挑战，如何解决经济、社会发展与环境承载能力之间日益突出的矛盾，实现经济社会的可持续发展，成为十分紧迫的问题。循环经济（circular economy）是在实体经济的生产、流通和消费等过程中进行的减量化（reducing）、再利用（reusing）、资源化（recycling）（3R）活动总称，主要是指在实体经济发展过程中充分实现自然资源节约和循环利用目标的活动总称。循环经济是运用生态学基本规律来指导人类社会发展的经济活动，是把清洁生产和传统废弃物的综合利用融为一体的经济。我国从1998年引入德国循环经济概念，确立了“3R”原理为循环经济理论。2008年8月29日，我国通过了《中华人民共和国循环经济促进法》，把资源节约、环境建设同经济发展、社会进步有机地结合起来，既可以保证自然资源环境对经济发展的支持，又可以保证经济发展对资源节约和环境改善的促进，实现符合科学发展要求的良性循环。2013年1月23日，国务院发布《循环经济发展战略及近期行动计划》，提出加快转变经济发展方式，推进资源节约型、环境友好型社会建设，提高生态文明水平。2015年4月25日，国务院又发布《关于加快推进生态文明建设的意见》，专题论述发展循环经济，加快建立循环型工业、农业和服务业体系，构建覆盖全社会的自然资源循环利用体系。目前，循环经济理论已成为我国未来经济发展的重要理论基础。

（二）我国循环农业发展阶段

农业是我国国民经济的重要基础产业，我国用占世界6%的水资源和9%的耕地，养活占世界22%的人口；同时我国农业发展面临着高投入、低产出、低效益、资源高消耗和过度利用、生态退化、环境恶化等严峻问题，我国农产品生产能力持续提升以资源高消耗和过度利用、牺牲环境为代价。循环农业是我国循环经济战略的重要组成部分，发展循环农业是实施循环经济理念、建立资源节约型社会的关键性基础环节。通过发展循环农业，实现对现有农业的三个转变：一是由单一生产功能向兼顾生态、社会和经济协调发展转变；二是由单向式资源利用向循环型综合利用转变；三是由粗放高消耗型技术体系向节约高效型技术体系转变。

我国循环农业发展可分为三个阶段：传统循环农业阶段、多功能循环农业阶段和农业循环经济阶段。

1. 传统循环农业阶段

从20世纪80年代到2005年，国外循环农业理论和技术体系向国内传播，循环农业经历了从与我国传统农业技术体系相融合到与新技术体系应用相衔接的过程。

20世纪80年代，农产品供给严重不足是当时突出的社会和经济问题。为了改变农产品短缺的局面，国家实行鼓励高投入的农业政策，导致人们采用大量使用化肥和农药的措施来缓解人民对农副产品需求的矛盾，同时也促使我国农业逐步由传统农业向现代农业过渡。随着土地利用强度的提高、资源的大量投入以及生产技术的提高，我国农业的单产和总产均大幅度提高。但是，资源高耗型农业也给生态环境和农产品质量安全带来严重安全隐患。这一阶段循环农业是以满足城乡居民农产品供应需求为主要功能的传统模式。

20世纪90年代初至21世纪初，我国农业向集约化和产业化模式发展。我国农业生产通过发展规模经营，提高劳动生产率和农产品商品率，优化组合农业生产要素，提高经济效益。同时，针对区域特色围绕主导产业发展专业生产区，建立特色农产品商品基地。然而，在资源高耗型农业的传统集约化模式下，农业与生态环境的矛盾不仅没有得到有效解决，反而进一步恶化。该阶段循环农业是以扩大农产品供应规模为主要目标的集约化和产业化发展模式。

2. 多功能循环农业阶段

21世纪以来我国循环农业得到党和政府的高度重视。党的十七届三中全会明确提出，发展节约型农业、循环农业、生态农业，加强生态环境保护；2006年中央一号文件提出，“推进现代农业建设”“大力发展循环农业”；2007年中央一号文件提出，“加强农村环境保护，减少农业面源污染”“鼓励发展循环农业、生态农业，有条件的地方可加快发展有机农业”。党的十九大报告指出，“坚定走生产发展、生活富裕、生态良好的文明发展道路，建设美丽中国”“实施乡村振兴战略”“构建现代农业产业体系、生产体系、经营体系”“促进农村一二三产业融合发展”。

2007年农业部提出“循环农业促进行动”计划，开展循环农业试点市工作，在优势农产品主产区、大中城市郊区、重点水源保护区、草原生态脆弱区等不同功能区，选择具有代表性的地市，整市推进，开展循环农业试点示范。农业部在“十一五”期间，以河北邯郸等10个地区为重点，在全国选择500个县，建设1万个良性循环的零污染生态新村，并在地市范围内出台发展循环农业的政策，鼓励农民采用循环农业技术。2011年农业部出台《农业部关于加快推进农业清洁生产的意见》，推动了农业由单向式资源利用向循环型综合利用转变、由粗放高耗型技术体系向节约高效型技术体系转变，拓展和延伸农业产业链条，将传统“资源—产品—废弃物”线性生产方式转变为“资源—产品—废弃物—再生资源”循环农业方式，实现农业生产清洁化、农村废弃物资源化（尹昌斌，2013）。科技部在“十一五”和“十二五”期间，设立国家科技支撑计划“农田循环生产关键技术研究与集成示范”和“循环农业科技工程”项目，形成了一批适合各地的循环农业发展模式和技术体系。2016年农业部和国家农业综合开发办公室制定《农业综合开发区域生态循环农业项目指引（2017—2020年）》，在全国建设区域生态循环农业项目300个，积极推动资源节约型、环境友好型和生态保育型农业发展，开展畜禽养殖废弃物资源化利用、农副资源综合开发、标准化清洁化生产等方面建设，促进农牧结合和种养循环。

该阶段农业发展从过度依赖资源消耗向绿色生态可持续转变，从满足“量”的需求向“质”的需求转变。循环农业改变了农业单一生产功能，该阶段为以满足城乡居民对优质农产品需求为目标的多功能循环农业阶段。多功能循环农业强调农业与生态环境的协调，以低投入、低排放、循环化、废弃物资源化利用为技术支撑，生产高品质的农产品，满足人民对农业生产、生活和生态环境等多功能需求。多功能循环农业将农业生产种植业和养殖业、农产品加工业、农产品市场服务业、观光旅游业深度融合，是实现我国生态文明建设，构建现代农业产业与技术体系的重要方向。

3. 农业循环经济阶段

农业循环经济阶段是循环农业理论和技术体系达到完备的阶段，解决问题的方案和技术系统针对性强且效果十分明显，循环农业产业化的经济效益较高。通过循环农业理论和技术体系的不断完善，循环农业将发展到农业循环经济阶段，通过相关模式与技术措施的应用，实现资源高效循环利用、生产过程清洁无害、农产品高产优质、企业与农民增收、农业生产和生活环境不断优化。农业循环经济阶段的农业生产过程，既是一个农产品的生产过程，又是一个农民增收、农村生态环境不断优化的过程，更是一个依靠创新驱动，国家经济、社会、生态文明高度和谐发展的过程。

二、我国循环农业发展现状

（一）循环农业模式

近年来，我国各地积极探索和实践循环农业，涌现了丰富多样的循环农业模式类型。基于产业发展目标分类可分为生态农业改进型、农产品质量提升型、废弃物资源利用型和生态环境改善型；基于产业空间布局分类可分为微观层面、中观层面、宏观层面，宏观层面循环农业模式又可分为生态村镇型和区域型（周颖等，2008）；基于管理主体可分为政府主导型、企业自主型和农户为主型；基于农业系统内部和外部可分为种植业内循环、养殖业内循环、种养业“耦合循环”，以及与农业系统外加工业和服务业“耦合循环”，如种养加循环模式。

尹昌斌等（2013）将循环农业模式分为农业复合型循环模式、农业生态保护型循环模式、农业废弃物循环利用模式和产业链循环模式。农业复合型循环模式就是在同一土地管理单元上立体种植，横向延伸，实现农林牧副渔一体化；农业生态保护型循环模式以生态农业的提升和整合为基础，通过合理投入现代化技术，使农业生态系统保持良好的物质能量循环；农业废弃物循环利用模式以农业废弃物资源的多级循环利用为目标，将农业生产过程中的废弃物进行处理再利用；产业链循环模式将种植业、养殖业和农产品加工业连为一体，使上游产业的产品或废弃物转变成下游产业的投入资源，通过多层次产业间的物质和能量交换，提高资源和能源的利用率，防止环境污染。高旺盛等（2015）将循环农业模式分为种植业内部循环生产模式、种养链循环生产模式、农业废弃物资源化循环利用模式、企业循环和区域循环模式。种植业内部循环生产模式包括立体种植、秸秆还田、冬闲田利用等；种养链循环生产模式是种植业与养殖业相结合的形式，主要有以粮猪为代表的种养结合循环模式、以秸秆养牛为代表的草畜结合循环模式、以稻田养鱼/蟹/鸭等为代表的稻田立体种养模式、以桑基鱼塘为代表的基塘循环模式；农业废弃物资源化循环利用模式是以秸秆、畜禽粪便等农业废弃物的资源化综合利用为重点的模式，包括肥料化、能源化、饲料化、基质化和材料化等利用模式；企业循环和区域循环模式在局部区域（村、镇、流域、科技园区）基于资源环境和生态农业实践基础，构建循环农业生产模式，提升产业的链接，实现模式的规模效益，实现生态经济双重高效产出，为高级化的循环农业发展模式。

由于我国地域广阔，自然资源与环境类型、各区域经济社会发展水平与人文环境各不相同，根据各地具体实际和区域特色出现许多因地制宜的循环农业成功案例，如辽宁“四位一体”日光大棚生态农业模式、北京蟹岛绿色生态度假村模式、上海崇明前卫村模式、潮州绿岛模式、长江三角洲平原水网区循环农业圈层模式等。北京蟹岛绿色生态度假村模式依据生态学的协调共生原理与循环再生原理协调农业生产、农产品加工以及农业旅游之间的能流、物流关系，并使其处于稳定和谐的状态，实现彼此功能上的互补，并在生态与经济相统一的原则下寻求整体效益的最大化（赵剑锋，2006）。潮州绿岛模式通过先后实施“果林开发”、“种养结合”和“旅游带动”等措施，形成良好的生态产业链（肖玲和林玲，2006）。长江三角洲平原水网区循环农业圈层模式根据区域农业自然资源、市场区位优势，在空间布局上逐步形成以城乡接合部为第一圈层的设施旱作-水稻轮作模式，以蚕桑、苗木、经济林等多年生农林产业及养殖业为主的第二圈层的种-养-加模式，发展以优质高产粮油、蔬菜生产基地为主的外圈层规模农业模式，促进经济、社会与生态效益协调发展（吴金水等，2010）。

种养复合循环农业模式是我国循环农业实践探索的主要模式之一，其与区域自然条件、产业类型及资源禀赋紧密相关，如山东寿光形成以秸秆综合利用、畜禽粪便利用和沼气为纽带的资源利用型农业循环发展模式（王隆，2014）；黑龙江形成“废物综合利用”、“养殖-沼-种植”及“种植-生物质能源和加工品-沼-种植”相结合的循环农业发展模式（徐可佳，2013）；北方平原区基于农业废弃物资源化利用，形成以沼气工程、好氧堆肥和秸秆资源化为纽带的种养循环农业模式（赵立欣等，2017）。根据农业生态与生产体系的特点，当前国内已形成的种养复合循环农业模式主要有以下几种代表模式：种植业与生猪养殖业相结合的“猪-沼/肥-粮经作物”循环模式；种植业与草食动物养殖业相结合的“牧草（秸秆）-草食动物养殖（牛、羊）-沼/肥-种植系统”循环模式；稻田种养结合循环农业模式，如稻田养鸭、稻田养鱼模式等。

（二）循环农业技术体系

针对我国种植业、养殖业、加工业三大产业内部及产业之间的循环需求，循环农业技术体系主要包括农业物质循环高效利用及减量技术、农业系统水循环利用关键技术、农业耕种节能关键技术、农机化循环农业技术、可再生资源的直接还田技术、可再生资源的加环利用技术、农业光热资源周年循环利用关键技术、农业产业间关联循环生产技术、农业有害生物的生态控制技术、温室气体及污染物阻控技术十大共性关键技术，三大产业内部及产业之间的循环技术，以及支撑循环农业发展的软技术，如区域循环农业发展规划与评价技术等（高旺盛等，2015）。种养循环农业的技术体系主要包括种植业关键技术、养殖业关键技术与种养产业间关联循环生产关键技术等。

1. 种植业关键技术

种植业关键技术包括：粮食和经济作物生产“水、肥、药、能”适量化技术，种植业废弃物再循环利用及种植业污染物综合防控技术，畜牧业和加工业废弃物再“回流”到农田的资源化利用技术。资源节约与环境友好型种植业生产的技术体系包括管道输水、膜下滴灌、水肥一体化等高效节水灌溉技术，测土配方施肥技术（即增施有机肥和减少化肥施用量），农药高效施用技术（即施用高效、低毒、低残留和生物农药，实现化学农药用量逐年递减），粮食生产过程机械化技术，农作物秸秆综合利用技术等。农作物秸秆利用方式有肥料化、饲料化、基料化、原料化、燃料化等，重点是秸秆过腹还田、腐熟还田和机械化还田技术，可利用富含营养成分的花生、豆类等秸秆加工制作饲料，应用秸秆栽培食用菌，发展新型秸秆代木、功能型秸秆木塑复合型材，应用秸秆制沼集中供气、固化成型燃料等。

2. 养殖业关键技术

养殖业关键技术包括：畜禽品种生产“节饲”技术、畜禽养殖清洁生产技术、畜禽粪便的资源化综合利用技术、畜禽加工副产物和废弃物利用技术。畜禽品种生产“节饲”技术包括：畜禽优良品种选育技术、畜禽饲料配方优化技术。畜禽养殖清洁生产技术包括：合理的养殖场建设规划，标准化畜禽养殖场建设，科学的饲养管理，先进的清粪工艺，以及畜禽粪污干湿分离和处理等技术。畜禽粪便的资源化综合利用技术包括：堆肥处理、工厂化生产有机肥、好氧发酵农田直接施用技术，利用畜禽粪便、秸秆、有机生活垃圾等多种原料产沼气技术等。畜禽加工副产物和废弃物利用技术包括：通过深加工集成养殖模式，发展饲料生产、畜禽养殖、畜禽产品加工及深加工一体化养殖业的技术，利用畜禽血液、脏器、骨组织、皮毛绒、蛋壳等生产医药、保健品、生活用品等，提高畜禽加工附加值的技术。

3. 种养产业间关联循环生产关键技术

种养产业间关联循环生产关键技术主要是将种植业生产体系、畜牧养殖体系紧密相连的种养结合技术，包括种养系统可再生资源的加环利用技术、种养系统循环有害物质阻断技术、种养系统生物配置与废弃物资源化利用技术等。种养系统可再生资源的加环利用技术通过种植业、养殖业废弃物的生物质能源加环接口技术以及食用菌资源开发配套技术，延伸农业、畜牧业可再生资源的循环利用途径。种养系统循环有害物质阻断技术主要用来控制种植业、养殖业生产过程中的污染源，包括饲草种植生产过程中重金属减控技术、畜禽养殖重金属和抗生素减量化环保技术、畜禽养殖固体废弃物与液体废弃物还田的有害物质减控技术等。种养系统生物配置与废弃物资源化利用技术是通过周年不同季节种植系统、养殖系统的生物配置，优化作物种植结构与养殖规模，提高饲草作物-养殖系统的养分转化效率，利用种植系统农作物合理搭配消纳养殖废弃物排放的养分资源，从而实现种养系统废弃物资源高效利用的技术。

第二节　国外循环农业发展现状

一、国外循环农业研究

循环农业由生态农业衍生而来，而生态农业在国外起步比较早，最早在欧洲兴起，20世纪30～40年代在德国、瑞士、英国、日本等国得到发展；60年代欧洲许多农场转向生态耕作；70年代发达国家先后出现了“有机农业”、“生态农业”、“自然农业”、“生物农业”、“生物动力农业”、“再生农业”、“超石油农业”和“超工业农业”等替代传统农业趋势；90年代生态农业在世界各国有较大发展。

在该背景下循环农业应运而生，与此同时许多国家都加快了循环农业发展的研究。经济发达国家，如德国、日本、丹麦、瑞典等发展循环农业十分重视保护农业生态环境和实现农业自然资源高效利用，主要依靠先进装备，如节水灌溉（喷灌、滴灌和渗灌等）设备，提高肥料利用率的技术与装备，少污染、高效低毒农药施药技术与装备，农业保护性耕作（少耕、免耕）机械装备，秸秆粉碎和综合利用的装备，批量有机肥生产设备等，围绕农作物营养问题和农作物病虫害治理及杂草控制等问题展开研究。例如，德国是发展循环农业较早、水平较高的国家，也是目前世界上食品生产和消费标准最严格的国家之一，该国要求在农业生产中不能使用化学合成杀虫剂和除草剂，不能使用化学合成肥料，农作物施用有机肥或长效肥，耕地采用轮作或间作等方式种植；畜禽养殖采用天然饲料，不能用转基因作物生产饲料，不能添加抗生素。

从研究方向来看，国外循环农业的研究，重点从保护环境与人类健康的目标出发，比较石油农业带来的问题，重点从技术分析、制度建设、农户行为和政府影响等内容入手，建立了相应的循环农业理论。大量研究学者对农户系统替代农业科学的微观生产行为进行了可持续性的研究，对农业、养殖业和循环农业从广义的角度开展研究，并详细计算了 n 头肉牛饲养系统的能量投入产出值，以测量这个生产系统的可持续程度。有人指出，发展生物质能源，提高农业技术水平仍是当前农业发展的驱动力。有人从基因或植物蛋白质的表达等技术角度，研究了循环农业系统对碳和氮元素的有效利用和转移途径，从农业生态系统的角度优化了农田生态系统的物质流、能量流和信息流，大幅度提高农作物抗病能力，延长作物生育期，提高农作物生产能力，扩大农田碳汇，保护生态环境。

二、国外循环农业发展

（一）美国循环农业发展

美国发展循环农业注重系统构建，主要包括完善法律体系、推广新农作模式、发展精准农业、重视技术研究与教育，以及财政大力支持等。

推广新农作模式促进循环农业发展。新农作模式包括覆盖作物轮作、残茬还田免耕、农牧混合等。例如，残茬还田免耕法是对小麦和大豆等作物秸秆实施机械化秸秆粉碎还田和高留茬收割还田，该方式可显著减少化肥用量，增加土壤有机质含量，该技术是目前美国免耕农田的主导技术，约 70% 的农田采用该技术。覆盖作物轮作也在美国东部温带湿润地区推广，它以豆科绿肥、豆科作物和饲草作物为主，通过种植覆盖作物，其越冬后直接用作覆盖绿肥还田，在不用氮肥情况下，采用该技术农作物可增产 30%~40% 。

发展精准农业促进循环农业发展。精准农业也称为精确农业或精细农作，是根据田间每一操作单元的具体条件，精细准确地调整各项土壤和作物管理措施，最大限度地优化使用各项农业投入，如化肥、农药、水、种子和其他方面的投入，以获取最高产量和最大经济效益，同时减少化学物质使用，保护土地资源和生态环境。因此，精准农业的本质是农业循环经济。精准农业是现有农业生产措施与新近发展的高新技术的有机结合，核心技术是“3S”［GPS（全球定位系统）、GIS（地理信息系统）、RS（遥感）］技术和计算机自动控制系统。1993 年精准农业首先在美国明尼苏达州的两个农场开展示范，结果表明采用 GPS 指导施肥的产量比传统平衡施肥产量提高 30% ，且减少了化肥施用量，经济效益得到大大提高。到目前美国 200 多万个农场中有 60%~70% 的大农场采用精准农业技术，取得了显著的经济效益。

美国发展循环农业的主要方法是将高新技术引入农业循环经济中，构建先进农业技术体系，实现农业生产资源减量投入，体现了循环经济“减量化”原则。美国联邦政府不仅投入大量资金进行精准农业技术、高效施肥技术、灌溉技术及无公害作物保护技术等先进技术的研究，而且投入大量资金用于环境科学技术的基础研究，研发农业环保仪器设备，建立环境质量标准体系。环境污染管理检测和农产品中农药残留检测属于强制性执法检测。

（二）日本循环农业发展

日本循环农业的种类包括有机型农业、再生循环型农业、混合种植和混合养殖型农业[①]。有机型农业遵循自然规律及生态学原理，协调养殖业与种植业平衡，同时生产和饲养的过程中不使用化肥和农药等添加物，通过一系列可持续发展的农业技术维持农业生产。再生循环型农业对农业资源进行重复利用，通过对土地进行充分利用及对农业废弃物进行二次再利用，减小农业环境及自然环境压力，如养殖污水、畜禽粪便、农作物秸秆等都可以进行加工和最大限度的有效利用。混合种植和混合养殖型农业将多种作物进行混合种植，可更好地提高作物产量，或在种植某种作物的同时进行家禽及水产养殖，作物、家禽及水产均衡发展从而使生态环境得到有效保护。

日本推进循环农业发展的主要措施包括：建设环境保全型农业，生物资源循环利用和农村资源地区性整体保全。建设环境保全型农业：在法律方面，日本制定了《农业环境三法》，规定农户在农业生产中要采用土壤保护技术，少用化肥和化学农药；采取一系列涉及生态农户认定、有机农产品认定、特别栽培农产品的表示和生态农户的表示等制度。在技术方面，以土壤修复与健康为核心技术，包括土壤复壮技术，如有机物质输入和绿肥利用等技术；化肥减量技术，如局部施肥、肥效调节型肥料使用、有机肥使用等技术；化学农药减量技术，如机械除草、动物除草、生物农药使用、对抗性植物使用、覆盖栽培、性激素和多孔地表覆盖栽培等技术。生物资源循环利用：将农林水产生物资源、有机废弃物等有机性资源作为能源产品综合利用，其中农林水产业的“生物资源”包括森林间伐材、农作物秸秆、畜禽排泄物等。农村资源的地区性整体保全：维持农村多样化的生态系统和农村景观；通过农业生产活动来保护农村的资源，确保食物的供给能力和发挥农业的多样化功能；提高土地资源的利用效率，更有效地进行农业生产。

（三）其他国家和地区循环农业发展[②]

德国是世界上仅次于美国、法国和荷兰的第四大农产品和食品出口国。德国联邦政府十分重视对天然生物品种资源特别是生态方面有价值的群落保护，规定循环农业企业不能使用化肥、化学农药和除草剂等。德国联邦政府非常重视发展可用来生产能源和化工原料替代品的经济作物，如对甜菜、马铃薯、油菜、玉米等进行定向选育，从中制取乙醇、甲烷，成功地研制出了绿色能源，如从菊芋植物中制取酒精，从羽扇豆中提取生物碱，从油菜籽中提炼植物柴油，从而代替矿物柴油用作动力燃料等。

英国的“永久农业”是一种设计方法，在不破坏环境的基础上生产食物，着眼于人民如何在自己的土地上种植食物并实现自我供给，甚至扩展到社区。“永久农业”注重本地能量与资源的循环，强调相互关联的最大化利用，更具有创造性而不是规则性，强调多年

① 日本循环农业. http://www. wendangxiazai. com/b-171ec2cfb9d528ea81c779a5. html.

② 苟在坪. 国外农业循环经济的发展. http://www. wendangxiazai. com/b-d1136710be23482fb5da4c10. html.

生植物的使用，鼓励使用自我调节系统，社区贸易结构明显胜过全球贸易结构。“永久农业”追求资源的经济利用和再利用，以促进可持续发展，降低实施成本。如利用人畜粪便制备有机肥，不使用化肥和杀虫剂，通过包括多种类种植和绿色覆盖一系列完整技术来保养土地，通过种植多样性的植物以及促使食肉动物进入生态系统来阻止害虫进入，种植苜蓿以固定氮养分等。

澳大利亚平衡型农业注重自然生态平衡，要求农田、森林、牧地和水体保持一定的比例，不能无限制地扩大耕地。农田通过轮作和轮歇，保持地力。同时实施了一系列发展循环农业的举措，如大力推动有机农业，实行秸秆还田，提倡使用有机肥；植物保护实行综合防治，严格控制农药使用，农民喷药需经批准；推进节水农业，充分利用自然资源，改进地面灌溉技术，提高用水效率，自动测定土壤水分含量，大力推行节能省水的滴灌和微喷技术，所有新建果园必须采用滴灌方式；重视生活污水的处理及再利用，栽培能适应生活污水中高盐含量的作物，如黄麻等；仔细分析植物组织，科学指导土壤施肥。

第三节　循环农业内涵与特征

一、循环农业概念与内涵

循环农业是循环经济的一种具体产业表现形式。循环经济是指在实体经济的生产、流通和消费等过程中进行的减量化、再利用、资源化活动的总称，主要是指在实体经济发展过程中充分实现自然资源节约和循环利用的目标的活动总称。循环经济是运用生态学基本规律来指导人类社会发展的经济活动，是把清洁生产和传统废弃物的综合利用融为一体的经济。迄今，循环农业较有代表性的观点有：循环农业是中国未来农业的发展模式，必须在建设生态农业的同时，推进农业清洁生产，开展农业废弃物的综合开发利用（陈德敏和王文献，2002）；循环农业是指运用生态学、生态经济学、生态技术学原理及其基本规律作为指导的农业经济形态，是以绿色 GDP 核算体系及可持续协调发展评估体系为导向，将农业经济活动与生态系统的各种资源要素视为一个密不可分的整体加以统筹协调的新型农业发展模式（郭铁民和王永龙，2004）；循环农业是一个应用农业生态学规律的封闭式流程，其本质是一种低投入、高循环、高效率、高技术、产业化的新型农业发展模式，既具有生态农业的典型特征，又吸收国外可持续农业理论（周震峰等，2004）；循环农业是一个动态的、不断优化的系统，是采用循环生产模式的农业生产体系，建立了一种具有生态食物链、绿色农产品生产、消费过程中无废物、保持水土、延长生产链等特征的可持续农业模式（尹昌斌等，2013）；循环农业是多级多层次利用农作物秸秆、畜禽粪便和人粪尿等农业废弃物资源的农业规模化、集约型生产模式，循环农业的目的是适量投入化肥、农药等生产资料，实现保护生态环境、提高农产品品质以及食品安全的共赢（张海成，2012）；循环农业是生态农业的高级阶段，是生态农业发展的继续，是现代农业功能多样化模式的一种发展思路和新的探索（杨桔，2013）。

循环农业的概念经历了循环型农业、循环节约型农业、农业循环经济。循环农业是一种农业可持续发展模式，在农业资源投入、生产、产品消费、废弃物处理的全过程中，把传统的依赖农业资源消耗的线性增长经济体系，转换为依靠农业资源循环发展的经济体系，倡导一种与资源、环境和谐的经济发展模式（尹昌斌等，2013）。循环农业将循环经济理论、可持续发展和产业链延伸理念、减少废弃物的优先原则和循环经济“3R”原则应用于农业生产体系，按照“资源—产品—废弃物—再利用或再生产”的物质循环和能量流动模式，加强农业系统物质能量多级循环利用，最大限度地降低环境污染和生态破坏，最大限度地提高农业资源利用效率，同时实现农业生产各个环节价值的增值，实现生态良性循环与农村建设和谐发展（高旺盛等，2007）。

循环农业的内涵是运用可持续发展和循环经济理论与生态工程学方法，结合生态学、生态经济学、生态技术学原理及其基本规律，在保护农业生态环境和充分利用高新技术的基础上，调整和优化农业生态系统内部结构及产业结构，提高农业生态系统物质和能量的多级循环利用与自然资源利用效率，严格控制外部有害物质的投入和农业废弃物的产生，最大限度地减轻环境污染。

二、循环农业特征

循环农业是一种全新的理念和策略，其运用生态学规律来指导农业生产活动，在农业生产过程和产品生命周期中要求在减少资源投入量的同时，最大限度地减少废物的产生排放量，将农业发展和与生态环境保护融为一体，实现农业经济和生态环境效益的统一。同时，循环农业强调农业产业间的协调发展和共生耦合，调整产业之间的相互联系和相互作用方式，构建合理而有序的农业生态产业链，以发挥农业多功能性，实现产业增值。

循环农业的理念表现在四个方面：一是遵循循环经济理念的新生产方式，要求农业经济活动按照“投入品→产出品→废弃物→再生产→新产出品”的反馈式流程组织运行；二是一种资源节约与高效利用型的农业经济增长方式，把传统的依赖农业资源消耗的线性增长方式，转换为依靠生态型农业资源循环利用的发展增长方式；三是一种产业链延伸型的农业空间拓展路径，实行全过程的清洁生产，使上一环节的废弃物作为下一环节的投入品；四是一种建设环境友好型新农村的新理念，遏制农业污染和生态破坏（尹昌斌等，2013）。循环农业的主要特征是产业链延伸和资源节约，包括资源利用节约化、生产过程清洁化、农业废弃物资源化、生产和生活无害化四个方面。

（一）资源利用节约化

循环农业首先要保证农业生态系统自然资源的高效利用，发展循环农业的核心是要在农业生产过程中尽量减少农业废弃物，尽量提高自然资源利用效率，要求按照“资源→农产品→农业废弃物→再生资源”反馈式流程组织农业生产，提高农业资源利用率，实现资源利用最大化。循环农业是把传统的依赖农业资源消耗的线性增长方式，转换为依靠生态型农业资源循环利用的发展增长方式。提高水资源、土地资源、生物资源的利用效率，应用有机废弃物再生利用、微生物促进废弃物资源循环利用等技术，减少农业生产对农田和农村生态系统的污染和破坏，注重农业生产中环境的改善和农田生物多样性的保护，不断优化农业可持续发展的生态基础。

（二）生产过程清洁化

循环农业要求实现农业生产过程的清洁化。循环农业与传统农业最大的不同就是把农业生产过程纳入社会生产和自然的生态生产过程，客观上要求农业的生产过程必须借鉴清洁生产的思路，适度使用环境友好的农用化学品，最大限度地实现农业环境污染最小化和农业生产清洁化。根据循环经济发展原理，循环农业的每个生产过程所形成的废弃物，都可以作为下一生产环节的资源或原材料。目前，我们的农业生产过程中存在两方面问题：一是农膜的回收比较困难；二是农用机械，特别是在农田维修大田农机具，很容易造成对农田土壤、地表水和地下水的污染。这些污染在当时的影响可能是很小范围的，但经过一段时间的累积和扩散，很可能就会导致农产品品质严重退化，甚至导致部分农田土壤不能正常生产，生产的产品不能食用。同时，要坚持施用环境友好型化肥和农药，如生物肥料和生物农药，尽量少用或不施用化学农药和肥料等，实现农田和农村环境污染的最小化与农业生产过程的清洁化。

（三）农业废弃物资源化

循环农业通过废物资源化利用、要素耦合等方式，优化农业系统内部结构，延长农业生态产业链，与相关产业形成协同发展的产业网络。例如，种植业生产过程中，除农业收获物外，农作物秸秆是一类数量非常可观的资源。农作物秸秆除含有大量的纤维素、半纤维素、木质素外，鲜秸秆还含有大量的维生素和对人体有一定作用的蛋白质、多种氨基酸等功能成分。秸秆资源的充分利用及饲料加工转化技术对我国畜牧业发展具有重要意义，秸秆过腹还田不仅可以节约饲料用粮，缓解粮食供需矛盾，而且可增加土壤有机质含量和培肥地力，减少化肥用量，降低种植业生产成本，减轻农业面源污染，促进农业的可持续发展（李新华等，2016）。畜禽养殖废弃物资源的循环利用不仅能提高资源利用效率，而且能消除畜禽粪便对环境的污染。畜禽粪便资源循环利用的途径主要有肥料还田、制成饲料、转变成能源等，畜禽粪便肥料还田是目前国内外规模化养殖场处理畜禽粪便的主要途径，通过协调种植业、畜牧业与土壤之间的相互关系，可促进农业生物质生产和废弃物资源循环利用，对于维持区域生态系统的稳定、保障农业生产的持续高效发展具有重要意义。

（四）生产和生活无害化

循环农业通过改变传统的农业生产方式，将农业生产和生活纳入农业生态系统循环中，科学规划设计生态食物链中生物各层级之间的食物关系，通过食物关系促进互补互动、强化共生性，使农产品及其副产品消费彻底后回归自然的道路更加通畅，从而实现农业和农村废弃物的再利用并提高农产品安全程度，遏制农业污染和生态破坏。同时，通过延伸农业产业链，发展多功能农业，提高农村居民的生活质量，实现生态良性循环与农村建设的和谐发展。

三、循环农业遵循原则

关于循环农业发展遵循的原则，不同学者提出了发展的“3R”、“4R”、“5R”、“6R”甚至“8R”的原则。主要观点有：农业发展循环经济的“3R”原则和减少废物优先原则（吴天马，2002）。减量化、资源化、再循环和可控化“4R”原则（高旺盛等，2007）。在“3R”原则的基础上加上资源的再生性（repreduce）原则和替代性（replace）原则，成为操作性更强的“5R”原则（刘静暖和代栓平，2006）。吴季松（2008）在传统“3R”理念中新增“再思考”（rethink）和“再修复”（repair）两原则。宁堂原等（2010）提出了“4R+3U+2E→1RUE”的现代循环农业原则与目标体系：新“4R”原则包括再利用（reuse）、再联合（reunit）、再循环（recycle）和可控制化（regulating）；“3U”分别为用养统筹（unification of land use and soil improvement）、农牧统筹（unification of crop and livestock）和城乡统筹（unification of urban and rural），这是循环农业的三个尺度的统筹，最小尺度是实现农田的用养统筹，使耕地保持持续而稳定的生产能力；中尺度是实现农牧统筹，通过实现农业、畜牧业的最佳比例，使农业废弃物饲料化为养殖业提供原料，使畜禽粪便肥料化而保持耕地的肥力；大尺度的循环农业应该实现区域的城乡统筹，实现农业与其他产业的协调与均衡发展，最终推动整个国民经济的和谐有序发展；“2E”是指循环农业强调经济效益（economic）和改善环境（environment）的同步实现；“1RUE”是指循环农业要实现最高的资源利用效率（resource use efficiency），显著提高肥、水、土、光、热等的资源利用效率。

目前，循环农业核心技术应当遵循的原则以“4R”原则为代表，即适量化（rational）、再循环（recycle）、再利用（reuse）、可控化（regulation）原则（高旺盛等，2015）。

（一）适量化原则

目前，我国农业生产过程中化肥、农药、农膜、灌溉、农机等现代人工能量的投入，大大加速了农业生产的发展水平，但也同时扩大了对化石能源的消耗，增加了生产成本。发展循环农业，必须根据减量化的原则，尽量减少农业系统外部购买性资源的投入量，但是根据“能量高效转化”的原理，为了保障农业系统生产力的稳定，不能一味地追求物质的减量，而要因地制宜，进行适量化投入。

（二）再循环原则

一是光、热、水等可更新资源的生物内循环利用体系；二是农业与牧业、加工业等产业间物质循环链接体系。我国是光热资源相对比较丰富的国家，但目前农业生产对光热等可更新自然资源的利用效率总体不高，发展循环农业需要按照再循环的原则，通过发展农田复合生物共生循环模式，对光、热、水等可更新资源尽量进行周年循环化高效能利用；通过种植业与畜牧业、菌业、加工业等其他产业的循环，提高农业的整体效益。

（三）再利用原则

我国农业生产中的废弃物种类繁多，数量巨大，发展循环农业必须按照再利用原则，对农业生产过程中残留剩余的秸秆、粪便等中间资源，要尽量多级化地再利用。

（四）可控化原则

我国农业生产过程中，化肥、农药、农膜等现化化学能源投入强度大，发展循环农业要注重阻控农业系统向外部排放的各种有害、有毒物质，减少污染排放或二次污染，防控面源污染、温室气体排放、重金属污染等环境问题。

四、循环农业发展理论基础

循环农业是以循环经济理论为指导，以经济效益为驱动力，以节约农业资源、保护生态环境为主要目的，通过农业生态系统的调控而实现其发展目标，在既定的农业资源存量、环境容量等的综合约束下，应用农业生态学与产业经济学的原理，按照可持续发展农业的原则和农业发展方式转变的要求，实现物质的多级循环使用和产业活动对环境有害因子的“零排放”，实现经济效益、社会效益和生态效益协调统一的农业可持续发展模式。

（一）农业生态学

1. 生态系统物质循环与能量流动原理

物质和能量是所有生命运动的基本动力，能流是物流的动力，物流是能流的载体，生物有机体和生态系统为了自己的生存和发展，不仅要不断地输入能量，而且还要不断地完成物质循环，任何生态系统的存在和发展，都是能流与物流同时作用的结果。进入生态系统的能量和物质并不是静止的，而是不断地被吸收、固定、转化和循环的，形成了一条“环境–生产者–消费者–分解者”的生态系统各个组分之间的能量流动链条，维系着整个生态系统的生命。自然系统依靠食物链、食物网实现物质循环和能量流动，维持生态系统稳定；农业生态系统则要借助外来投入品及辅助来维持正常的生产功能和系统运转。以太阳能为动力合成有机物质，沿食物链逐级转移，在每次转移过程中都有物质的丢失和能量的散逸，但所丢失的物质部分都将返回环境，最终分解成简单的无机物，然后被植物吸收、利用，而所散逸的能量则将不能被再利用，由于太阳能是无限的，而物质却是有限的，农业生态系统通过合理调控，物质可在系统内更新，不断再次纳入系统循环，能量效率也得到持续提高（白金明，2008）。

2. 食物链原理

植物、动物、微生物等众多特性各异的生物，之所以能够按一定数量、比例排列顺序，组合成有稳定结构和相应功能的系统，最根本的原因之一是生物间存在着营养（食物）的依存关系。生物间的食物链关系是多种多样的，最基本的有三种方式：第一种是捕食食物链，是由植物到食草动物，再到肉食动物，以直接消费活有机物或其他组织为特点的食物链；第二种是腐食食物链，以死有机物或生物排泄物为食物，通过腐烂、分解，将有机物分解成无机物质的食物链；第三种是寄生食物链，是以寄生的方式取食活有机物而构成的食物链。生态系统中食物链内在同一营养级上的不同生物种群对能量和物质的交换、转化、接受、传递的速率与效率是不一样的，在农业生态系统管理中，通过调节生物种群的数量、种类、比例，可以扩大物流、能流的途径、范围、流动速率以及转化效率，以提高生产效率。以沼气为纽带的“猪-沼-菜”模式就利用了这一原理，在猪和菜两个营养级之间增加了厌氧微生物这一个营养级，在猪和厌氧微生物之间形成了一条腐食食物链，从而使生物能的利用率以及该生态系统的自我维持能力都得以提高。在具体的自然生态系统食物序列中，食物链的层次或环节的数目都是有限度的，生物个体距食物链越近（或有机体越靠近链的开端），可用的食物数量越多，生物体可用的能量也越大。

3. 生态位与生物互补原理

生态位是指生物在完成其正常生活周期时所表现出来的对环境综合适应的特征，是一个生物在物种和生态系统中的功能与地位，生态位与生物对资源的利用及生物群落中的种间竞争现象密切关联。生态位的理论表明：在同一生境中，不存在两个生态位完全相同的物种，不同或相似物种必须进行某种空间、时间、营养或年龄等生态位的分异和分离，才可能减少直接竞争，使物种之间趋向于相互补充；由多个物种组成的群落比单一物种的群落能更有效地利用环境资源，维持较高的生产力，并且有较高的稳定性。在农业生产中，人类从分布、形态、行为、年龄、营养、时间、空间等多方面对农业生物的物种组成进行合理的组配，以获得高的生态位效能，充分提高资源利用率和农业生态系统生产力。生态系统中生物种与种之间有着相互依存和相互制约的关系，且这一关系是极其复杂的。一方面，可以利用各种生物及生态系统中的各种相生关系，组建合理高效的复合生态系统，在有限的空间、时间内容纳更多的物种，生产更多的产品，充分利用资源并维持系统的稳定性；另一方面，可以利用各种生物种群的相克关系，有效控制病虫草害（白金明，2008）。

4. 系统工程与整体效应原理

任何一个系统都是由若干有密切联系的亚系统构成的，通过对整个系统的结构进行优化设计，利用系统各组分之间的相互作用及反馈机制进行调控，可以使系统的整体功能大于各亚系统功能之和。农业生态系统是由生物及环境组成的复杂网络系统，其由许许多多不同层次的子系统构成，系统的层次间也存在密切联系，这种联系是通过物质循环、能量转换、价值转移和信息传递来实现的，合理的结构能提高系统整体功能和效率，以及整个农业生态系统的生产力及其稳定性。农业生态系统的整体效应原理，就是充分考虑到系统内外的相互作用关系、系统整体运行规律及整体效应，运用系统工程方法，全面规划，合理组织农业生产，对系统进行生态优化设计与调控，使总体功能得到最大发挥，实现生态系统物种之间的协调共存、生物与环境之间的协调适应、生态系统结构与功能的协调发展以及不同生态过程的协调（白金明，2008）。

5. 农业可持续发展原理

可持续发展总的发展目标是保障农业的资源环境持续性、经济持续性和社会持续性，三个目标相辅相成，不可分割。保障农业的资源环境持续性主要指合理利用资源并使其永续利用，同时防止环境退化，尤其要保障农业非再生资源的可持续利用，包括化肥、农药、机械、水电等资源。保障农业的经济持续性主要指保障经营农业生产的经济效益及其产品在市场上的竞争能力保持良好和稳定，这直接影响到生产是否能维持和发展下去，尤其在以市场经济为主体的情况下，一种生产模式和某项技术措施能否推行和持久，主要看其经济效益如何，产品在国内外市场有无竞争能力，经济可行性是决定其持续性的关键因素（白金明，2008）。保障农业的社会持续性指农业生产与国民经济总体发展协调，满足不同消费层次对优质农产品的需求，保障农业农村生态环境，这直接影响到社会稳定和人民安居乐业。

（二）产业经济学

1. 循环经济理论

循环经济以资源高效循环利用为核心，以“3R”为原则。循环经济的理念核心是把传统“资源—产品—污染排放”的“单向单环式”的线性经济，改造成“资源—产品—再生资源—产品—再生资源”的“多向多环式”与“多向循环式”相结合的反馈经济及循环经济综合模式，使传统的高消耗、高污染、高投入、低效率的粗放型经济增长模式转变为低消耗、低排放、高效率的集约型经济增长模式。在宏观层面上，循环经济要求对产业结构和布局进行调整，将循环经济理念贯穿于社会经济发展的各领域、各环节，建立和完善全社会的资源循环利用体系；在微观层面上，要求节能降耗，提高资源利用效率，实现减量化，并对生产过程中产生的废弃物进行资源化利用，同时根据资源条件和产业布局，延长和拓宽生产链条，促进产业间的共生耦合。

2. 产业结构理论

循环农业产业结构的变化和经济的发展是对应的，这种对应关系主要表现在不同经济发展阶段，产业结构会做出相应的调整。产业结构变化主要受供给和需求两方面因素的共同影响。产业结构升级的直接动因是创新，技术创新在产业结构的演变过程中具有直接的推动作用，循环农业要实现对产业结构的调整，必须以技术创新为切入点，开展技术范式的研究，拓宽劳动对象，细化与建立新的产业部门，促进生产要素从生产率低的部门向生产率高的部门的转移，通过主要产业的有序更替，使农业从一个阶段转向另一个新的阶段（尹昌斌和周颖，2008）。

3. 产业关联理论

产业关联是指产业间以各种投入品和产出品为连接的技术经济联系。在社会再生产过程中，产业关联的方式有以下三种：前向关联和后向关联、单向关联和环向关联、直接联系和间接联系。产业关联理论侧重于研究产业之间的中间投入和中间产出之间的关系，这些主要由里昂惕夫的投入产出法解决，该方法能很好地反映各产业的中间投入和中间需求，这是产业关联理论区别于产业结构理论和产业组织理论的一个主要特征。产业关联理论还可分析各相关产业的关联关系（前向关联和后向关联等）、产业的波及效果（产业感应度和影响力、生产的最终依赖度以及就业和资本需求量）等。循环农业产业部门间通过需求联系与其他产业部门发生后向关联，同时先行产业部门为后续产业部门提供产品，后续产业部门的产品也返回至相关的先行产业部门的生产过程，这又符合环形关联的特征。可见，产业关联理论与方法为理清循环农业系统内产业关联类型，揭示产业间联系与联系方式的量化比例提供了研究方法基础（尹昌斌和周颖，2008）。

4. 农业区位及地域分异原理

农业生产是自然和人工环境与各类农业生物组成的统一体，其地域分异特征显著。农业地域分异规律包括自然地理、人文地理、生物地理的差异，这些差异造成了农业生产及生态经济类型的差异性。尽管随着社会经济持续发展，农业从传统性、自给性、粗放性向现代性、商品性、集约性方向发展的规律是相同的，但农业的地域性、多样性仍将长期存在。我国幅员辽阔，自然与社会经济条件格外复杂，发展循环农业必须使物种和品种因地制宜，彼此之间结构合理，相互协调。依据地区环境，构建有特色的循环农业模式。要考虑地区全部资源的合理利用，对人力资源、土地资源、生物资源和其他自然资源等，按照自然生态规律和经济规律，进行全面规划，统筹兼顾，因地制宜，并不断优化其结构，充分提高太阳能和水的利用率，实现系统内的物质良性循环，使经济效益、生态效益和社会效益同步提高（白金明，2008）。

参考文献

白金明 . 2008. 我国循环农业理论与发展模式研究 . 北京：中国农业科学院

陈德敏，王文献 . 2002. 循环农业——中国未来农业的发展模式 . 经济师，(11)：8 ~ 9

楚天舒，韩鲁佳，杨增玲 . 2019. 考虑种养平衡的黄淮海小麦-玉米模式下畜禽承载量估算 . 农业工程学报，35（11)：214 ~ 222

董红敏，左玲玲，魏莎 . 2019. 建立畜禽废弃物养分管理制度促进种养结合绿色发展 . 中国科学院院刊，34（2)：180 ~ 189

高旺盛，陈源泉，梁龙 . 2007. 论发展循环农业的基本原理与技术体系 . 农业现代化研究，28（6)：731 ~ 734

高旺盛，陈源泉，隋鹏 . 2015. 循环农业理论与研究方法 . 北京：中国农业大学出版社

郭铁民，王永龙 . 2004. 福建发展循环农业的战略规划思路与模式选择 . 福建论坛，(11)：83 ~ 87

何尧军，单胜道 . 2007. 循环型农业发展模式与保障机制初探 . 浙江林学院学报，24（3)：253 ~ 274

贾伟，朱志平，陈永杏，等 . 2017. 典型种养结合奶牛场粪便养分管理模式 . 农业工程学报，33（12)：209 ~ 217

李新华，郭洪海，朱振林，等. 2016. 不同秸秆还田模式对土壤有机碳及其活性组分的影响. 农业工程学

报，32（9）：130～135
李洋，孙志刚，张旭博，等．2019. 种养系统可持续发展指数的空间格局及其演变趋势——以山东省为例．应用生态学报，30（7）：2371～2383
刘芳．2010. 关于我国发展农业循环经济的思考．经济研究导刊，35：68～69
刘静暖，代栓平．2006. 对循环经济的再认识——从“3R”到“5R”．税务与经济（长春税务学院学报），(2)：79～81
马林，柏兆海，王选，等．2018. 中国农牧系统养分管理研究的意义与重点．中国农业科学，51（3）：406～416
宁堂原，李增嘉，韩惠芳．2010. 现代循环农业是我国粮食主产区可持续发展的战略选择．农业现代化研究，31（5）：519～524
石鹏飞，郑媛媛，赵平，等．2017. 华北平原种养一体规模化农场氮素流动特征及利用效率——以河北津龙循环农业园区为例．应用生态学报，28（4）：1281～1288
隋斌，孟海波，沈玉君，等．2018. 丹麦畜禽粪肥利用对中国种养结合循环农业发展的启示．农业工程学报，34（12）：1～7
唐华俊．2008. 我国循环农业发展模式与战略对策．中国农业科技导报，10（1）：6～11
王隆．2014. 山地寿光农业循环经济发展模式研究．杨凌：西北农林科技大学
吴季松．2008. 循环经济与新农村建设．今日国土，(Z2)：63～65
吴金水等．2010. 城郊环境保育农业理论与实践．北京：科学出版社
吴天马．2002. 循环经济与农业可持续发展．环境导报，(4)：4～6
肖玲，林玲．2006. “绿岛模式”研究——一个循环农业企业案例分析．地理科学，26（1）：107～110
徐可佳．2013. 黑龙江省循环农业发展问题与对策研究．哈尔滨：东北农业大学
杨桔．2013. 循环农业的内涵界定和发展模式研究综述．安徽农业科学，41（29）：11886～11888
杨晓明．2010. 中国农业循环经济发展模式研究．武汉：武汉理工大学
尹昌斌，周颖．2008. 循环农业发展理论与模式．北京：中国农业出版社
尹昌斌，周颖，刘利花．2013. 我国循环农业发展理论与实践．中国生态农业学报，21（1）：47～53
张海成．2012. 县域循环农业发展规划原理与实践．杨凌：西北农林科技大学
赵剑锋．2006. 北京蟹岛创新的循环经济发展模式分析．世界农业，(9)：13～16
赵立欣，孟海波，沈立君，等．2017. 中国北方平原地区种养循环农业现状调研与发展分析，33（18）：1～10
周颖，尹昌斌，邱建军．2008. 我国循环农业发展模式分类研究．中国生态农业学报，16（6）：1557～1563
周震峰，王军，周燕，等．2004. 关于发展循环型农业的思考．农业现代化研究，(5)：348～351

第二章　环保型循环农业系统的结构与功能

按照循环经济理念，循环农业通过农业生态经济系统设计和管理，充分利用高新技术，调整和优化农业生态系统内部结构及产业结构，延长产业链条，利用生产中每一个物质环节，清洁生产、节约消费，实现物质能量资源的多层次、多级化的循环利用，达到农业系统的自然资源利用效率最大化、购买性资源投入最低化、可再生资源高效循环化、有害生物和污染物可控化的产业目标，在追求产业效益的同时实现生态的良性循环（李明德等，2013）。农业生态经济系统是农业生态系统、农业经济系统和农业技术系统经过结构组合而成的复杂系统，物质循环、能量流动、信息传递以及价值转移是该系统的基本功能，这些功能的正常发挥依赖于系统的结构，不同的结构显示不同的功能，农业生态经济系统设计是对农业系统结构和功能的设计，而系统的结构是完成功能的基础，最优的结构有利于产生最优的功能和最高的效率，因此研究系统的结构是研究系统的前提和基础，循环农业生态经济系统设计主要是对农业系统结构的设计。

第一节　环境保育型循环农业系统构建

传统农业系统的结构特点表现为直线型，主要有种植业、养殖业、加工业单级产业组合和种养加多级产业组合，传统农业系统存在的主要问题是结构组分单一、结构链不完整、结构网不合理。由于传统农业系统结构的不合理，种养加多级产业脱节，系统之间物质流通少，资源利用率低，废弃物和污水大量排放，大气污染、温室气体排放等环境污染风险高。循环农业的提出强调产业链的延伸和资源节约，其核心是通过农业生态经济系统设计和管理，调整和优化农业生态系统内部结构及产业结构，延长产业链条，实现物质和能量资源的多层次、多级化的循环利用，并控制有害生物和污染物（高旺盛等，2007；尹昌斌等，2006）。目前我国各地根据区域特点及实际情况，形成了不同类型的循环农业模式，典型模式有以沼气为纽带的种养结合循环农业模式（钟珍梅等，2012）、北方“四位一体”循环农业模式、农业废弃物资源化循环利用、南方稻区“稻–鱼”种养结合循环农业模式（林孝丽和周应恒，2012），以及稻田系统循环–稻田系统外循环–区域系统循环模式等（蔡立湘等，2010）。这些模式的发展，其循环利用对象主要是农作物秸秆、畜禽养殖废弃物、农产品加工废弃物等，能够实现部分系统资源的利用和互补，为我国循环农业的发展提供了借鉴经验和科学基础。

但是，我国循环农业的发展依然存在一些共性问题：我国尚没有形成专门的循环农业发展机制和制度，相关的标准体系还不健全，循环农业涉及的管理部门缺乏合理的协作统一管理；投融资渠道单一且不足，虽然近年来中央和各级政府对农业连续加大投资力度，但因中国农业基础薄弱，与资金需求量比较，投入还很不够；农业企业生产规模小，科技含量低，经济、社会和生态效益较低，对循环农业认识不够，多停留在以往常规农业生产模式上；循环农业创新技术缺乏，先进适用的循环农业机具和装备不配套，广大农村还缺乏农业废弃物循环利用的实用先进技术，如秸秆能源、肥料、饲料等新技术，循环农业机具和装备自主研发能力不足，科技支撑能力较弱的问题在一定程度上制约了我国循环农业的发展（崔军，2011）；种养分离导致的环境污染风险依然存在，农业废弃物资源利用率低，畜禽养殖粪污大量排放造成农业面源污染，且部分养殖废弃物中还含重金属和抗生素等，作为肥料施用于种植业给农产品的品质安全和土壤环境安全带来隐患。因此，为了实现农业增效和生态文明建设的共赢，在传统循环农业模式的基础上，新型环境保育型循环农业是我国循环农业发展的必要途径。

一、环境保育型循环农业的基本原理

环境保育型循环农业以循环经济、生态系统物质循环与能量流动、生态位与生物互补、系统工程与整体效应、农业区位及地域分异、农业可持续发展等为理论基础（白金明，2008），以农业生态产业链为发展载体，以清洁生产为重要手段，对农业生产流程重新加以组织，把不同农业生产环节和项目在时空上重新安排，使物质能量通过闭环实现循环利用，实现资源优化配置和最佳效率，从而将废弃物排放有效控制在环境容量和生态阈值之内，实现产品生产和生态环境保护目标的有机统一，保障农业资源环境、经济和社会持续。

环境保育型循环农业摒弃了传统农业发展忽视了与生态环境保育共存的理念，强调农业与生态环境的调和，以低投入、低排放、循环化、废弃物资源化利用为技术支撑，实现农业与环境的协调发展。基于系统论的观点，环境保育型循环农业是将污染物源头控制、过程阻控、末端消减、资源循环利用等基本原则和措施融入农业时空布局、产业结构配置和生产的全过程，将农业生产系统作为生态环境中的一个子系统。环境保育型循环农业通过科学设计、规模运行、精细管理和科技支撑，实现种植业、养殖业、加工业产业链过程中的生物能多级转化和资源（氮、磷）循环，通过废弃物无害化处理系统对种–养–加生产过程中的废弃物进行无害化处理，建立环境保育系统，保护生态环境。同时通过延伸系统，建立循环农业文化园进行科普教育，传播农业文化，最终实现投入最低、产出最大、价值最高、环境影响最小的目标（图 2-1）。

环境保育型循环农业系统主要包括种植系统、养殖系统、加工系统、废弃物无害化处理系统、环境保育系统、农业文化园、产品营销与服务系统。环境保育型循环农业系统构建如图 2-2 所示。

1. 种植系统

种植系统的主要功能是为人们提供优质的粮食、蔬菜、水果，为养殖业提供饲料，为农产品加工业提供优质原材料，施用畜禽粪便有机肥料，消纳养殖系统产生的有机废弃

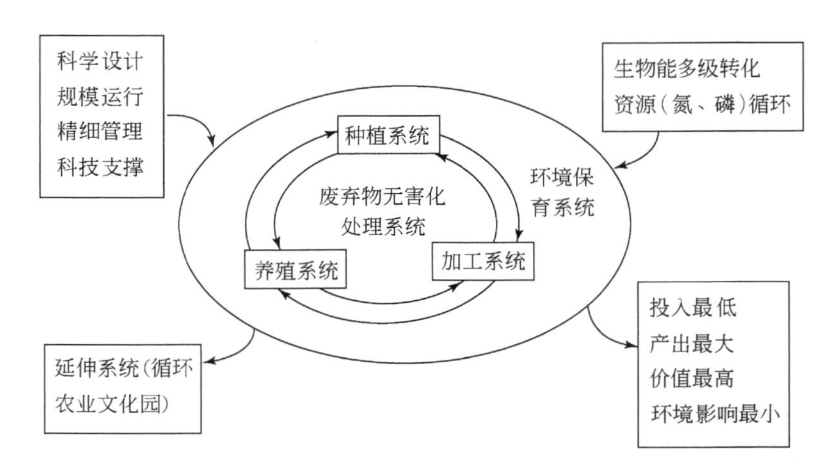

图 2-1　环境保育型循环农业基本原理图

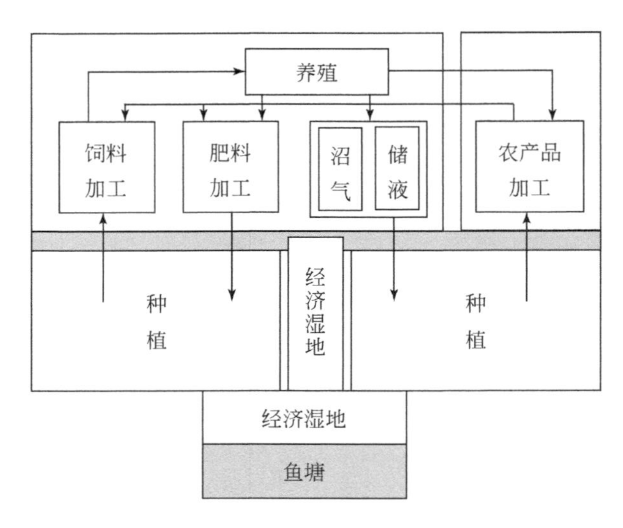

图 2-2　环境保育型循环农业系统的构建示意图

物。关键原则是减量施肥（节约成本）、产品优质（高值）、产业化（加工性能好）。主要土地利用类型包括稻田、牧草地、蔬菜地、果园、茶园，作物配置有粮食作物（水稻、玉米等）、青饲料（牧草、甜玉米等）、蔬菜（叶菜、瓜类、薯类等）、经济作物（水果、茶叶、苗木、花卉等）、蘑菇等。

2. 养殖系统

养殖系统的主要功能是为人们提供安全优质的肉、禽、蛋等食品，同时为农产品加工系统提供优质的原料，养殖废弃物为种植业提供优质的肥料。关键原则是优质（有机）、高值，且废弃物可控、可循环，动物配置为草食动物（牛、羊等）、非草食动物（土猪、土鸡、鸭、鹅等），养殖业系统需要保证一定的动物养殖饲养场所。

3. 加工系统

加工系统的主要功能是进行农产品和饲料的贮存加工，且加工系统固体废弃物可供资源化利用。关键原则是实现优质高值、无害化利用，系统配置为农产品加工（优质食品、保健品）、饲料加工（有机食料）。

4. 废弃物无害化处理系统

废弃物无害化处理系统的主要功能是对种植系统、养殖系统、加工系统产生的废弃物进行无害化处理。建立沼气池和有机肥加工厂，产生的沼液通过输送管道回施到种植系统；沼渣进行有机肥加工，生产有机肥料；沼气作为生物能源，为加工系统、居民提供生产、生活能源。

5. 环境保育系统

环境保育系统的基本功能是净化、吸收、缓冲污染物，提供有机农产品（特种蔬菜、水产品），实现生态保育和景观优化。关键原则是完整性、经济效益高、景观优美（与休闲业相结合），系统配置需要配置环境监测点，种植植物篱、过滤带、园艺植物（花卉、苗木等），建设经济湿地（荸荠、水芹、莲藕、慈姑、空心菜、茭白、小鱼、泥鳅、鳝鱼、虾、螺、贝等）和鱼塘等（各种高值鱼类），该系统阻隔和消纳种植系统、养殖系统、农产品加工系统的少量废弃物，防控水土流失和氮、磷迁移污染，为人们提供优质的水生植物产品和水产品，同时美化环境。

6. 农业文化园

农业文化园的基本功能有农业科技普及、产品推介、旅游、休闲、农业文化体验等。关键原则是产品精美、原生态（农业与自然和环境和谐），系统配置有观光、休闲、餐饮场所，采摘园、观赏动物园、钓（捕）鱼、打猎场所，产品营销与服务场所等。

7. 产品营销与服务系统

产品营销与服务系统主要着重于保障农产品的品牌营销和顺利流通，增加农产品的经济效益和品牌效益。

二、环境保育型循环农业系统的技术体系

为了实现环境保育型循环农业系统“一高两低”（资源利用的高效率、资源的低消耗、污染物的低排放）的目标，需要建立循环农业关键支撑技术体系。

1. 饲用生物质的质量安全与营养强化关键技术

针对饲用稻草和牧草等重金属超标程度高、稻草农药残留高、稻草饲用营养贫瘠（蛋白质和主要矿物营养含量低）、消化率低（纤维素含量高）和口感差（二氧化硅含

量高）造成养殖动物生长（肠道健康）不良等的问题，通过饲用生物质的质量安全与营养强化关键技术，提高饲用生物质资源利用率，保证农产品的质量安全，降低环境污染的风险。主要包括饲用稻草营养强化关键技术、饲用生物质重金属含量超标控制技术、饲用生物质农药残留阻控技术等，饲用稻草营养强化关键技术以经微生物发酵的稻草为主的日粮，配合精料调控，实现高品质肉牛养殖的饲料营养强化；饲用生物质重金属含量超标控制技术通过水肥调控、钝化调理等措施控制饲草生产过程的重金属含量；饲用生物质农药残留阻控技术通过稻–鸭（蛙）–(赤眼）蜂与扇吸式诱蛾灯相结合实现对农田害虫的生态防控。

2. 稻田生物质的能源化和农田高效安全利用关键技术

针对当前农业能源短缺、温室气体减排迫切、耕地质量下降、化肥投入过多、养殖业废弃物对环境的污染越来越严重等问题，通过稻田生物质和养殖废弃物的沼气生产、有机肥规模化生产和液体废弃物高效安全利用工程技术，实现节能减排、废弃物资源的循环利用。主要包括生物质高效沼气发酵技术、畜禽养殖固体废弃物肥料化技术、液体废弃物高效安全利用工程技术等。生物质高效沼气发酵技术采用以秸秆为主、以添加畜禽粪便为辅的方式进行厌氧消化，产生甲烷从而实现生物质固废处理；畜禽养殖固体废弃物肥料化技术以养殖废弃物为原料，筛选高效快速腐熟的微生物菌剂，研制专用的生物有机肥、复合微生物肥和育苗（育秧）基质实现农业废弃物高值肥料化应用；液体废弃物高效安全利用工程技术通过进行液体废弃物前处理、建设低压管道自流输送系统与末端水肥一体化智能浇灌系统实现液体有机肥的农田高效安全利用。

3. 可持续循环农业系统的环境控制关键技术

针对养殖业和种植业产业布局与土地配置不合理、规模化养殖业潜在环境污染严重等突出问题，通过开展环境管理、保育和景观优化技术研究，构建循环高效和可持续发展的循环农业园区。主要包括循环农业园区主要污染物的环境容量评估技术和方法，园区水体–土壤–大气质量综合监测方法、技术和设备，养殖废弃物的组合生态处理与循环利用技术，农业面源污染生态沟渠阻控技术等。循环农业园区水–土–气监测技术通过在循环农业园区建立完整的水体–土壤–大气质量综合监测网络系统，保障园区生态环境安全；养殖废弃物的组合生态处理与循环利用技术通过构建生物基质净化池→植物净化湿地→一级经济湿地→潜流式湿地→二级经济湿地→三级经济湿地等组合生态工艺技术，实现中小型分散式养殖场废弃物的处理；农业面源污染生态沟渠阻控技术通过在排水沟渠中种植植物吸收水体氮磷养分及其水生植物提供的生态功能服务，实现循环农业系统的环境保育功能。

4. 农业系统物质循环高效化与高质化关键技术

针对农业系统生产效率与资源利用率不高的问题，通过开展农田生物质在农业系统中的合理配置技术及其物质循环高效化与高质化技术的研究，提高循环农业系统的综合效益。主要包括循环农业系统循环流的动态监控技术、循环农业系统农产品的产量与品质控制技术、循环农业系统的效益评价方法等。

第二节　环境保育型循环农业系统的结构模式

循环农业系统的结构是指在一定地域范围内，为实现农业生态系统物质和能量资源的多层次、多级化的循环利用，农业生态系统组分诸要素按一定规则结合而成的组织形式，表现在时空上具有明显的地带性、周期性分布规律，系统内部以其物质和能量交换、转化的渠道为路径，将各要素紧密联系，形成一个有机的整体。循环农业系统的结构包括生物组分的物种结构、时空结构、营养结构，以及这些生物组分与环境组分构成的格局。物种结构是指循环农业系统内由不同物种、类型、品种以及它们之间的不同量比关系所构成的系统结构；时空结构是指循环农业系统内生物组分在时间和空间上的不同配置构成了农业生态系统在形成结构上的特点；营养结构即食物链结构，是指循环农业系统内生物与生物之间，生产者、消费者、分解者之间以食物营养为纽带形成的食物链和食物网，是构成循环农业系统物质循环、能量转化和信息传递的主要途径。

一、环境保育型循环农业系统的等级层次结构

农业生态系统是一个由人类–生物–环境所构成的多层次的复杂系统，根据亚热带丘陵区的村落或农场的生物气候、地貌地形、区域范围大小等特征，设计环境保育型循环农业系统的层次结构示意图（图 2-3）。

二、环境保育型循环农业系统的结构组分

结构组分是构成系统的基本结构单元，其种类和数量的多少因系统类型的不同有很大差异。根据结构组分的特征，可分为主导性结构组分和非主导性结构组分 2 种。主导性结构组分制约着系统的发展，代表着系统的主导方向，非主导性结构组分附属于主导性结构组分，并对系统的健康发展起补充和促进作用（刘月敏，2002）。循环农业的主导性结构组分是种植系统和养殖系统的生物组分，为系统的主导产业。加工系统、废弃物无害化处理系统、环境保育系统、农业文化园和产品营销与服务系统为非主导性结构组分，是实现产业高值化、资源利用高效化、环境保育可持续性的必要辅助系统。

（一）种养系统的结构组分

1. 种植系统的结构组分

种植系统的生物组分主要有粮食作物、饲料作物、蔬菜作物和经济作物，是循环农业系统的初级生产者。

（1）粮食作物

粮食作物为人类提供食粮和某些副食品，以维持人们生活的需要，为养殖系统提供精饲料和大部分粗饲料，为加工系统提供原料，是循环农业系统的主导作物和基础结构组

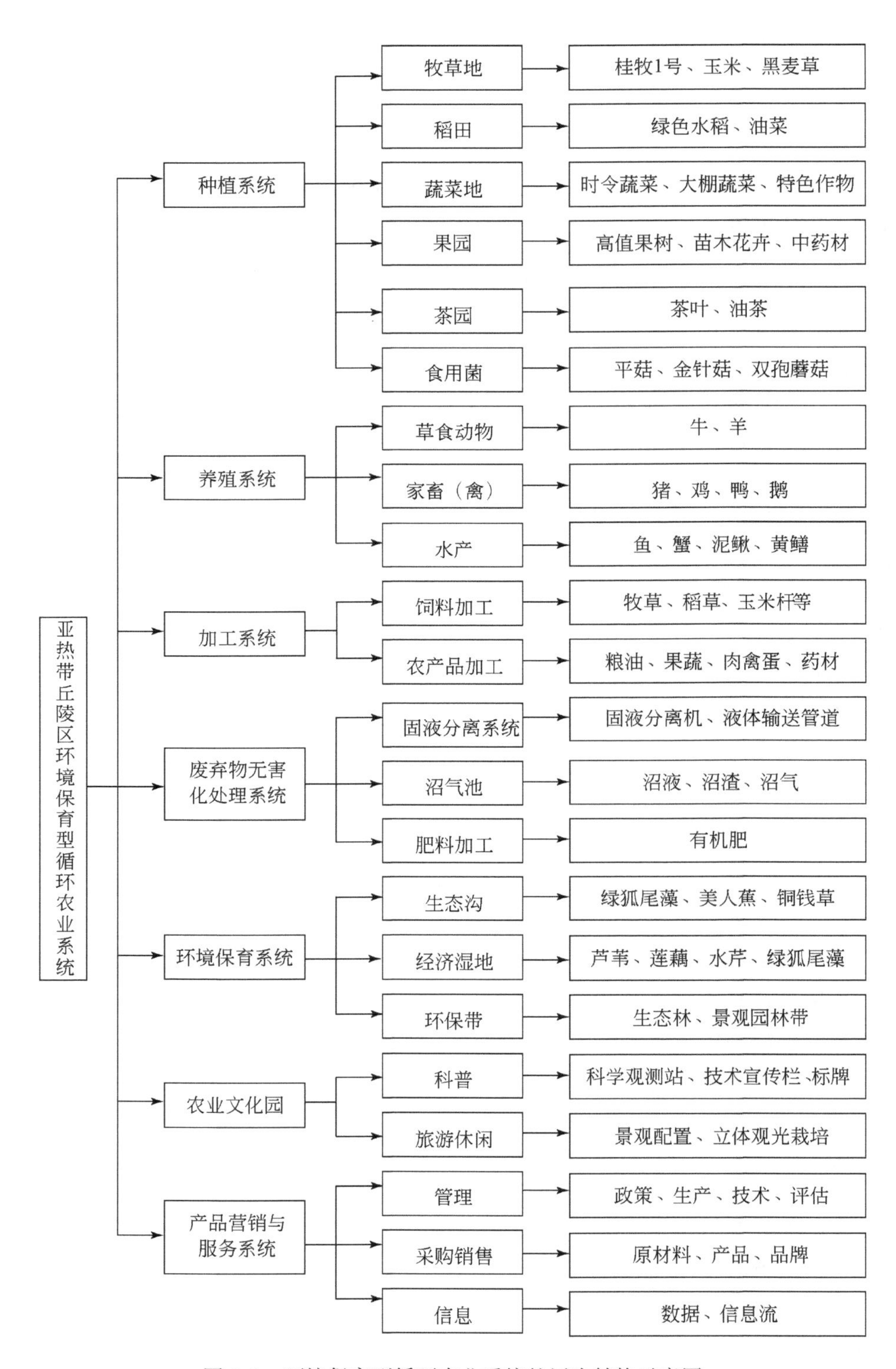

图 2-3　环境保育型循环农业系统的层次结构示意图

分。粮食作物是谷类作物（稻谷、小麦、大麦、燕麦、玉米、谷子、高粱等）、薯类作物（甘薯、马铃薯、木薯等）、豆类作物（大豆、蚕豆、豌豆、绿豆、小豆等）的统称，其产品含有淀粉、蛋白质、脂肪及维生素等。水稻是亚热带丘陵区的主要粮食作物，早稻可选用湘早籼42号、湘早籼45号等优质稻品种，晚稻可选用玉针香、农香18和湘晚籼13号等高档优质稻品种，稻草等农作物秸秆资源为养殖系统提供大量饲料来源。

（2）饲料作物

农业生产的实质是将太阳能转化为食物能，种粮利用率只达1/4，种饲草利用率至少可提高1倍（Ensminger，1983）。饲料作物在绿色营养体中产量最高，易被动物消化，是养殖系统的物质基础，在繁多的饲料作物中选择最适宜的品种是种好饲料作物的先决条件。主要饲料作物有牧草、玉米、小麦等。具体选择原则主要是根据畜禽种类、利用方式及用途而定，因地制宜、因用而异，合理搭配。

1）牛羊养殖饲料作物。因草食动物养殖饲料需求量大，且草食动物消化粗纤维能力强，应选用高产粮饲兼用作物和牧草类，可种植牧草桂牧1号、紫花苜蓿、沙打旺等，牧草的营养性不仅在于其丰富的蛋白质、脂肪、氨基酸，还在于其可为草食动物提供维生素、矿物质和生长必需的酶类等（康爱民，2010）。但若以干草饲喂的方式将极大地降低饲草的营养成分和适口性，通过青贮加工制成的青贮饲料不仅营养丰富、适口性高，而且解决了秋冬饲草匮乏的问题。为适应草食动物养殖需求量的增加和机械化需要，种植青贮饲料的专用作物已成为制作青贮饲料的必要措施。禾本科作物及牧草主要有玉米、丽欧高粱、冬黑麦、大麦、桂牧1号、杂交狼尾草、甜象草、无芒雀麦、草芦、鸭茅、黑麦草、苏丹草等，均可用于制备成优质的青贮料。玉米是一种高产饲料作物，其新鲜物质产量可达50 000kg/hm^{2}以上，富含糖分，被认为是“近似完美”的青贮原料。我国饲用玉米品种有金皇后、威尔156、京杂6号、黑玉46、龙牧1号、龙牧2号、唐山白马牙、白鹅、京多1号、墨白1号、辽原1号和科多4号等，其中有些品种在成熟后还有一半以上的茎叶保持青绿，是较好的粮饲兼用品种。通过将农作物秸秆粉碎进行青贮、氨化、揉丝微贮后饲养牲畜，既可以节省饲料成本，又可以使秸秆通过牲畜粪便实现过腹还田，促进农业系统良性循环，是一种效益较高的利用方式。

2）养猪饲料作物。根据猪采食量大、要求饲料纤维素含量少、富含碳水化合物和蛋白质的特点，应种植籽粒苋、饲料菜、苦荬菜、菊苣、鲁梅克斯、串叶松香草、青贮饲料玉米等。饲养母猪、种公猪还可种植饲用胡萝卜、甜高粱、绿穗苋、饲料菜、苦荬菜等饲料作物。

3）养鸡饲料作物。因禽类采食量较少，饲料要求蛋白质高、纤维素少的特点，首先选苦荬菜，其次是菊苣、籽粒苋、根刀菜、饲用胡萝卜等。

4）养鸭鹅饲料作物。鸭和鹅是草食性水禽，采食量较大，消化粗纤维能力也较强，首先应选择籽粒苋，并要搭配苦荬菜（或菊苣）、御谷或墨西哥玉米等。如果饲养量大，还应种植鲁梅克斯、饲料菜等。

5）养鱼饲料作物。养鱼应选择柔嫩多汁、营养丰富、易打浆的饲料作物，如苦荬菜、墨西哥玉米、高丹草、苏丹草、籽粒苋、鲁梅克斯、饲料菜等。

（3）蔬菜作物

蔬菜作物主要有根菜类、茎菜类、叶菜类、花菜类和果菜类等。采用大棚覆盖塑料薄膜种植蔬菜，通过人为地创造适宜的生态环境，调整蔬菜生产季节和市场需求，可促进蔬菜优质高产，实现产业增收。大棚蔬菜主要考虑产值高、生长速度快、品质好、淡季供应，同时能够进行间作套种，一般选择早熟丰产品种与杂种一代。茄瓜类蔬菜早熟栽培是大棚栽培应用最普遍的种类，除了茄瓜等蔬菜外，还可栽培经济价值较高的叶菜类，如木耳菜、空心菜、西芹、生菜等，进行春提前、秋延后，以及越冬栽培，以达到避免冻害、促进生长、提高产量和延长供应以及反季节上市的目的。

（4）经济作物

经济作物主要有水果类、苗木类、中药材类作物和其他特色作物。水果类作物有柑橘、桃、梨、草莓、苹果、杏、李子、樱桃、杨梅、枇杷、猕猴桃等品种。苗木类有风景树、花灌木类、绿篱树类、藤本树类、地被类植物。中药材类作物种植在我国有着明显的地域性，黄河以北的广大地区以耐寒、耐旱、耐盐碱的根及根茎类药材居多，果实类药材次之；长江流域及南部广大地区以喜暖、喜湿润种类为多，叶类、全草类、花类、藤木类所占比重较大。种植系统可根据地域气候土壤生态条件的差异种植各种特色作物，提高土地资源利用率，增加循环农业系统经济效益。

2. 养殖系统的结构组分

养殖系统的生物组分主要有草食动物、家畜家禽、水产动物，是循环农业种养系统的消费者。

（1）草食动物

草食动物是养殖系统的重要结构组分，也是循环农业系统的主导产业。亚热带丘陵区稻草资源丰富但利用率低，丘岗地适宜饲草开发但草畜养殖发展缓慢，导致农业环境污染问题日趋严峻，以循环经济理论为指导，以亚热带丘陵区稻田、丘岗坡地饲草资源开发-草畜动物养殖-废弃物资源化的循环途径为重点，构建亚热带丘陵区环境保育型循环农业系统，建立基于稻田、丘岗坡地系统的“种植—养殖—废弃物资源化—再循环或再利用”的循环农业体系，提高种养系统的物质和能量的多级循环利用，可有效控制和消解农田有害物质，最大限度地减轻环境污染。

草食动物的生物组分主要是指依赖草原和草山草坡及其他草料资源而生产的牲畜，包括各品种的牛、羊、马、驴等大型牲畜，即草食牲畜。单胃动物很少或不能消化饲草，饲养单胃动物生产肉食品需要消耗大量粮食，草食牲畜凭借瘤胃的特殊能力，可以消化纤维含量很高的饲草料，与单胃动物相比，生产单位肉食品消耗的粮食少（张宏福和张子仪，1998），是解决我国粮食安全，提高肉食品供应的有效途径。统计表明，我国牲畜总量中大牲畜比例高于小牲畜，即牛多羊少，山羊与绵羊的比例基本相同，黄牛比例在大牲畜中的比例高于其他大牲畜，西北草原地区小牲畜多，大牲畜少；东北和南部林区大牲畜多，小牲畜少。全国平均牛出栏率为37.9%、羊出栏率为82.8%，各地区不平衡，草地畜牧业的发展主体在环海区、中南区和西南区，北方区和环海区羊多，尤其是北方区绵羊多，环海区山羊多；环海区、中南区和西南区牛多（周道玮和孙海霞，2010）。作物面积、粮食产量和乡村人口决定牛的存栏数量和肉产量，草地面积、林地面积决定羊的存栏数量和肉产量，我国河南省、安徽省、湖北省、湖南省、江西省、广西壮族自治区等地单位面积饲养牛的比例均高于羊，生产力处于中上水平（周道玮等，2010）。

肉牛养殖的优良品种主要有国外引进的西门塔尔牛、利木赞牛、夏洛来牛、安格斯牛、皮埃蒙特牛、海福特牛、丹麦红牛等。西门塔尔牛是乳肉役兼用品种，原产于瑞士，是引入品种中纯种繁育数量最多、改良本地黄牛数量最多、饲养范围最广的品种，主要作为杂交父本，具有对环境适应性强、耐粗饲、抗病力强、难产率低、性情温顺、易管理、产乳性能和产肉性能均较好的特点，成年公牛体高145cm，体长190cm；母牛体高130cm，体长160cm，18月龄公牛体重540kg以上，18月龄母牛体重370kg以上，成年母牛体重550kg。短期育肥后，18月龄以上的公牛屠宰率达54%~56%；成年公牛强度育肥屠宰率达60%以上。成年母牛305d产奶量4500kg以上，最高个体305d产奶量达到9000kg，乳脂率达4.0%以上。利木赞牛原产于法国，以生产优质肉块比重大而著称，生长发育快、早熟、体质结实、难产率低，适于生产小牛肉。利木赞牛骨较细，出肉率高，屠宰年龄18个月，活体重500kg以上，屠宰率为68%，净肉率为54%以上，肉质细嫩，呈大理石状，瘦肉率高达80%~85%，是生产优质牛肉的理想品种。夏洛来牛原产于法国，是大型肉用牛品种，夏洛来牛具有体格大、增重快、瘦肉多且肉质细嫩、饲料报酬高、脂肪少、适应性强的特点。安格斯牛原产于英国的阿伯丁和安格斯地区，是世界著名的小型早熟肉牛品种，产肉性能好，牛肉品质好。

在我国亚热带地区主要是利用杂交优势来提高本地牛对环境的适应能力（特别是耐热能力）、繁殖性能、增重性能（杨国荣，1999）。杂交后代具有杂种优势，不同品种间杂交，杂交后代生产性能超过双亲，通过2个或2个以上不同品种的公母牛交配，将杂种后代用于生产中，能提高育肥的经济效益，表现为杂交改良牛种生长速度快，饲料转化率高，可提高20%左右；屠宰率可提高3%~8%，多产牛肉10%左右；杂种牛体重大，牛肉品质好，能提高经济效益，最常用的杂交方式有二元杂交和三元杂交，二元杂交是指用2个品种的公母牛进行杂交，所产生的杂种一代用于育肥，一般多以本地黄牛为母本，选择理想的引入品种为父本，杂交优势率可高达20%。三元杂交是用A品种的公牛与本地黄牛进行杂交，产生杂种一代，从中选择优秀的母牛为母本，再与B品种公牛杂交，产生的杂种全部用于肥育生产。B品种牛的生产水平，应高于前两个亲本品种，否则会降低三品种杂交一代的生产水平。如果品种采用适当、选育合理，三元杂交可比二元杂交获得高出2%~3%的杂种优势（孙凤，2013）。

我国有丰富的黄牛品种资源，虽然不属于专门的肉牛品种，但具有肉用性能，国内地方良种牛品种有中原黄牛、北方黄牛和南方黄牛。中原黄牛以秦川牛、南阳牛、鲁西牛、晋南牛为典型代表，北方黄牛在肉用性能方面有突出潜力的为延边牛，南方黄牛指的是以温岭高峰牛及云南瘤牛为代表的含有瘤牛血液的品种。湖南省原有地方品种主要是湘西黄牛、滨湖水牛和湘南黄牛，湘西黄牛主要分布在湘南地区、湘中地区和湘东地区，滨湖水牛主要分布在洞庭湖区域和湘南地区。调查统计，湖南省本地母牛占61.4%，杂交母牛占

38.6%，各地杂交品种比例各有不同，杂交品种主要有利木赞牛、安格斯牛、德国黄牛、西门塔尔牛、摩拉水牛（龚泽修，2012）。

肉牛养殖耐粗饲，各种牧草及作物秸秆均可饲喂，舍饲条件下，一般日喂饲草3次，精饲料2次。种公牛日需干饲草10kg，精料5kg；母牛日需干饲草6kg，精料3kg。我国动物饲料主要分为八大类，即青饲料、青贮饲料、粗饲料、能量饲料、蛋白质饲料、矿物质饲料、维生素饲料和饲料添加剂。青饲料指富含叶绿素的植物性饲料，种类很多，主要分叶菜类、根茎类、牧草类，包括天然牧草、栽培牧草、蔬菜类饲料、枝叶饲料、水生植物及非淀粉质的块根块茎等。粗饲料是指容重小、纤维成分含量高（干物质中粗纤维含量大于或等于18%）、可消化养分含量低的饲料，包括干草类（含栽培牧草）、农副产品类（含秸秆、荚、藤蔓）及全干物质粗纤维含量高于18%的糟渣类、树叶类。能量饲料指饲料干物质中粗纤维含量低于18%、粗蛋白含量低于20%、每千克饲料干物质含消化能在10.46MJ以上的饲料。蛋白质饲料是指饲料干物质中粗蛋白质含量在20%以上、粗纤维含量在18%以下的饲料，主要包括动物性蛋白质饲料、植物性蛋白质饲料和微生物蛋白质饲料。我国规定畜禽的肉骨粉不准用于反刍家畜，所以，对肉牛生产来说主要是使用植物性蛋白质饲料，主要包括豆类籽实及加工副产品，各种油料籽实及其油料饼粕、谷物籽实加工副产品。矿物质是肉牛健康、正常生长发育、繁殖和生产不可缺少的物质，对整个日粮的消化起到一定的促进作用，矿物质饲料包括工业合成或天然单一矿物质饲料、多种混合的矿物质饲料等，如食盐、石粉、贝壳粉、磷酸氢钙、微量元素等。由于肉牛是以植物性饲料为主的家畜，饲料中含钠、氯较少，而钾较多，肉牛生长发育过程中，需要补充钠、氯、钙、磷等矿物质，通常使用的矿物质饲料有食盐、钙源饲料和磷源饲料。维生素饲料是指由工业合成或提纯的单一维生素或复合维生素，不包括富含维生素的天然青饲料，一般包括脂溶性维生素A、维生素D、维生素E、维生素K、水溶性维生素B族和维生素C。饲料添加剂指在配合饲料（如精料及其混合物、粗饲料、青饲料等）加工、储存、调配、饲喂过程中添加的微量或少量物质，包括营养性饲料添加剂和一般饲料添加剂。另外，在我国养牛生产中，还习惯按饲料来源分类，可分为植物性饲料、动物性饲料、矿物质饲料和工业饲料。这些饲料各有其营养特点，只有根据这些饲料的营养结构差异科学加工，按比例、分季节科学合理地相互搭配才能做到科学养牛，不断提高肉牛的生产水平，生产出优质牛肉。

（2）家畜家禽

家畜养殖的生物组分主要为猪，全世界猪的品种有400多个，中国通过选择而认定的地方猪种已近100个。杜洛克猪、大约克猪、汉普夏猪等是著名瘦肉型猪品种代表，二花脸猪、梅山猪、宁乡猪等是优秀地方猪品种代表。猪的品种常按经济用途分类和地域分类。按照经济用途可将猪品种分为脂肪型、瘦肉型和兼用型3种，不同经济类型的猪在体形、胴体组成和饲料利用等方面各具特点。按照地域可分为华北型、华南型、华中型、江淮型、西南型和高原型6种。其中，浙江金华猪、四川荣昌猪、江苏太湖猪、湖南宁乡猪，是最为知名的“中国四大名猪”。它们的普遍特点是：肉质好，偏于脂肪型，尤其是肌内脂肪含量普遍高于国外品种。金华猪产于浙江东阳、义乌、金华等地，具有成熟早、肉质好、繁殖率高等优良性能，其特征为体型中等、耳下垂、颈短粗、背微凹、臀倾斜、蹄质坚实。金华猪的毛色遗传性比较稳定，以中间白、两头乌为特征，纯正的毛色在头顶部和臀部为黑皮黑毛，其余多处均为白皮白毛，在黑白交界中，有黑皮白毛呈带状的晕。荣昌猪主产于重庆荣昌区和四川隆昌市，是多年来我国推广数量最多、覆盖地域最广的地方猪种，其耐粗饲、适应性强、杂交配合力好、遗传性能稳定、瘦肉率较高、皮薄肉嫩、肉质优良、鬃白质好。其独有的体型特征为“狮子头、黑眼膛、罗汉肚、双脊梁，骡子屁股尾根粗，嘴短三道箍”。太湖猪产于我国长江下游太湖流域的沿江沿海地带，属华北、华中过渡型猪种，其特征为体型较大，体质疏松，黑或青灰色，四肢、鼻均为白色，腹部紫红，头大额宽，面部微凹，额部有皱纹。耳大皮厚，耳根软而下垂，形如烤烟叶。背腰宽而微凹，胸较深，腹大下垂，臀宽而倾斜，大腿欠丰满，后躯皮肤有皱褶，全身被毛稀松，毛色全黑或表灰色，或六白不全。奶头一般为 8 ~ 9 对。依产地不同分为二花肥、梅山、枫泾、嘉兴黑和横泾等类型。宁乡猪，又叫宁乡花猪、宁乡土花猪，产于湖南长沙宁乡县流沙河、草冲一带，所以又称流沙河猪、草冲猪，是湖南省四大名猪种之一，已有1000 余年的历史，具有繁殖率高、早熟易肥、肉质疏松等特点，且在饲养过程中性情温顺，适应性强。在漫长的选育中，形成了特有的性状：肉质细嫩、味道鲜美，被称为国家重要的家畜基因库。

家禽养殖的生物组分主要有鸡、鸭、鹅。肉鸡有白羽和红羽之分，蛋鸡有红壳蛋鸡和白壳蛋鸡之分。从我国各地饲养实践来看，目前在白羽肉鸡方面有两个肉用鸡种可供首选：一种是 AA 肉鸡，又名爱拔益加（Arbor Acres）肉鸡，是一个四系配套白羽肉用鸡种，为世界著名的肉鸡种之一，具有生长快、耗料少、整齐度好、适应性和抗逆较佳等特点，有较高的大群饲养成活率，经济效益好。另一种是艾维茵（Avian）肉鸡，也是世界著名白羽肉仔鸡配套杂交种之一，具有成活率和孵化率较高、后期增重快等饲养特点。我国肉鸭常规品种有北京鸭、天府肉鸭、樱桃谷鸭、瘤头鸭、迪高鸭。北京鸭是世界上著名的肉用型标准品种，具有生长发育快、育肥性能好的特点。天府肉鸭属肉用型品种，具有体形硕大丰满、生长速度快、肉质鲜美的特点，是一种适应能力强、抗逆性好的大型肉鸭商用配套品系。樱桃谷鸭和瘤头鸭属著名的国外肉用型品种。鹅的主要产品为毛、肉、蛋、肥肝等，虽然各种鹅均生产这些产品，但不同品种的鹅的生产用途有所不同。从鹅的主要经济用途看，鹅的品种分羽绒型、蛋用型、肉用型、肥肝用型。其中国内肉鹅主要品种有狮头鹅、皖西白鹅、溆浦鹅、雁鹅、马岗鹅；国外肉鹅引进品种有莱茵鹅、匈牙利鹅、法国朗德鹅、图卢兹鹅、白罗曼鹅、爱姆登鹅。

（3）水产动物

水产养殖根据养殖水体盐度的高低，可分为淡水养殖和海水养殖两种；根据养殖水域的不同，可分为江河、湖泊、水库、稻田、池塘、浅海、滩涂和港湾养殖等；根据养殖方式的不同，可以分池塘养殖、大水面养殖、工厂化（循环水）养殖、滩涂养殖、浅海养殖、港湾养殖和海洋牧场等。循环农业的水产养殖主要为淡水养殖。淡水养殖主要品种如下。

1）鱼类。我国淡水鱼类约 800 种，有 250 种左右有经济价值，其中产量高且具有较高经济价值的有约40种，主要包括：鳇鱼（西北鲤科无鳞）、鲟鱼（史氏鲟、长吻鲟）、白鲟、团头鲂、长春鳊、鲤鱼、鲫鱼、鲥鱼、节虾虎鱼（幼鱼俗称春鱼）、泥鳅、黄鳝、太湖新银鱼、公鱼、大银鱼、鲑鱼（大马哈鱼）、草鱼、鲢鱼、鳙鱼、青鱼、鳜鱼、鲶鱼、黄颡鱼、乌鳢（黑鱼、才鱼）、南方大口鲶、长吻鮠、鳗鱼（鳗鲡）、河豚等。国外引进的品种主要有虹鳟鱼、罗非鱼、淡水白鲳、淡水鲨鱼、革胡子鲶、斑点叉尾鮰、大口黑鲈、巴西鲷等。

2）甲壳类。主要有日本沼虾、罗氏沼虾、南美白对虾、克氏原螯虾（小龙虾）、红螯螯虾、中华绒螯蟹（河蟹、大闸蟹）等。

3）其他品种。主要有观赏鱼类（如金鱼、锦鲤等）、特种类（如中华鳖、乌龟、巴西龟、鳄龟、大鲵（娃娃鱼）、田螺、河蚌和宽体金线蛭等）。

（二）辅助系统的结构组分

辅助系统包括加工系统、废弃物无害化处理系统、环境保育系统、农业文化园和产品营销与服务系统。

加工系统的主要功能是根据种植系统和养殖系统的产出物，进行饲料和农产品加工，延伸农业产业链，提高农产品的附加值，增加收益。加工系统需要建设饲料和农产品加工车间与仓库，并配备相关加工生产设备。

废弃物无害化处理系统的主要功能是对园区内种植业系统、养殖业系统、农产品加工系统产生的废弃物进行无害化处理，建立沼气池和有机肥加工厂。产生的沼液通过输送管道回施到该区种植系统；沼渣进行有机肥加工，生产有机肥料；沼气做生物能源，为加工系统、居民提供生产、生活能源，废弃物无害化处理系统需要建设沼气池、沼液贮存池、肥料加工车间和仓库、发电房，需要配备沼液输送管道和固液分离等相关处理设备。

环境保育系统包括园区生态林、景观园林带，生态沟渠、经济湿地植物种植区、鱼塘种植莲藕等，阻隔和消纳种植业系统、养殖业系统、农产品加工系统和农家庭院少量废弃物，防控水土流失和氮磷迁移污染，为人们提供优质的水生植物产品和水产品，同时美化园区环境。生态沟渠主要设置在养殖区、种植区和加工区的过渡带，生态沟渠和景观园林带的面积依据养殖区、种植区和加工区的大小规模因地制宜地确定。

农业文化园的基本功能有农业科技普及、产品推介、旅游、休闲、农业文化体验等，主要着重于建立循环农业科普教育与培训基地，传播传统和现代农村、农业文化及种养科普知识，通过生态林、农田、湿地、鱼塘的立体景观配置构建优美乡村景观，以服务社会主义新农村建设，推进农村科技创新和城乡一体化的发展。

产品营销与服务系统主要着重于保障农产品的品牌营销和顺利流通，增加农产品的经济效益和品牌效益。强化品牌的推广和宣传，以品牌专卖店、产品直销售货车的营销模式，建立农产品保鲜加工、仓储、物流、销售等配套设备及设施，确保农产品的安全、放心、清洁。

循环农业系统通过各个环节的有机结合，促进废弃物循环利用，减少资源消耗和废弃物排放，形成减量化、再利用和资源化的可持续循环农业体系，推动农业科技创新，增强农产品供给保障能力。

三、环境保育型循环农业系统的时空结构

农业生态经济系统的结构是生态系统组分在空间、时间上的配置及组分间能流和物流的顺序关系，循环农业系统的空间结构是指结构组分在空间上的垂直和水平格局变化，时间结构是指循环农业园区生态系统中各种群体的生长发育和生物积累量随时间变化而与当地资源相吻合条件下，出现的宏观表现。

（一）循环农业系统的空间结构

1. 丘陵区循环农业系统的空间设计

根据亚热带丘陵区的地形地貌、水文特征以及土地利用类型空间分布特征，环境保育型循环农业系统的空间设计根据丘陵山坡地自高至低方向和水系流向进行布局。丘陵区循环农业系统的空间结构示意图如图 2-4 所示。

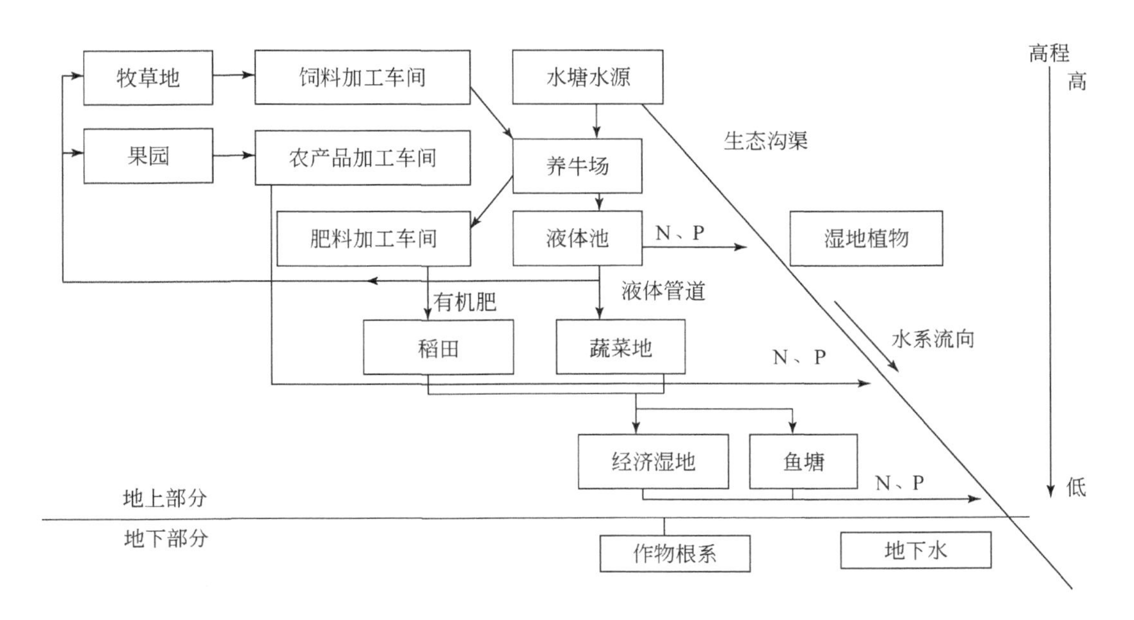

图 2-4　丘陵区循环农业系统的空间结构示意图

在丘陵山坡的半山腰处选择地势平坦、有水源的地方建设养牛场，在养牛场周围建设饲料加工车间、农产品加工车间、肥料加工车间和蓄水池，养牛场排放的牛粪、牛尿等经废弃物肥料化处理系统处理，先通过固液分离处理，固体废弃物经肥料加工车间生产为有机肥料供种植系统施用，液体废弃物经液体池中贮存发酵一段时间后通过液体输送管道施用到种植业系统。

牧草和果园在种植过程中应注重林地的水土保持，丘陵区山坡种植系统一般按照“顶林、腰园、谷农”的立体布局，林（林地）、园（果园）、农（农地）三者种植界线及其面积比例因丘陵坡度和高差而异，一般坡度在5°～10°、高差在15～50m时，面积比约为3∶3∶4；高差小、坡缓者，林地比例减少，以2∶3∶5或2∶4∶4为宜；高差大、坡峻者则反之，面积比约为5∶3∶2或4∶4∶2，果树也可以采取间隔式种植方式，即在种植时不完全破坏林地的原始植被，采取数行保留原始灌木、数行种植果树的间替栽种方式，避免大面积破坏原始植被或推平山丘而进行种植。

稻田和蔬菜地的地形部位主要位于丘陵冲垄中下部，养牛场的废弃物经肥料化处理后可供稻田和蔬菜地循环再利用，牛粪固体有机肥和牛尿液体有机肥可部分或全部替代化肥为稻田和蔬菜地提供优质有机肥源，改良土壤结构，增强土壤肥力。环境保育系统包括生态沟渠、经济湿地和鱼塘等，生态沟渠根据丘陵坡地水系流向自高至低建设，经济湿地、鱼塘的地形稍低于稻田和蔬菜地，通过种植湿地植物消纳种养加生产过程中流失的氮、磷等污染物。

2. 生态沟渠的空间设计

生态沟渠是在农田排水沟渠中利用种植植物对水体氮磷养分的直接吸收及其水生植物提供的生态功能服务而构建的具有环境保育功能的小型人工沟渠，其功能是拦截、消纳上游径流水体带来的泥沙、农业面源污染物（氮磷）等，净化水质、保护水环境。生态沟渠系统主要由工程部分和植物部分组成，通过利用现有的自然资源条件，对农田排水沟渠进行一定的工程改造，使之在具有原有排水功能的基础上，增加对农田排水中所挟带的氮磷养分的去除功能。生态沟渠通常采用梯形断面（图2-5）、复式断面和植生型防渗砌块技术，它的两侧沟壁由蜂窝状水泥板（也可直接采用混凝土）构成且具有一定坡度，沟体较深，沟体内每隔一定距离构建小坝以减缓水速、延长水力停留时间，使流水挟带的颗粒物质和养分等得以沉淀和去除。农田排水口与生态沟渠排水口之间的距离应在50m以上。生态沟渠呈倒梯形结构，参数特征见图2-6～图2-8，它的两侧沟壁由混凝土构成。整个沟底布局平整，为方便采集样品，将两侧沟底（距沟壁20cm的位置）设成混凝土，中间的大部分沟底保留其原有土质。挡水坎设计断面如图2-8所示。

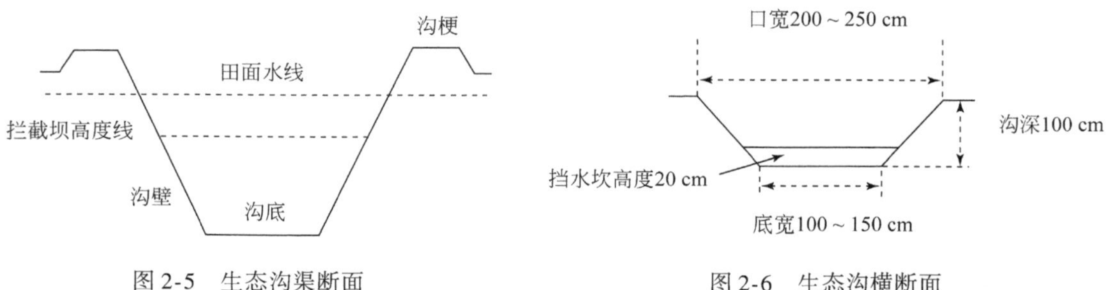

图2-5　生态沟渠断面　　　　图2-6　生态沟横断面

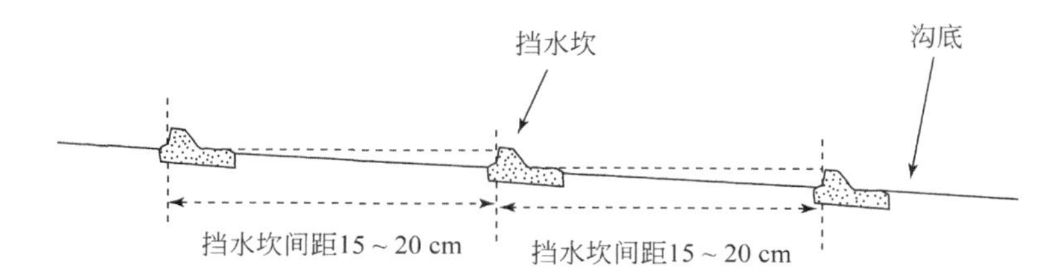

图 2-7 生态沟纵断面

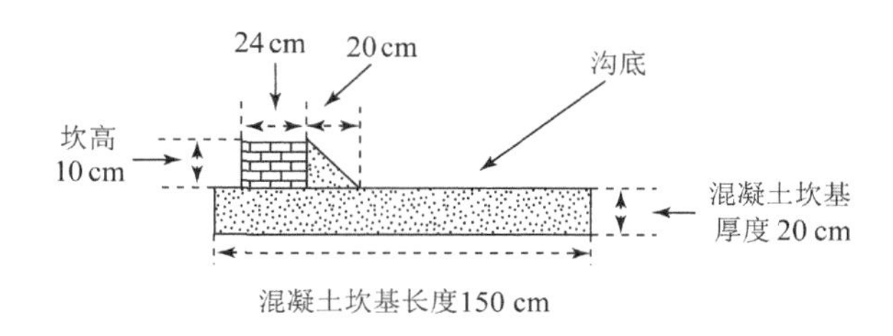

图 2-8 挡水坎设计断面

水生植物是环境保育型循环农业系统的重要组成部分，既可直接吸收氮磷等营养成分，又可产生根区效应，促进污染物的氧化分解。生态沟从上游到下游依次种植水生美人蕉、铜钱草、黑三棱、绿狐尾藻和灯心草。生态沟植物配置原则为：前端栽种株型高大（>1m）的稀植丛生型植物美人蕉，可拦截粗颗粒泥沙、塑料袋、树枝等杂物；后端种植密度较大可拦截细颗粒泥沙的须根植物。另外，种植具有季节互补性的灯心草（冬季可生长）。

（二）循环农业系统的时间结构

环境保育型循环农业生态系统的结构特征也随时间发生相应变化，指生态区域中各种群体的生长发育和生物积累量随时间变化出现的宏观表现。不同地区，在不同时间，因自然资源（光照、积温、降水、土壤等）条件不同，为作物提供的资源数量和质量也不同，从而使各地不同农业生态系统结构特征也随时间发生相应变化。因此，环境保育型循环农业系统应该根据当地自然资源的时空变化规律，合理利用时间结构，科学布局作物种群，使自然资源得到充分利用，提高系统综合生产力和综合生产效益。

我国传统农业技术，如育苗移栽、间作套种、轮作倒茬、插种混播、地膜覆盖、塑料大棚、日光温室等是充分利用时间结构来获得高产。例如，水稻、棉花、蔬菜、瓜类、果树、林木等是先培育幼苗再移栽。另外小麦套种玉米，棉花套种蚕豆，油菜、红薯、芝麻套种黄豆、绿豆、花生等，也是利用时间结构的有效模式。

环境保育型循环农业系统要合理配置种植系统和养殖系统各组分的时间结构，以保证种植系统的饲料作物、农作物秸秆能及时满足养殖系统的需求，养殖系统的肥料排放能保证种植系统的肥料投入，实现循环农业系统资源的高效循环利用。以肉牛养殖为例，养牛场废弃物周年利用作物种植结构模式如表 2-1 所示。

表 2-1　养牛场废弃物周年利用作物种植结构模式

月份	1～3 月	4～6 月	7～9 月	10～12 月
固体消纳作物	莴苣、黑麦草	玉米、水稻、紫薯、紫花生、葛根、秋葵、辣椒、水果黄瓜、桂牧 1 号	向日葵、玉米、百合、桂牧 1 号	茶叶、桃树、猕猴桃、芦笋、莴苣、桂牧 1 号
液体消纳作物	莴苣、黑麦草	芦笋、辣椒、桂牧 1 号	紫薯、百合、葛根、秋葵、辣椒、水果黄瓜	黑麦草、莴苣、红菜苔

环境保育系统生态沟渠的植物配置也应选择具有季节互补性、再生能力强、可进行多次刈割的植物。例如，水生美人蕉为多年生挺水植物，花期为 4～10 月，地上部分在温带地区的冬季枯死，根状茎进入休眠期；铜钱草为多年生挺水或湿生草本植物，花期为 6～8 月；狐尾藻为多年生沉水植物，花期为 4～9 月；灯心草为多年生挺水植物，花期为 6～7 月，果期为 7～10 月，在亚热带地区冬季可长出幼苗。

生态沟渠的植物收割是沟渠管理的重要方法，也是去除沟渠系统中氮磷的有效途径。植物收割时要选择最佳收割时间，以植物氮磷吸收最多时作为植物收割最佳时期。研究表明，在亚热带区水生美人蕉的最佳收割时间是 6 月，铜钱草和黑三棱的最佳收割时间是 5 月，绿狐尾藻和灯心草的最佳收割时间是 4 月。根据各植物的生长特性可进行多次收割，如绿狐尾藻每年可收割 5 次，多次收割可减少黑色有机质的积累，降低水体中的悬浮物质；为防止植物残体对水体二次污染，在其枯萎前应进行最后一次收割。

四、典型循环农业模式结构

高效可持续循环农业模式的构建需要基于循环农业系统原理，在稳定发展种植业的同时，建立高效节粮型的养殖业生产体系，继而建立以种养产品促加工的“种、养、加”开放型的农业生产新体系，它的主要特点是生态、高值，即低耗、不污染环境、高产、优质和高经济效益，它的总方向是节粮、高效、高技术和高而优的产出，即用尽可能少的自然资源，在尽可能短的周期内生产出尽可能多而优的农产品，以获取尽可能高的经济效益，达到或维持尽可能最佳的生态平衡（邢廷铣，1996）。循环农业模式的构建需要综合考虑当地的气候、地形、土壤、水体、生物资源等要素以及农业产业基础，采用生态工程原理与设计方法，将植物、人工养殖动物、微生物等生物种群有机地匹配组合起来，建立物质循环利用、多级生产、稳定高效的循环农业模式。通过循环农业模式的构建，在种植业与养殖业间加强从源、流到汇，再从汇到源的纵向耦合、闭合循环，实现物、能相互交换、互惠互利，实现废弃物、污染物排放最小化，资源循环利用高效化，生态经济效益最大化的目标。

（一）种养循环农业模式结构

根据循环农业系统种植系统、养殖系统生物组分的差异，可以形成不同种养循环农业模式，如以草食动物养殖为中心的牧草/水稻/玉米–肉牛–有机肥–果蔬茶模式；以家畜家禽养殖（猪、鸡、鸭、鹅）为中心的养殖（猪）-生态湿地-有机肥/饲料模式、稻（草）-鸭（鹅）共生模式；以水产动物养殖为中心的稻（油）-鱼（蟹）共生模式等。

1. 牧草/水稻/玉米-肉牛-有机肥-果蔬茶模式

牧草/水稻/玉米-肉牛-有机肥-果蔬茶模式的饲草系统主要种植桂牧1号、黑麦草、水稻、玉米等，为肉牛养殖提供饲料来源，同时每日需要搭配粗糠（稻壳）、玉米粉、青贮料、玉米杆等精饲料以满足肉牛生长的营养需求，肉牛养殖系统排放的牛粪和牛尿经废弃物无害化处理系统固液分离处理，再发酵得到固体肥和液体肥，固体肥可生产为有机肥料供种植系统施用，液体肥通过管道输送回施到经作系统（果蔬茶），为了提高作物产量，种植系统除了施用牛粪固体肥和液体肥，还需要施用一定用量的化肥满足作物的养分需求。牧草/水稻/玉米-肉牛-有机肥-果蔬茶模式结构如图2-9所示。

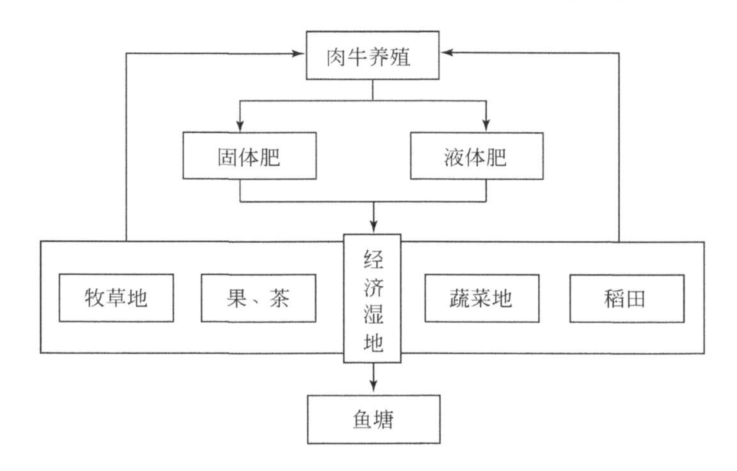

图2-9　牧草/水稻/玉米-肉牛-有机肥-果蔬茶模式结构

牧草/水稻/玉米-肉牛-有机肥-果蔬茶模式实现生态、高值的关键要素主要有：

1）选择清洁、无污染的土壤种植高产品种的饲草作物和高产优质的经济作物。例如，南方地区牧草品种可选择桂牧1号、甜象草、杂交狼尾草、黑麦草等；早稻可选用湘早籼42号、湘早籼45号等优质稻品种，晚稻选用玉针香、农香18和湘晚籼13号等高档优质稻品种；玉米品种可选择祥玉808、三农玉218等。经济作物可选择茶叶、猕猴桃、脐橙、百合、淮山、紫薯、辣椒等。

2）作物种植结构进行季节性配置，根据作物生长的施肥需求，消纳肉牛养殖不同时段的固体有机肥和液体有机肥，如暖季型牧草桂牧1号与一年生黑麦草轮作、水稻与油菜轮作、水稻与秋季蔬菜轮作，以及茶叶、水果、蔬菜周年种植。

3）通过定量计算循环农业模式各子系统的氮磷投入产出量，实现种养系统养分的精准管理，合理配置作物种植面积、肉牛养殖规模和固体有机肥、液体有机肥、化肥的施用量，使养殖系统的氮磷资源被种植系统完全消纳，达到废弃物减量排放、资源高效利用的目标。

2. 养殖（猪）–生态湿地–有机肥/饲料模式

养殖（猪）–生态湿地–有机肥/饲料模式的养殖系统主要为生猪养殖，养殖废弃物通过固液分离，产生固体有机肥和养殖废水，废水经沼气池发酵沼渣可制有机肥、沼气发电、沼液形成液体有机肥，沼气池主要是厌氧消化，利用微生物发酵作用，可有效降低养殖废弃物中的COD，但对氮、磷的去除能力很低。稻草基质消纳池以稻草为材料，利用其建立的生物膜，有效吸附处理较高浓度的氮磷。多级绿狐尾藻生态湿地主要利用耐高氮磷污水、生物量大的绿色植物绿狐尾藻对污水进行处理，而生长的植物由于富含氮磷，可作绿肥施到种植系统，也可作饲料供生猪食用。该模式通过对养殖废水中的氮磷进行生态消纳处理，不仅养殖污水得到处理，排水水质还可达到禽畜养殖业污染物的国家排放标准，养殖（猪）–生态湿地–有机肥/饲料模式结构如图2-10所示。

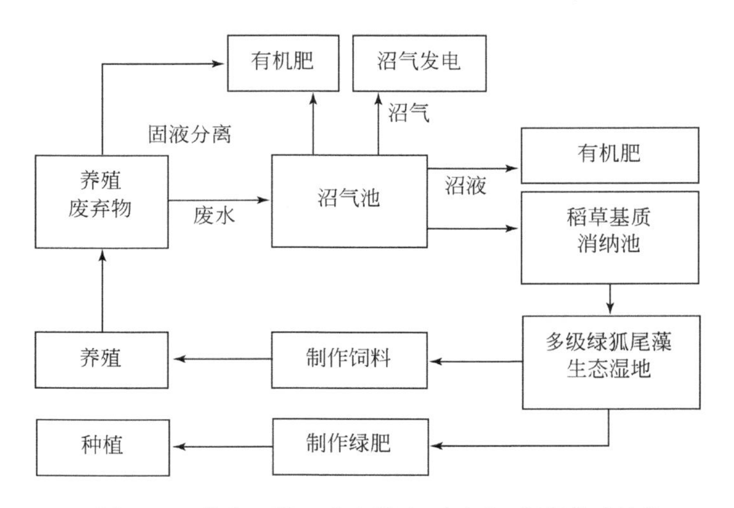

图2-10　养殖（猪）–生态湿地–有机肥/饲料模式结构

3. 稻–鸭共生模式

稻–鸭共生模式是充分利用共生互利、生态位和食物链等生态学原理，以水稻为中心，家鸭田间网养的稻田种养结合模式。该模式以鸭子捕食害虫代替农药、以鸭子采食杂草代替除草剂、以鸭子粪便作为有机肥料代替部分化肥、以鸭子不间断的活动产生的中耕混水效果来刺激水稻生长，实现以田养鸭、以鸭促稻，实现稻鸭互利协作和共赢（高旺盛等，2015）。根据田间杂草生态学过程和早、晚稻生育期短的特点，通过提高入田鸭龄或放鸭密度，可实现早、晚稻全生育期不施用除草剂、杀虫剂，并保证水稻稳产高产，入田的鸭龄控制在30～40天，放鸭量为625只/hm^2，与常规稻作相比，稻–鸭共生可提高稻谷产量。同时，稻–鸭共生可改善水稻籽粒和秸秆及根的氮营养状况，每只鸭平均日排鲜粪为100.6g，稻–鸭共生模式持续50天，可增加稻田碳173.6kg/hm^2、氮7.76kg/hm^2、磷3.10kg/hm^2。稻–鸭共生模式适合于双季稻区推广应用，模式流程图如

图 2-11 所示。

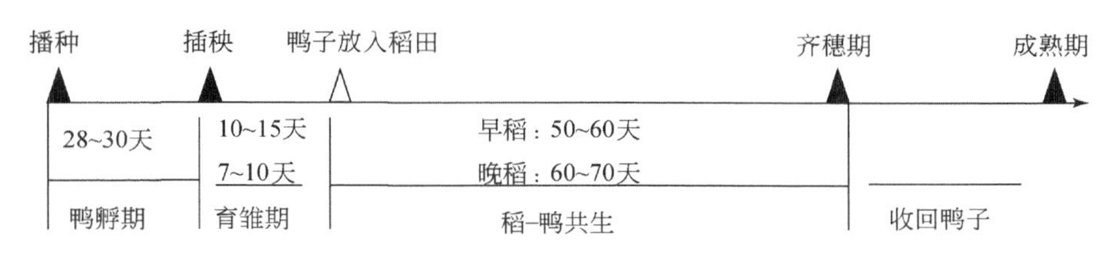

图 2-11 稻-鸭共生模式流程图

稻-鸭共生模式可以完全不施用化学合成的肥料和农药，生产出不含任何农药残留的优质有机稻米，形成有机稻-鸭共生模式。该模式采用经农田土地整治后获得有机认证的稻田进行有机水稻种植，施肥采用由花生饼、有机谷壳、米糠、磷矿粉和棕榈灰发酵的有机肥做底肥和追肥，采用割草机割去田埂杂草，插秧前大田放鸭控制田螺和杂草，施油茶饼粉杀死害虫，使用插秧机进行插秧，插秧后大田采用放鸭、除草机和人工等方法控制杂草，杀虫灯、油茶饼粉和除虫菊素等控制虫害，井冈霉素等生物农药控制水稻病害，收割机收获稻谷，烘干机进行稻谷烘干。该模式流程为：基地有机认证—整地、放中鸭和施有机肥—育秧、成鸭出售—机器插秧—放小鸭—追肥、病虫害防治—孕穗期、成鸭出售—收稻谷与烘干，模式流程图如图 2-12 所示。

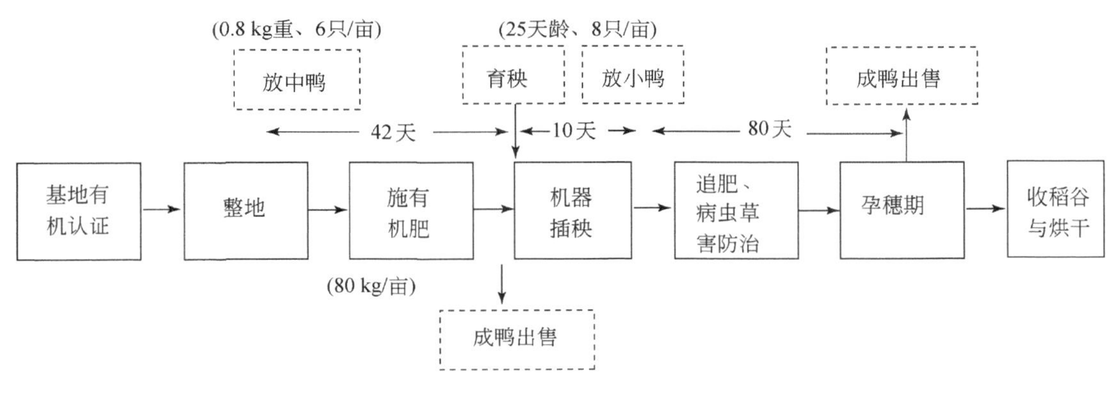

图 2-12 有机稻-鸭共生种养模式流程图

1 亩≈667m²

4. 稻-鱼共生模式

稻-鱼共生模式是以稻作水田为条件，充分利用稻田立体空间以及光、热、水、生物资源，既种稻又养鱼的一种生产方式，该模式在水稻生长季节利用稻田的浅水环境加入人工调控措施，把水稻种植和养鱼有机结合在一起，有意识地利用生物种群、群落之间的生存竞争及动态协同，形成一个共生的复合生态系统，控制和调节稻田生态系统中的物质循环和能量转化，不仅不影响各自组分的生长，而且水稻和鱼有相互促进、互惠互利的功效，实现系统的良性循环（袁伟玲等，2009）。稻–鱼共生模式可最大限度地提高稻田产出率，是我国南方稻作区提高水稻栽培产量和生态经济效益的一种主要种养模式（肖玉等，2005）。

以稻花鱼养殖为例，稻–鱼共生模式流程如图2-13所示，水稻栽培于4月20日左右播种，5月20日左右插田，鱼苗可在插秧后10～15天放养，也可于3月中下旬在空闲田先暂养，等大田移栽后10～15天再转移到大田养殖，选择较大规格鱼苗并适当增加放养数量，选择2指宽、10cm长的鱼苗放养，以利于提高鱼成活率，可适当增加放养数量，每公顷放养3000～4500尾。稻田施肥以有机肥为主、化肥为辅。施足基肥，每公顷施优质厩肥11 250～15 000kg，45%缓控释肥300kg；移栽后5～7天及时施分蘖肥，每公顷施充分发酵后的猪牛粪2250～3000kg（或鸡粪750kg），全田撒施，每公顷施尿素75kg、氯化钾75kg；幼穗分化初期施穗肥，根据禾苗长势，每公顷施尿素45kg，氯化钾45kg。禾苗旺长不施尿素，仅施钾肥。7月下旬收割稻谷，7～9月可以收稻花鱼（彭诗瑶等，2018）。

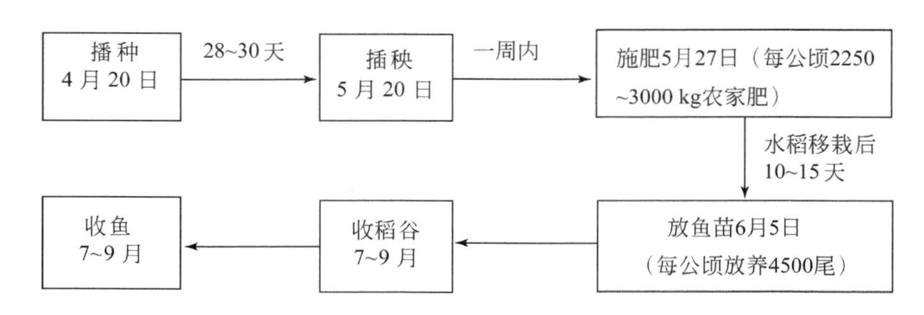

图2-13　稻–鱼共生模式流程图

稻–鱼共生模式实现生态、高值的关键要素主要有：

1）稻田选择。选择生态条件良好、无工业污染、无重金属污染的地域，土壤、水质和空气质量达到国家绿色农业的标准，选择阳光和水源充足、水质无污染、排灌方便、无旱涝影响、蓄水能力强、土地肥沃、交通便利的稻田，尽量避免使用易受山洪影响和靠近河边的田块。

2）田间工程建设。田间工程是否科学合理直接影响鱼稻生长、机械操作和经济效益。田埂高于田面0.5m以上、顶宽0.4m以上，田中开沟，沟宽0.6m以上、沟深0.3～0.5m，沟呈“十”字形、“井”字形或“目”字形。田块面积在1333m^2以上可在田中挖圆形鱼凼，鱼凼直径6～8m、凼深0.8～1.5m，沟凼相通，沟凼面积不超过稻田面积的10%。建好排灌和防逃措施，采用高灌低排的格局，开好进水口、排水口，进水口、排水口与鱼沟相连，在进排水口处安装拦鱼栅。

3）水稻品种选用及移栽。选择茎秆粗壮、米质优、产量高、抗倒伏、抗病虫能力强的优质杂交稻组合，如两优1876、兆优5455、兆优5431、Y两优646、C两优华占、深两优5814等。水稻种植宽窄行栽培，充分发挥边际效应，合理种植密度为大垄双行（宽窄行）每亩种植0.8～1.3万穴，窄行间距10～15cm，宽行间距50～55cm。宽窄行栽培能增加通风性，提高水稻产量，减少病害（稻瘟病等），节约投入品。

4）安全施用药肥。在施肥施药前，疏通鱼沟，将鱼集中到鱼凼中再施肥施药。选用高效低毒、对鱼安全的肥料、农药。施肥应按安全剂量，切忌任意加大剂量，严禁使用菊酯类农药。施药前要加深水位，要尽量喷在水稻的叶片上，喷头朝上，减少药物落入水中，降低农药对鱼类的危害。

（二）种养加循环农业模式结构

种养加循环农业模式结构主要包括种植系统、养殖系统、加工系统、废弃物资源化处理系统、环境保育系统、产品营销与服务系统。种养加循环农业模式结构是在种养殖循环农业模式的基础上延伸农业产业链，增加加工系统增益环。加工系统主要包括饲料加工、肥料加工和农产品加工。种植系统牧草、稻草秸秆通过饲料加工，为畜禽养殖提供无饲料添加剂的清洁饲料，通过饲料加工接口技术将种植业的主副产品以及加工的废弃物进行处理，为养殖业提供饲料，可完成种植业到养殖业的接口；养殖系统废弃物为肥料加工提供优质的有机肥来源，通过肥料加工接口技术将畜禽粪便加工成肥料，完成养殖业到种植业的接口；根据区内种植系统和养殖系统的产出物，还可进行农产品深加工，提高农产品的附加值，生产优质绿色食品，种植业和养殖业的产品经深加工后投放市场，完成系统同外部环境的接口。该模式需要建设饲料加工车间和仓库、肥料加工车间和仓库、农产品加工车间和仓库，并配备相关生产设备。

（三）大型循环农业园区复合生物循环模式

大型循环农业园区复合生物循环模式是在种养加模式的基础上，增加农业文化园功能，通过循环农业理论和生态旅游、服务业相结合，集成大型循环农业园区土地利用（稻田、养殖场所、高质饲料地、水源和园林景观用地、环境保育用地等）的高效立体配置技术和园区景观优化技术，构建土地利用高效、环境污染防控严密、环境保育功能完善、景观优美的现代可持续循环农业园区。农业文化园的基本功能有农业科技普及、旅游、休闲、农业文化体验、产品推介等。农业文化园主要着重于建立循环农业科普教育与培训基地，传播传统和现代农村、农业文化及种养加科普知识。

1. 湖南长沙县金井镇循环农业园区

湖南长沙县金井镇地处湘中丘陵盆地向洞庭湖平原过渡地带，位于113°18′～113°26′E，28°30′～28°39′N，金井河流域为湘江一级支流捞刀河的上游，主要由捞刀河金井段、脱甲河、双江河和惠农金井水库组成，总面积为135km^2。该区域是典型的亚热带山地丘陵地貌，溪、垄、山丘相间，地块较为零碎。气候特点为夏热冬温，最热月平均气温在22℃以上，最冷月平均气温在0～15℃，气温年较差在15～25℃，可以出现短时间霜冻，无霜期在240d以上，降水量在750～1000mm，夏雨较集中，无明显干季。土壤类型以红壤、水稻土为主，适宜水稻、蔬菜等农作物的种植，流域内土地利用类型以林地、水田为主。

湖南长沙县金井镇循环农业园区规划图如图 2-14 所示，包括种植系统、养殖系统、加工系统、废弃物无害化处理系统、环境保育系统、农业文化园和产品营销与服务系统七个子系统，该园区以茶叶种植、加工产业为核心，配套发展水稻、果蔬种植和肉牛、生猪养殖产业，以及茶文化生态旅游产业。园区景观环境优美，可进行科学试验、科普教育、采茶体验等活动。该园区湘丰茶博园是国家 AAA 级旅游景区，2014 年被农业部评为“中国最美田园景观”。2016 年由农业部和财政部联合举办的“一二三产业融合现场观摩交流会”在湘丰茶博园召开。

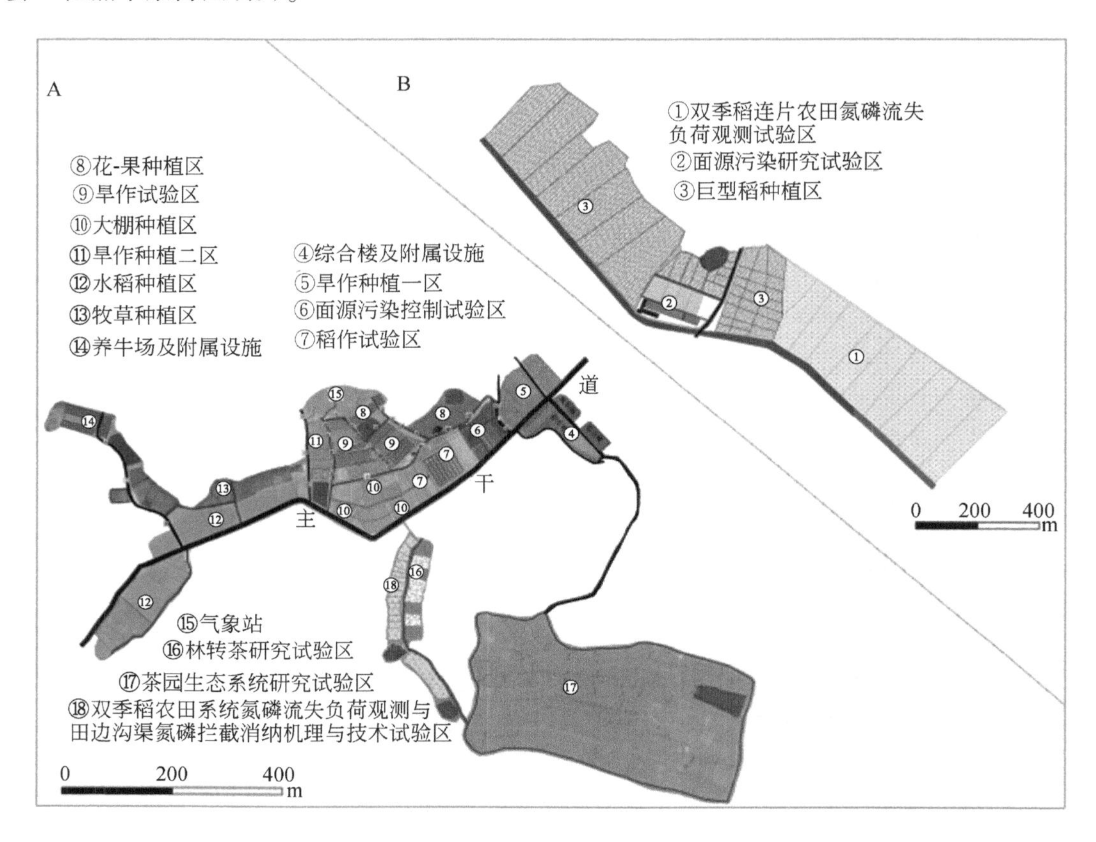

图 2-14 湖南长沙县金井镇循环农业园区规划图

2. 广西富川瑶族自治县循环农业园区

广西富川瑶族自治县循环农业园区位于福利镇花坪村和毛家村，富阳镇的沙汪村及立新农场，已形成“田成方、树成荫、路相通、渠相连、旱能灌、涝能排”和“两头工厂化，中间机械化”的现代农业新格局，以及“果园绕村庄、村道房屋整洁干净、樟树公园宽敞、家园亮化美化”的瑶族民居特色。园区内主要优势产业为水果和蔬菜，水果品种主要有脐橙、早柑、蜜桔和沙糖橘等，蔬菜品种主要有皇白菜、绍菜、红萬笋、芥菜、番茄、芋头、菜心等。

富川瑶族自治县循环农业园区内拥有AA级神仙湖景区、茅厂屋新农村建设瑶族民居、神剑山等旅游资源，围绕循环农业“生态、高值、循环”为目标，通过构建“牧草/水稻/玉米-肉牛-有机肥-脐橙/蔬菜”循环农业体系，突出“水果、养殖、蔬菜”三大产业循环发展模式，建立了“万亩脐橙示范区、万亩蔬菜示范区、生态循环养殖示范区、新品种试验示范区、果蔬加工物流区、生态休闲旅游区”六个片区，按照运行组织化、生产标准化、要素集成化、示范设施化、经营产业化推动特色产业发展，实现脐橙/蔬菜种植业、肉牛养殖业以及果蔬加工业的产业结构优化，在发展种养加产业的同时充分利用园区旅游资源，提供观光农业休闲和瑶族农耕文化体验，使富川瑶族自治县循环农业园区成为2014年广西区首批区级农业科技园，为一二三产业融合的循环农业模式提供了典范。

第三节 环境保育型循环农业系统的功能

农业生态系统的结构与功能是相互依存、相互转变的，生态系统要素与结构是系统功能内在的依据和基础，功能是要素与结构的动态过程。农业生态系统一定的结构表现一定的功能，一定的功能总是由一定系统的结构产生。循环农业系统的功能是与内外环境进行物质、能量、信息交换所表现出来的作用与效能，从系统本身来看，功能是以“流”的形式表现出来，通过自然再生产过程和经济再生产过程来实现，通过物质、能量、信息和价值的流动与转化关系把循环农业系统的各组成部分连接成一个生态经济有机整体，“流”在循环农业系统内外进行交换的过程实现系统的功能-物质循环、能量流动、信息传递、价值增值（钱静和律江，2007）。

一、循环农业系统的生产功能

循环农业系统的生产是系统中各组成成分，包括生产者、消费者和分解者不断利用环境中的物质和能量，通过生物代谢作用合成自身有机物质的过程。系统的生产能力，常用生产力（生物量、生产量）、生态效率、周转率等来描述和衡量。一般系统的生产量越高，流通量越大，周转速率越快，系统综合生产力就越高，生产效率越高，系统功能越强（杨文宪和张秋明，1999）。

（一）初级生产

初级生产是绿色植物通过光合作用，把分散在环境中的物质（如二氧化碳、水、氮、矿物质）合成有机质，并将太阳辐射能转化为化学潜能贮存到有机物中的过程。光合作用是在绿色植物的叶绿体中进行的光化学过程，绿色植物的光合作用效率平均为0.5%左右，因植物种类繁多，光合作用方式各有差异，光合作用效率也高低不同。四碳植物（如甘蔗、玉米、高粱等）同化二氧化碳的反应过程比三碳植物更复杂，多了一个二氧化碳吸收和放出的循环过程，因此，四碳植物比三碳植物具有更高的二氧化碳吸收能力，其光合作用效率更高，在亚热带等阳光充足的条件下，能获得高额产量，提高系统生产力。因此，在循环农业系统中，因地、因时充分利用植物的光合特性合理安排种植结构，是提高循环农业系统生产力和光能利用率的主要途径。

在一定的生态环境条件下，即使同一种群或同一个体也因其发育阶段不同，生产能力有很大差异，如幼年生产者、过于成熟的植物群落单位生物量表现出的生产力相对较低，但总有一个发育阶段，其生产和消耗不大，但净生产力最大。循环农业系统生产的目标是实现最小的投入获得最大的产出，因此应遵循自然规律，根据收获对象选择、确定最佳收获时间，以使投入的能量最大限度地转变为有效产量，以减少消耗，提高资源、能源利用率和劳动生产率（杨文宪和张秋明，1999）。

（二）次级生产

次级生产是次级生产者（异养生物）利用初级生产以及其他有机物，通过代谢作用，同化为自身有机体的过程，次级生产将生态系统中生物与生物之间的取食、被取食关系构成的食物链或食物网作为能量流动渠道，维持和推动着生态系统中能量的传递和转化的物质再生产。自然系统依靠食物链、食物网实现物质循环和能量流动，维持生态系统稳定，农业生态系统则要借助人工投入品及辅助维持正常的生产功能和系统运转。循环农业系统作为生态系统的子系统，其植物、动物、微生物的生命活动受光、热、气、水、土壤等各种环境因素的影响，一方面是在阳光作用下绿色植物把无机养分合成有机物，另一方面是在一些细菌和真菌作用下，有机物被分解成无机物，并进一步转变为可供植物利用的养分（王芳等，2014）。在循环农业系统生产实践中，食物链结构（营养级）安排要合理，食物链设计结构不宜过长，也不宜过短，无论是过长或过短都不利于能量的充分利用，以2～3级为宜。

（三）价值增值

环境保育型循环农业系统的组成部分——种植系统、养殖系统、加工系统、废弃物无害化处理系统、环境保育系统、农业文化园和产品营销与服务系统七个子系统在农业生产过程中通过生产农产品、资源性产品、服务性产品等实现价值增值。以湖南长沙县金井镇循环农业园区为例（图2-14），种植系统作物产出主要有牧草、玉米、水稻、蔬菜、茶叶、特色水果等，投入物资有种苗、有机肥、少量化肥等，通过生产优质农产品实现价值增值，种植系统为养殖业提供饲料、为农产品加工业提供优质原材料，种植过程中施用畜禽粪便有机肥料消纳养殖系统产生的有机废弃物；养殖系统为肉牛、生猪、鹅、鸡、鸭、鱼等动物，投入物资主要为精饲料，其主要功能是为人们提供安全优质的肉、禽、蛋等食品，同时为农产品加工系统提供优质的原料；加工系统进行饲料加工和农产品加工，饲料加工对饲草作物、稻草等青贮处理与营养强化，以减少养殖投入成本、提高动物产品的品质，农产品加工通过果蔬加工、红薯加工、茶叶加工等产出优质农产品实现价值增值；废弃物无害化处理系统以猪粪、牛粪、秸秆、谷壳、蔬菜藤蔓等为原料，采用自动控制精确通氧高温发酵生产固体有机肥，液体有机肥采用智能水肥一体化管道输送系统实现就地利用，减少种植系统的肥料成本，并生产优质有机肥料产品实现价值增值；环境保育系统以生态湿地经济作物与水产品为主要增值产品，其主要功能是实现生态效益最大化；农业文化园通过生态旅游与茶文化体验获得服务性收入；产品营销与服务系统通过构建农产品电子商务销售平台实现循环农业园区产品增值。该循环农业园区构建七大子系统提升系统综合生产力，获得显著的经济、社会、生态效益，是环境保育型循环农业系统多功能发展的典范。

二、循环农业系统的物质循环

农业生态系统内的物质流动和能量流动二者既有联系，又有区别。能量流动以物质循环为形式，物质循环以能量流动为内容，二者相辅相成。任何生态系统的存在和发展，都是能流与物流同时作用的结果，二者有一方受阻都会危及生态系统的延续和存在。循环农业系统的物质来源于无机环境，物质的循环和重复利用是生态系统中物流的本质特征，物质沿食物链传递时并不像能量那样在流动中以热的形式从系统中散发掉，而是逐渐从食物链中分离出来，重新回到无机环境中或经分解还原，再次成为营养物质被利用，由此显示生态系统中能量流动的单向性和物质流动的闭合循环特征。

循环农业系统中的物质循环，实际上是系统内物质的利用、再利用的循环往复过程。其实质是：种植系统的绿色植物首先通过光合作用，利用光能将无机物质合成有机物质，其次经养殖系统的消费者逐级利用，最后由分解者还原为无机物，再次为种植系统的绿色植物所利用的过程。

（一）循环农业模式的物质循环

1. 牧草/水稻/玉米–肉牛–有机肥–果蔬茶模式的物质循环

从农业生态系统物质循环与能量流程看，草食动物牛、绵羊或山羊对庄稼残余物、秸秆及质量较差的干草可消化30%～80%，平均约80%的肥效值由粪尿排出；舍饲条件下40%的有机物排泄于厩肥中，氮、磷、钾可收回率依次为75%、80%、85%（Ensminger，1983）。牧草/水稻/玉米–肉牛–有机肥–果蔬茶循环农业模式1头牛周年物质循环如图2-15如示，养殖1头青年肉牛需要消耗精饲料1310kg、氨化稻草1900kg和营养牧草5600kg，可增产优质牛肉140kg，同时产生牛粪和牛尿分别为6100kg和4700kg，经过无害化处理后加工可制成优质固体有机肥1800kg、液体肥4700kg，另需补施纯氮56kg，通过系统内部循环，用于种植系统，经过系统整体优化设计，可种植牧草533m^2、水稻2467m^2，用于满足肉牛养殖的饲草需求。种植系统收获期，可产出优质稻谷2100kg，同时产生稻草2100kg、牧草5800kg，牧草和稻草输入饲草加工系统后经加工处理，可产生氨化稻草和营养强化牧草分别为1900kg和5600kg，输入养殖系统可满足1头肉牛全年的饲草需求。至此，构成肉牛养殖、饲草种植、肥料和饲料加工系统的物质循环流动图。

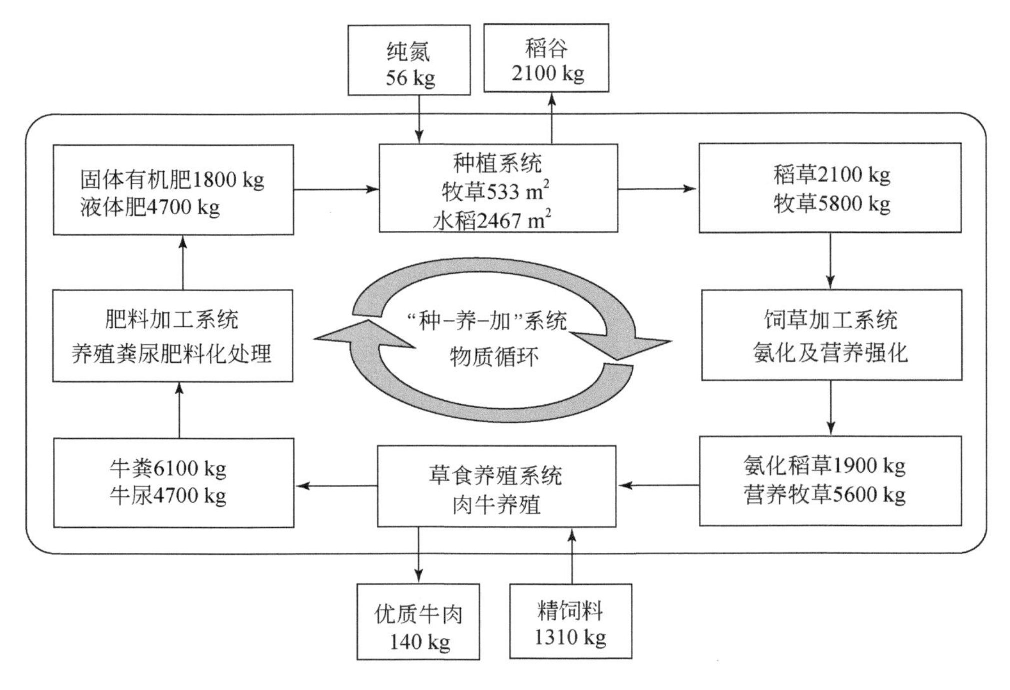

图 2-15 "种-养-加"系统周年物质循环图

2. 养殖（猪）-生态湿地-有机肥/饲料模式的物质循环

养殖（猪）-生态湿地-有机肥/饲料模式通过稻草充填基质消纳池和绿狐尾藻湿地消纳养猪场排泄的废水，形成养殖废水生态处理与资源化利用技术。绿狐尾藻植株粗蛋白含量高达 17.0%、粗纤维含量为 36.9%，其中赖氨酸、苏氨酸、谷氨酸、天冬氨酸等含量显著高于三叶草（属优质牧草），且重金属等有害物质积累量较低。因此，绿狐尾藻既可作绿肥，又可作饲料，从而实现养殖废水生态治理和氮磷的循环利用。

按 1 头猪年均排放 3.6m^{3}的废水计算，共需 2 ~ 5m^{2}绿狐尾藻湿地处理，可实现养猪废水生态处理达标排放（COD_{Cr} ≤150mg/L、氨氮≤25mgN/L、总氮≤70mg N/L 及总磷≤5mg P/L），每年还可收割绿狐尾藻 100 ~ 250kg，直接作绿肥施用于茶园、菜地或果园等；或经粉碎，再与玉米面按 1∶1 混合、发酵后用作养猪饲料，可节省 1/3 饲料成本（图 2-16）。

3. 稻-鸭共生模式的物质循环

稻-鸭共生模式的物质循环如图 2-17 所示，稻-鸭共生模式的碳、氮、磷输入主要来自饲料，占 80% 以上。两季稻作参与系统循环的杂草碳为 64.17kg/hm^2，害虫碳为 9.48kg/hm^2，碳归还包括水稻根系碳和鸭粪碳，碳归还量比常规稻作提高 20.43%，耕层土壤截存的碳量为 2103.2kg/hm^2，比常规稻作显著降低了 21.48%，碳输出主要为水稻籽

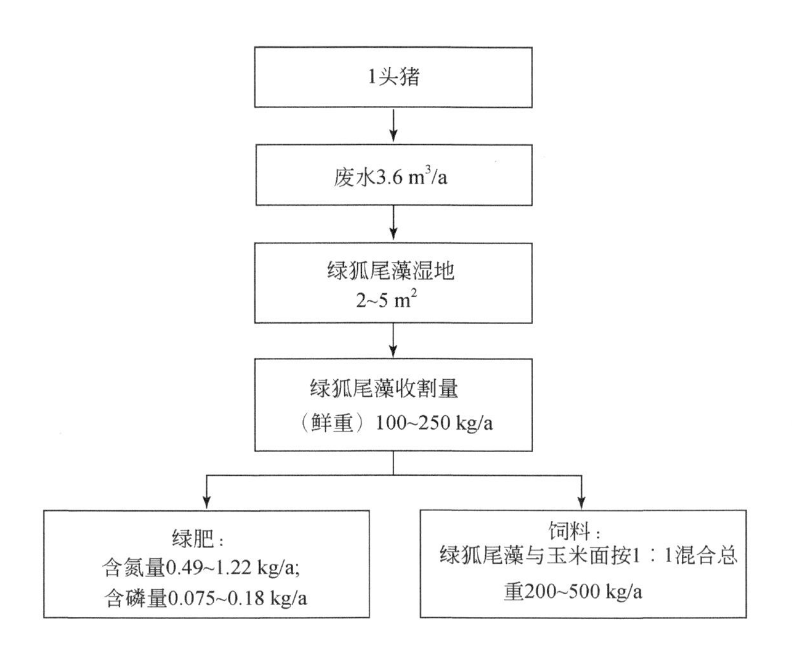

图 2-16　1 头生猪产生废水处理参数

粒和秸秆，占 85.77%。稻–鸭共生模式虽然有鸭粪氮、磷补充土壤库，但每季的鸭粪氮输入量小于 $13kg/hm^2$、磷输入量小于 $12kg/hm^2$，不足以维持土壤氮、磷的平衡状态，肥料氮、磷投放量不足可能引起土壤中的氮、磷素处于亏缺状态，因此生产上应增加肥料氮、磷的投入，稻–鸭共生模式氮、磷素的归还率均高于常规稻作，表明该模式能促进土壤的可持续利用并提高稻田自我维持力（张帆，2011）。

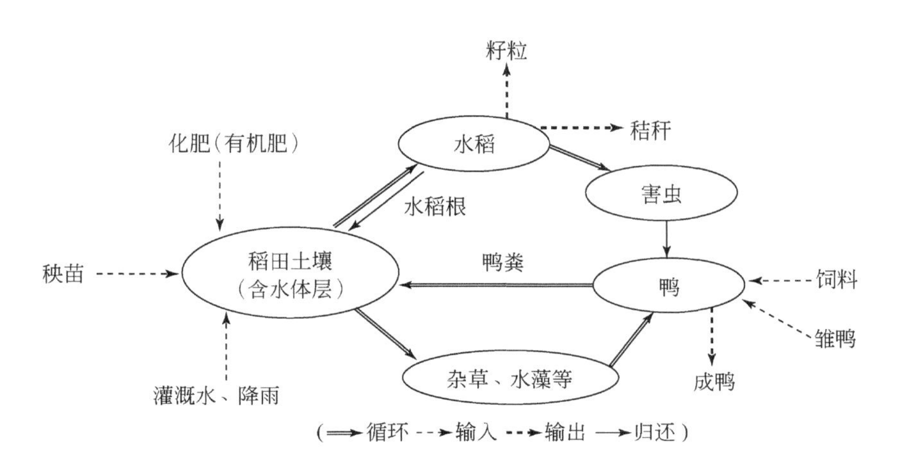

图 2-17　稻–鸭共生模式的物质循环图

（二）循环农业模式的养分循环

循环农业可持续发展的关键是提高系统养分利用效率和降低环境污染，系统养分资源管理调控的首要任务是优化养分管理、保持养分合理流动与循环、减少系统各个环节的养分排放，其核心是通过改善畜禽粪尿管理，减少养分的损失和提高养分在农田循环中的比例与数量（马林等，2018）。循环农业系统内的基本物质循环主要通过氮、磷元素的流动实现，畜禽养殖业氮磷排放是水体富营养化的重要原因，已成为农业面源污染的主要来源。因此，循环农业系统的养分流动、循环与平衡研究是系统养分资源管理的基础，而量化循环农业各子系统氮磷等养分的投入产出量，进行作物种植面积和肥料用量的合理配置，使养殖系统的氮磷资源被种植系统完全消纳，是实现废弃物减量排放、资源高效利用以及循环农业系统环境保育的关键。循环农业系统氮磷投入产出模型的构建可以反映各子系统氮磷的中间使用和最终产品的投入产出流动状况，建立氮磷元素在系统各类主要产品生产和分配之间的平衡关系，反映循环农业模式各子系统氮磷投入产出流向特征，实现循环农业模式氮磷资源的高效利用（刘琼峰等，2016）。

1. 牧草/水稻/玉米–肉牛–有机肥–果蔬茶模式氮磷投入产出模型的构建

牧草/水稻/玉米–肉牛–有机肥–果蔬茶模式氮磷循环示意图如图 2-18 所示，种植系统主要种植桂牧 1 号、黑麦草、水稻等，为肉牛养殖提供饲料来源，同时每日需要搭配粗糠（稻壳）、玉米粉、青贮料、玉米秆等精饲料以满足肉牛生长的营养需求，肉牛养殖系统排放的牛粪和牛尿经废弃物无害化处理系统固液分离处理，再发酵得到固体肥和液体肥，固体肥可供生产有机肥料，液体肥通过管道输送回施到种植系统，为了提高作物产量，种植

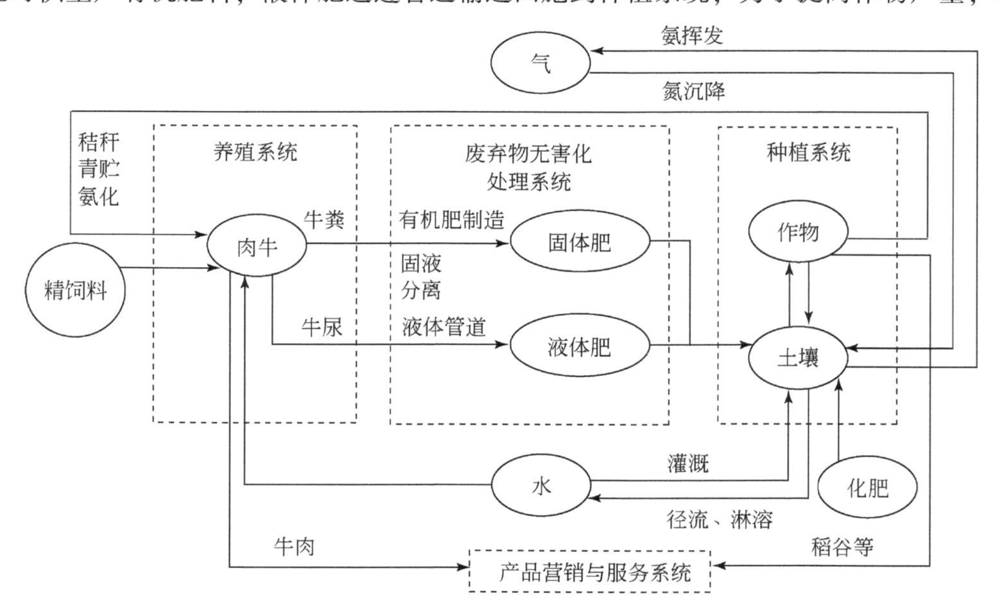

图 2-18　牧草/水稻/玉米–肉牛–有机肥–果蔬茶模式氮磷循环示意图

系统除了施用牛粪固体肥和液体肥，还需要施用一定用量的化肥，作物从土壤吸收氮磷养分，而作物秸秆还田也带入氮磷养分到土壤。种植系统、养殖系统、废弃物无害化处理系统生产的产品供产品营销与服务系统销售，氮磷养分输出循环系统。循环农业体系除了在四个子系统内部实现氮磷输入输出循环，同时也通过氮沉降和氮挥发进行土壤–大气界面的循环，通过灌溉水和径流、淋溶进行土壤–水体界面的循环。

根据投入产出模型的基本原理，构建牧草/水稻/玉米–肉牛–有机肥–果蔬茶模式氮磷投入产出表（表2-2），表的“中间使用”栏中，表示中间产品之间氮（磷）的流量，$q_{i,j}$（i 为行号，j 为列号）表示第 i 类产品流向第 j 类产品的氮（磷）含量，或者说是第 j 类产品生产过程中消耗的第 i 类产品的氮（磷）含量，“最终产品”栏中，表示该模式生产期间供销售的产品的氮（磷）含量，中间使用和最终产品以及其他产出中的氮（磷）含量之和则为每行产品的氮（磷）总产出，每项投入产品的氮（磷）之和则为每列产品的氮（磷）总投入。

在表2-2中，按每一行可以建立一个方程计算每行产品的氮（磷）总产出，设 i 为行号，j 为列号，有 n 行，“中间使用”栏有 m 列，最终产品栏有 z 列，则共有 n 个方程，可写成方程：

$$\sum_{j=1}^{m} q_{i,j} + \sum_{j=1}^{z} y_{i,j} = q_i (i = 1,2,\cdots,n) \tag{2-1}$$

令

$$a_{i,j}=\frac{q_{i,j}}{q_j}(i=1,2,\cdots,n;j=1,2,\cdots,m) \tag{2-2}$$

则 $a_{i,j}$ 表示每生产单位 j 类产品需要消耗的 i 类产品的氮（磷）含量，为产品的氮（磷）直接消耗系数。将式（2-2）代入式（2-1）则可得到方程：

$$\sum_{j=1}^{m} a_{i,j}q_j + \sum_{j=1}^{z} y_{i,j} = q_i (i = 1,2,\cdots,n) \tag{2-3}$$

由于氮磷含量的计量单位是统一的，所以投入产出表既可以按横行建立模型来反映各产品氮（磷）的产生与分配情况，亦可以按照列建立模型来反映各产品氮（磷）含量的投入状况。“中间使用栏”各产品氮（磷）的投入状况可表示为

$$\sum_{i=1}^{n} q_{i,j} = x_j (j = 1,2,\cdots,m) \tag{2-4}$$

2. “牧草/水稻/玉米–肉牛–有机肥–果蔬茶”模式氮磷投入产出模型参数

（1）中间使用部分的氮磷投入产出

1）种植系统投入肉牛养殖系统的氮（磷）。“牧草/水稻/玉米–肉牛–有机肥–果蔬茶”模式通过种植桂牧一号、黑麦草、水稻等作物，收割牧草和稻草作为肉牛养殖的粗饲料来源，表中 $q_{i,6}(i=1,2,\cdots,5)$ 用来表示种植系统投入肉牛养殖系统的氮（磷）含量。$q_{i,6}(i=1,2,\cdots,5)$= 饲草的氮（磷）平均含量×每头牛日饲喂量×肉牛养殖头数×饲喂天数。

2）精饲料投入肉牛养殖系统的氮（磷）。肉牛养殖需要饲喂一些精饲料来满足肉牛生长的营养需求，主要精饲料有粗糠（稻壳）、玉米粉、青贮料、玉米秆等，表中 $q_{i,6}(i=6,7,\cdots,10)$ 用来表示精饲料投入肉牛养殖系统的氮（磷）含量。$q_{i,6}(i=6,7,\cdots,10)$= 精

饲料中的氮（磷）平均含量×每头牛日饲喂量×肉牛养殖头数×饲喂天数。

3）肉牛养殖产出的牛粪、牛尿的氮（磷）。$q_{11,7}$表示肉牛养殖排放的牛粪中的氮（磷）含量，$q_{11,8}$表示肉牛养殖排放的牛尿中的氮（磷）含量。$q_{11,7}$=牛粪中的氮（磷）平均含量×每头牛日排放牛粪量×肉牛养殖头数×饲喂天数。$q_{11,8}$=牛尿中的氮（磷）平均含量×每头牛日排放牛尿量×肉牛养殖头数×饲喂天数。

4）肉牛养殖废弃物无害化处理系统产出的氮（磷）。“牧草/水稻/玉米–肉牛–有机肥–果蔬茶”模式肉牛养殖废弃物经固液分离后，固体牛粪作堆肥，液体牛尿作液体肥经管道系统回施到种植系统。表中$q_{12,9}$、$q_{13,10}$表示牛粪、牛尿无害化处理后产出的牛粪堆肥、液体肥中的氮（磷）含量。$q_{12,9}$=牛粪堆肥中的氮（磷）平均含量×每头牛日排放牛粪产生的堆肥量×肉牛养殖头数×饲喂天数。$q_{13,10}$=液体肥中的氮（磷）平均含量×每头牛日排放牛尿产生的液体肥量×肉牛养殖头数×饲喂天数。

5）废弃物无害化处理系统投入种植系统的氮（磷）。$q_{14,j}(j=1,2,\cdots,5)$表示循环农业模式废弃物无害化处理系统投入种植系统的牛粪堆肥氮（磷）含量，$q_{15,j}(j=1,2,\cdots,5)$表示循环农业模式废弃物无害化处理系统投入种植系统的液体肥氮（磷）含量。$q_{14,j}(j=1,2,\cdots,5)$=牛粪堆肥中的氮（磷）平均含量×每次施到第j种作物的牛粪堆肥量×第j种作物的种植面积×施用次数。$q_{15,j}(j=1,2,\cdots,5)$=液体肥中的氮（磷）平均含量×每次施到第j种作物的液体肥量×第j种作物的种植面积×施用次数。

6）其他投入流向种植系统的氮（磷）。其他投入种植系统的氮（磷）主要包括施用化肥、秸秆还田、农田灌溉水、氮沉降等投入到种植系统的氮（磷），表中$q_{16,j}(j=1,2,\cdots,5)$表示施用到第j种作物的化肥氮（磷）含量，$q_{17,j}(j=1,2,\cdots,5)$表示秸秆还田投入到第j种作物的氮（磷）含量，$q_{18,j}(j=1,2,\cdots,5)$表示灌溉水投入到第j种作物的氮（磷）含量。$q_{16,j}(j=1,2,\cdots,5)$=化肥中的氮（磷）平均含量×每次施到第j种作物的化肥用量×第j种作物的种植面积×施用次数。$q_{17,j}(j=1,2,\cdots,5)$=秸秆中的氮（磷）平均含量×每次还田到第j种作物农田的秸秆用量×第j种作物的种植面积×还田次数。$q_{18,j}(j=1,2,\cdots,5)$=灌溉水中的氮（磷）平均含量×每次第j种作物的灌溉水用量×第j种作物的种植面积×灌溉次数。

（2）最终产品部分的氮磷产出

“最终产品”栏中为“牧草/水稻/玉米–肉牛–有机肥–果蔬茶”模式生产期间供销售产品的氮（磷）含量。表中$y_{11,1}$、$y_{3,2}$、$y_{14,3}$、$y_{5,4}$分别表示销售的牛肉、稻谷、有机肥和其他作物产品中产出的氮（磷）含量。$y_{11,1}$=牛肉中的氮（磷）含量×每头牛出栏时牛肉的平均重量×出栏头数。$y_{3,2}$=稻谷中的氮（磷）含量×每公顷稻谷产量×水稻种植面积。$y_{14,3}$=有机肥中的氮（磷）含量×有机肥的产量。$y_{5,4}$=其他作物中的氮（磷）含量×每公顷作物产量×作物种植面积。

（3）其他产出的氮磷

其他产出的氮磷是指农田氮磷径流流失及淋溶、氮素的挥发损失等排出循环农业系统的氮磷含量。

循环农业模式氮磷投入产出模型构建的基本原理是通过对种养生产过程中的废弃物无

害化处理与氮磷运筹，促进区域种养业生物质资源的高效循环利用，提高种养业循环农业系统氮磷养分投入产出效率。以亚热带丘陵区长沙县金井镇循环农业园区为例对“牧草/水稻/玉米–肉牛–有机肥–果蔬茶”模式氮磷投入产出模型的构建进行实证研究，分析种植系统、养殖系统、废弃物无害化处理系统、产品营销与服务系统的氮磷投入产出状况（表2-3、表2-4），在忽略其他投入和其他产出时，循环农业模式氮磷的总产出等于总投入与最终产品产出的氮磷之和，其中氮的总投入为43 021. 03kg、最终产品产出的氮为16 830. 83kg，系统总产出氮为59 851. 86kg；磷的总投入为28 557. 75kg、最终产品产出的磷为9799. 08kg，系统总产出磷为38 356. 82kg，循环农业系统实现氮磷资源的高效循环利用。

三、循环农业系统的能量流动

循环农业以减量化、再利用、再循环为原则，以低消耗、低排放、高效率为基本特征，倡导物质不断循环再生利用，是遵循自然生态系统的物质循环和能量流动规律，利用自然资源和环境容量，将资源高效利用和废弃物循环再生、利用融为一体的一种农业生产模式。能量是物质运动的动力，在有机体的生命活动过程中，无不贯穿着物质、能量和信息的有组织、有秩序的流动。能量的转化和流动，是生态系统的基本功能，生态系统中生命活动所需的能量绝大部分都直接或间接来自太阳的辐射能，并遵循热力学第一定律和第二定律进行转化和流动。各种生态系统和人类社会经济系统均可视为能量系统，系统各组分及其作用无不涉及能量的流动、转化与贮存；能量可用于表达和了解生命与环境、人与自然的关系。长期以来，人们应用能量为共同尺度，对各种系统进行分析研究（蓝盛芳和钦佩，2001）。

进入循环农业系统的能量和物质并不是静止的，而是不断地被吸收、固定、转化和循环的，形成了一条“环境—生产者—消费者—分解者”的生态系统各个组分之间的能量流动链条，维系着整个生态系统的生命。在生态系统中，能流是单向流动的，并且在转化过程中逐渐衰变，有效能的数量逐级减少，最终趋向于全部转化为低效热能，由植物所固定的日光能沿着食物链逐步被消耗并最终脱离生态系统。通过对农业生态系统的能量分析，可以明确系统辅助能输入特征以及对经济产品产出能的影响，从而为系统结构的调整和功能（能流、物流、价值流）的优化调控提供依据（骆世明，2001）。

1. 循环农业系统能流分析

循环农业系统的能流分析，就是对系统能量的输入及其在系统各组分之间的传递、转化和散失情况进行分析，通常采用的方法有实际测定法、统计分析法、输入输出法和过程分析法，这些方法通常是结合使用的。能流分析一般可分为以下几个步骤：

第一步，确定研究对象和对象的边界。根据研究目的确定研究对象，并确定所研究的生态系统的规模和时间、空间尺度的边界。

第二步，明确系统的组成成分及相互关系，绘出能流路径。

表 2-2　牧草/水稻/玉米-肉牛-有机肥-果蔬茶循环农业模式氮磷投入产出表

投入＼产出		中间使用										最终产品				其他产出	总产出
		种植系统					养殖系统			废弃物无害化处理系统		产品营销与服务系统					
		桂牧1号	黑麦草	水稻（稻草）	其他饲草作物	其他作物	牛	牛粪	牛尿	牛粪堆肥	液体肥	牛肉	稻谷	有机肥	其他作物产品		
种植系统	桂牧1号						$q_{1,6}$										q_1
	黑麦草						$q_{2,6}$										q_2
	水稻（稻草）						$q_{3,6}$						$y_{3,2}$				q_3
	其他饲草作物						$q_{4,6}$										q_4
	其他作物						$q_{5,6}$								$y_{5,4}$		q_5
精饲料	粗糠（稻壳）						$q_{6,6}$										q_6
	玉米粉						$q_{7,6}$										q_7
	青贮料						$q_{8,6}$										q_8
	玉米杆						$q_{9,6}$										q_9
	其他精饲料						$q_{10,6}$										q_{10}
养殖系统	牛							$q_{11,7}$	$q_{11,8}$			$y_{11,1}$					q_{11}
	牛粪									$q_{12,9}$							q_{12}
	牛尿										$q_{13,10}$						q_{13}
废弃物无害化处理系统	牛粪堆肥	$q_{14,1}$	$q_{14,2}$	$q_{14,3}$	$q_{14,4}$	$q_{14,5}$								$y_{14,3}$			q_{14}
	液体肥	$q_{15,1}$	$q_{15,2}$	$q_{15,3}$	$q_{15,4}$	$q_{15,5}$											q_{15}
其他投入	化肥	$q_{16,1}$	$q_{16,2}$	$q_{16,3}$	$q_{16,4}$	$q_{16,5}$											q_{16}
	秸杆（还田）	$q_{17,1}$	$q_{17,2}$	$q_{17,3}$	$q_{17,4}$	$q_{17,5}$											q_{17}
	灌溉水	$q_{18,1}$	$q_{18,2}$	$q_{18,3}$	$q_{18,4}$	$q_{18,5}$											q_{18}
	其他投入																q_{19}
总投入		x_1	x_2	x_3	x_4	x_5	x_6	x_7	x_8	x_9	x_{10}						

表 2-3　牧草/水稻/玉米–肉牛–有机肥–果蔬茶循环农业模式氮素投入产出表　（单位：kg）

投入＼产出		中间使用									最终产品				其他产出	总产出
		种植系统				养殖系统			废弃物无害化处理系统		产品营销与服务系统					
		桂牧1号	黑麦草	水稻	茶叶	牛	牛粪	牛尿	牛粪堆肥	液体肥	牛肉	稻谷	茶叶	有机肥		
种植系统	桂牧1号					4 927. 50										4 927. 50
	黑麦草					6 438. 60										6 438. 60
	水稻					1 839. 60						4 403. 20				6 242. 80
	茶叶												3 098. 85			3 098. 85
精饲料	粗糠					375. 22										375. 22
	玉米粉					3 915. 72										3 915. 72
	青贮料					249. 66										249. 66
	玉米杆					73. 00										73. 00
养殖系统	牛						188. 30	125. 27			6 879. 24					7 192. 81
	牛粪								7 231. 15							7 231. 15
	牛尿									2 373. 50						2 373. 50
废弃物无害化处理系统	牛粪堆肥	240. 13	218. 53	1 402. 42	2 920. 53									2 449. 54		7 231. 15
	液体肥	176. 64	176. 64	660. 48	1 358. 40											2 372. 16
其他投入	化肥	1 470. 68	382. 43	2 066. 61	4 210. 02											8 129. 74
	其他投入															
总投入		1 887. 45	777. 60	4 129. 51	8 488. 95	17 819. 30	188. 30	125. 27	7 231. 15	2 373. 50	6 879. 24	4 403. 20	3 098. 85	2 449. 54		59 851. 86

表 2-4　牧草/水稻/玉米–肉牛–有机肥–果蔬茶循环农业模式磷素投入产出表　（单位：kg）

产出/投入		中间使用									最终产品				其他产出	总产出
		种植系统				养殖系统			废弃物无害化处理系统		产品营销与服务系统					
		桂牧1号	黑麦草	水稻	茶叶	牛	牛粪	牛尿	牛粪堆肥	液体肥	牛肉	稻谷	茶叶	有机肥		
种植系统	桂牧1号					1 095.00										1 095.00
	黑麦草					810.30										810.30
	水稻					321.20						959.76				1 280.96
	茶叶												332.98			332.98
精饲料	粗糠					43.80										43.80
	玉米粉					812.49										812.49
	青贮料					27.01										27.01
	玉米杆					10.22										10.22
养殖系统	牛						147.95	18.03			3 585.40					3 751.38
	牛粪								14 526.86							14 526.86
	牛尿									569.64						569.64
废弃物无害化处理系统	牛粪堆肥	482.40	439.02	2 817.36	5 867.14									4 920.94		14 526.86
	液体肥	42.39	42.39	158.52	326.02											569.32
其他投入	化肥															
	其他投入															
总投入		524.79	481.41	2 975.88	6 193.16	3 120.02	147.95	18.03	14 526.86	569.64	3 585.40	959.76	332.98	4 920.94		38 356.82

第三步，实测或搜集资料，确定各组分的各种实物流量或输入输出量。

第四步，按照各种实物的折能系数，将不同质的实物流量转换为能流量。

第五步，按能流量绘出能流图，并进行各方面的归纳分析，为生态系统的调节和控制提供依据。主要包括输入能量结构分析、产出能量结构分析、输入能流密度分析、产出能流密度分析、各种能量转换效率计算与分析。

2. 循环农业系统能值分析

能值分析方法作为一种生态评价方法，是由美国系统能量分析先驱 H. T. Odum 首次在 20 世纪 80 年代提出的。其创造性地结合了生态系统能量学、系统生态学和生态经济学，以自然价值作为基础，先将生态经济系统中流动或储存的不同种类能量和物质转换为可比较的同一标准能值，再对自然和人类社会经济生产活动进行统一与定量评价。

（1）能值指标

能值自给率（emergy self-support ratio，ESR）是指一个国家、地区或城市的系统自然环境能值投入（包括可更新的、不可更新的资源能值投入）与系统投入能值总量（包括国外、外地输入能值）之比。其用于评价自然环境对系统贡献的程度，数值越大，说明自然环境对系统的贡献越大。

能值投资率（emergy investment ratio，EIR）是指辅助能值与自然环境投入能值之比。其用于评价经济活动的竞争力，数值越大，表明其经济发展的程度越高。

净能值产出率（net emergy yield ratio，NEYR）是指系统产出与输入的能值之比。输入能值即反馈能值，包括各种生产资料、人类劳务、燃料等。其用于评价系统的生产效率，数值越高，表明其生产效率越高。

环境负载率（environment load ratio，ELR）是指系统不可更新能源能值投入与可更新能源能值投入之比。其用于评价环境承受的压力，数值越大，表明生产中对环境的破坏越大。

能值可持续指数（emergy sustainable indice，ESI）为能值产出率与环境负载率之比。其用于评价农业生产的可持续性，数值越大，表明系统的可持续性发展态势越好。

（2）能值分析计算公式

$$能值=原始数据\times能量转换系数\times太阳能值转换率$$

$$太阳能值=农用土地面积\times太阳辐射强度数据\times太阳能值转换率$$

$$雨水化学能=农业用地面积\times降雨量\times吉布斯自由能\times密度$$

$$表土净损失能=农用土地面积\times侵蚀速率\times有机质能量\times流失土壤中有机质含量$$

式中，吉布斯自由能为 4.94×10^3J/kg，密度为 1000kg/m^3，侵蚀速率为 250g/(m^2·a)，有机质能量为 2.09×10^4J/g，流失土壤中有机质含量为 3%（假设该地区被成熟植被覆盖，表土层的土壤得失为 0）。

3. 牧草/水稻/玉米–肉牛–有机肥–果蔬茶循环农业模式能值分析

以长沙县金井镇循环农业园区为例，牧草/水稻/玉米–肉牛–有机肥–果蔬茶模式投入能值包括可更新自然资源能（太阳能、雨水化学能等）、不可更新自然资源能（表土层净损失能等）、可更新有机能（饲料、牧草、种苗、人力等）、不可更新工业辅助能（固定资产损耗、复合肥、电力等）、系统反馈能（绿狐尾藻、牛粪、牛尿等），在计算全系统投入时，来自系统自身的牛粪、牛尿、绿狐尾藻等需要进行归并以免重复计算。产出包括流入市场的牛肉、牛粪、牛尿、作物产出、茶叶等能值，能值流图参见图2-19（谷雨等，2017）。

经能值分析计算（表2-5），牧草/水稻/玉米-肉牛-有机肥-果蔬茶循环农业模式总投入能值为8.58×10^{18}sej。整个系统总购买能值（总辅助能值）投入量为3.94×10^{18}sej，占总投入量的45.92%，其中不可更新工业辅助能中电力和固定资产损耗（柴油机械）投入量为3.19×10^{18}sej，远高于可更新有机能中人力的投入量9.09×10^{16}sej，这说明该地农业机械化程度较高，人力投入相对较少。可更新自然资源能值和不可更新自然资源能值投入分别占整个系统能值总投入的37.18%和1.06%，表示该系统对自然资源的利用程度较高。不可更新工业辅助能占总投入能值的40.56%，可更新有机能占总投入能值的5.33%，系统反馈能值占总投入能值的5.13%，而牛粪、牛尿能值占系统反馈能值的99.32%，说明系统对肉牛废弃物的利用效率很高，一定程度上有效节约了生产成本，只是相对整个系统而言，养殖肉牛数量有限，因而在整个系统中系统反馈能值比例不高。该模式总产出能值为2.91×10^{19}sej，其中牛肉、牛粪和牛尿、作物产出（水稻、蔬菜等）、茶叶产出能值所占比例分别为26.08%、1.50%、0.03%、72.51%，茶叶产出能值所占比例最大。

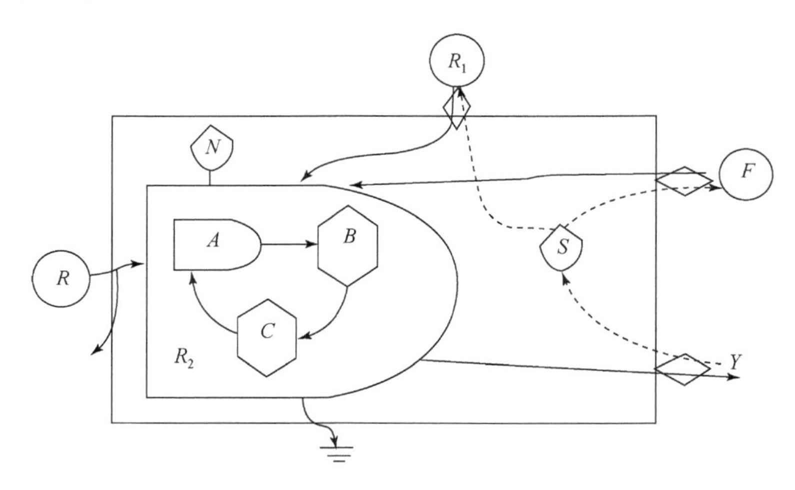

图2-19　牧草/水稻/玉米-肉牛-有机肥-果蔬茶循环农业模式能值流图

A，饲草生产；*B*，肉牛养殖；*C*，固体、液体肥料；*R*，可更新自然资源能；*N*，不可更新自然资源能；R_1，可更新有机能；R_2，系统反馈能；*F*，不可更新工业辅助能；*Y*，产出；*S*，货币。

→：能流、物流、信息流等生态流的流动路线和方向；--→：货币流

表 2-5 牧草/水稻/玉米-肉牛-有机肥-果蔬茶循环农业模式能值投入和产出

项目		原始数据（J）	太阳能值转化率（sej/J）	太阳能值（sej）
可更新自然资源能（R）	太阳能	1.30×10^{17}	1	1.30×10^{17}
	雨水化学能	2.08×10^{14}	15 444	3.21×10^{18}
	小计			3.34×10^{18}
不可更新自然资源能（N）	表土层净损失能	5.07×10^{12}	170 000	8.62×10^{17}
	小计			8.62×10^{17}
不可更新工业辅助能（F）	电力	1.34×10^{13}	200 000	2.69×10^{18}
	固定资产损耗	7.61×10^{12}	66 000	5.02×10^{17}
	复合肥	1.02×10^{11}	2 800 000	2.86×10^{17}
	小计			3.48×10^{18}
可更新有机能（R_1）	饲料	5.73×10^{12}	62 500	3.58×10^{17}
	牧草	1.07×10^{12}	6 630	7.10×10^{15}
	种苗	1.55×10^{10}	66 000	1.02×10^{15}
	人力	1.43×10^{11}	638 000	9.09×10^{16}
	小计			4.57×10^{17}
系统反馈能（R_2）	绿狐尾藻	1.03×10^{11}	24 000	2.46×10^{15}
	牛粪、牛尿	1.62×10^{13}	27 000	4.37×10^{17}
	小计			4.40×10^{17}
总投入（T）				8.58×10^{18}
产出（Y）	牛肉	1.90×10^{12}	4 000 000	7.59×10^{18}
	牛粪、牛尿	1.62×10^{13}	27 000	4.37×10^{17}
	作物产出（水稻、蔬菜等）	2.79×10^{11}	27 000	7.53×10^{15}
	茶叶	1.06×10^{14}	200 000	2.11×10^{19}
	总产出			2.91×10^{19}

牧草/水稻/玉米-肉牛-有机肥-果蔬茶循环农业模式的能值自给率为49.0%，表明长沙县金井镇自然环境投入能值占该系统能值总投入比例较大，即自然环境资源对金井镇循环农业模式有较大的制约性，并对农业生产的贡献也较大。能值投资率为0.94，表明该系统购买能值投入较少，对环境的依赖性较强。循环农业系统净能值产出率为7.41，表明系统的生产效率较高，这与循环农业系统的机械化程度较高有关。国内外已有研究表明，环境负载率可作为评估生产系统的承载能力，当环境负载率小于或等于2时，由于生产过程被较大范围的环境“稀释”，生产过程对环境产生的压力将较小。该循环农业模式的环境负载率的值是1.14，表明系统生产过程对环境压力较小。能值可持续指数（ESI）值为6.49，介于1～10，表明该系统富有较好的活力和发展潜力，可持续性发展的趋势较好（表2-6）。通过绿狐尾藻种植和牛粪、牛尿等废弃物的高效循环利用，系统环境负载率有所降低，有效降低了对环境的污染；同时净能值产出率和能值可持续指数有所提高，有效

提高了整个系统的生产效率，促使经济发展和环境保护实现动态平衡，从而实现农业生态系统的良性循环发展。

表 2-6 牧草/水稻/玉米-肉牛-有机肥-果蔬茶循环农业模式的能值指标

能值指标	表达式	代表意义	指标值
能值自给率	ESR = $(R+N)/T$	评价自然环境支持能力	0.49
能值投资率	EIR = $(F+R_1)/(R+N)$	衡量经济发展程度指标	0.94
净能值产出率	NEYR = $Y/(F+R_1)$	评价系统的生产效率	7.41
环境负载率	ELR = $(F+N)/(R+R_1)$	评价环境承受的压力	1.14
能值可持续指数	ESI = EYR/ELR	评价农业生产的可持续性	6.49

四、循环农业系统的环境保育功能

循环农业总的发展目标是保障农业的资源环境持续、经济持续和社会持续等。循环农业系统的环境保育功能是实现农业生产经济效益和生态效益共赢的重要方面，强调农业与生态环境的协调发展，以低投入、低排放、循环化、废弃物资源化利用、清洁生产为核心，关键要素是合理配置系统资源实现氮磷等营养物质的高效循环利用、构建环境保育系统实现循环农业生产排污可控制、通过循环农业园区环境容量评估与土壤-水体-大气环境监测等实现园区环境的精准管理，以及农田的生态管理、生产过程投入品（饲料、药肥）的环境安全控制等。

（一）合理配置系统资源

循环农业系统实现生态、高值的前提是资源高效配置，包括土地资源与作物种植类型、面积的配置，养殖品种、规模与作物种植类型、面积的配置，土壤适宜性与作物种植类型、品种的配置，施肥类型、用量与作物需肥量的配置，水资源条件与作物需水量的配置等。根据生态位与生物互补原理，生态系统中的多种生物种群在其长期进化过程中，形成对自然环境条件特有的适应性，生物种与种之间有着相互依存和相互制约的关系，一方面可以利用各种生物及生态系统中的各种相生关系，组建合理高效的复合生态系统，在有限的空间、时间内容纳更多的物种，生产更多的产品，对资源充分利用及维持系统的稳定性，另一方面可以利用各种生物种群的相克关系，有效控制病、虫、草害（白金明，2008）。通常，由多个物种组成的群落比单一物种的群落能更有效地利用环境资源，维持较高的生产力，并且有较高的稳定性，在循环农业生产中，可以从分布、形态、行为、年龄、营养、时间、空间等多方面对农业生物的物种组成进行合理的组配，以获得高的生态位效能，充分提高资源利用率和农业生态系统生产力。通过合理配置循环农业系统的作物种植模式与时空结构，耦合养殖系统不同生长周期排放的废弃物与种植系统氮磷的消纳，实现种养系统碳氮磷等营养元素的周年循环利用，通过以地定畜、以畜定地、种养废弃物全量消纳与生物质资源周年循环利用，实现循环农业系统的资源高效利用与环境保育。以

“牧草/水稻/玉米–肉牛–有机肥–果蔬茶”循环农业模式为例，通过季节性配置作物种植结构模式可实现养牛场废弃物的周年利用（表2-1）。

（二）构建环境保育系统

环境保育系统通过景观植物篱或过滤带、生态沟渠、生态湿地、鱼塘建立立体梯级生态缓冲带，防控循环农业种–养–加生产过程中产生的水土流失与氮磷污染，使整个种–养–加循环链做到无害化和无污染，保障循环农业体系的生态环保性和可持续性。

在丘陵区坡面构建植物篱或过滤带，通过植物、土壤及微生物的共同作用增强土壤入渗、拦截径流和泥沙、过滤氮磷及污染物，是预防坡耕地水土流失和面源污染、保护生态环境质量的有效手段。植物篱一般为等高草篱，是指在坡耕地中以3～5m间距（取决于坡度、土壤特征、降水特征、草篱特征等多种因素）沿等高线种植的草带（通常为双行，宽度小于3m），尤其适用于水蚀坡耕地；植被过滤带（植被缓冲带）是位于农田与地表水体之间、养殖区（加工区）与生活区边界的带状植被区域，它们通过植物茎秆的拦截、土壤的渗透及微生物的分解等多重作用实现挡水、挡土、降流、减污，减缓和控制农业区域的水、土、营养元素及污染物向水体的迁移。植物篱及过滤带植物需具备较强的耐冲刷及改善土壤渗透性的能力，因此，适宜植物类型多为茎秆粗壮、分蘖能力强、根系发达的多年生植物。如香根草植物篱在我国南方红壤和紫色土坡耕地有较好的径流、泥沙和氮磷流失拦截能力，香根草植物篱对南方红壤坡耕地（3行，株行距15cm）总氮流失的阻控率在69%～90%；北京地区狼尾草和野古草植物篱对径流、泥沙和总氮、总磷的阻控率均在50%以上，总氮和总磷的最佳拦截效果分别达到了76%和88%。植物篱及过滤带防治水土流失与面源污染的防控效果受到植物种类、过滤带宽度及植物生长状况、坡面地形、降水强度及径流特征等因素的影响（张雪莲等，2019）。

当前，快速发展的规模化养殖业引起的废弃物排放问题是循环农业系统环境保育的瓶颈，养殖废弃物经固液分离后，固体废弃物可以生产为有机肥产品供出售，但养殖废水的肥料化利用与生态治理则成为循环农业系统可持续发展的难点。建立生态沟渠和生态湿地，消纳养殖系统污水中的氮磷、净化水质，是循环农业系统实现环境保育的关键。生态沟渠是利用水生植物提供的生态功能服务构建的具有环境保育功能的小型人工沟渠，在排水沟渠中种植水生植物可对水体氮磷养分直接吸收，其功能是拦截、消纳上游径流水体带来的泥沙、农业面源污染物（氮磷）等，净化水质、保护水环境。以长沙县金井镇循环农业园区生态沟渠为例，污染较小的区域（种植业和生活污水为主），每100m^2生态沟渠可处理1.0km^2的汇水区；污染较大区域（养殖业为主），每100m^2生态沟渠可处理0.5～0.6km^2的汇水区。经过生态沟渠5个植物区的净化，水体变得很澄清，全氮浓度从3.42mg/L降至1.33mg/L，低于地表水Ⅳ类标准；全磷浓度从0.11mg/L降至0.03mg/L，接近Ⅰ类水质标准。整条生态沟渠对全氮和全磷的去除率分别为64.3%和69.6%。养殖污水绿狐尾藻生态湿地处理系统集成养殖污水氮磷稻草基质消纳技术、多级绿狐尾藻湿地处理技术、绿狐尾藻饲料化或肥料化技术，构建基质处理系统→多级绿狐尾藻湿地→多级经济湿地→潜流渗漏处理系统→达标排放组合生态工艺。养殖污水绿狐尾藻生态湿地处理系统对养殖废弃物中的多种污染物具有去除作用，以 60 头生猪养殖场的废弃物排放生态湿地治理研究试验表明，养猪场废水中的氮磷去除率达到 99%，出水中的氨氮达到Ⅰ类水、全磷达到Ⅲ类水、COD 达到Ⅳ水质标准、总氮为劣Ⅴ类水，但都明显低于国家禽畜养殖业污染物排放标准要求。目前畜禽养殖污水处理采取的工程工艺为沼气—曝气（或自然氧化）—厌氧池（活性污泥）—絮凝（铁、铝、高分子材料），这种模式存在着成本高、难达标、絮凝剂污染、污泥难以处理、资源浪费等问题，常规生态治理方法又存在着氮磷去除和资源化效率不高的问题，而养殖污水绿狐尾藻生态湿地生态处理系统可高效去除养殖污水中的 COD、氮、磷，且成本低、效果好、运行简便、可持续，可作为养殖业污水生态治理（基本达到零排放）和资源化的有效模式，为循环农业系统的环境保育功能提供技术支撑。

（三）循环农业园区环境容量评估与土壤-水体-大气环境监测

目前，畜禽养殖产业的迅猛发展和环境容量有限的矛盾突出，成为循环农业系统养殖业可持续发展的主要制约因素。因此，应通过相对准确地估算循环农业园区内的环境容量来科学规划种养规模，包括土地消纳能力，水源、空气等的负荷限度，保证循环农业园区在运行期间对于周边土、水、气环境的影响达到最小。通过对循环农业园区环境容量的初步估测以及土壤、地表水和地下水等环境指标的动态监测，实现循环农业园区的环境保育。

土壤氮磷环境消纳容量是指大型循环农业园区内在不对环境产生负面影响的前提下以种植业为核心的氮磷循环总量，也就是说园区内通过土壤消纳和植物吸收利用并主要以植物性产品形式输出的氮磷总量。氮磷环境容量是确定循环农业园区养殖规模的关键参数，其估测的理论依据为农田土壤养分收支平衡理论。根据循环农业园区土壤氮磷环境容量以及不同类型畜禽的粪尿排放量，并综合考虑其氮磷利用率，可以初步确定园区的养殖业环境承载力，即在保证环境安全（农田养分收支基本平衡）条件下，单位面积农田所能消纳的养殖废弃物（氮、磷）量所对应的畜禽养殖密度。

循环农业园区土壤监测主要根据土地利用方式设定土壤监测点，定期采集 0 ~ 20cm 与 20 ~ 40cm 土壤样品，分析测定土壤理化性质与养分状况，土壤监测点分布密度一般为每公顷 1 个点，土样采样时间一般安排在每年年末最后一季作物收获后。根据当年园区内各种土地利用方式下土壤氮磷含量状况及其变化趋势，调整下年的土壤养分管理策略，调控氮磷投入总量与输出量的基本平衡。地下水监测是在园区内根据土地利用方式和集水区范围设定浅层（深度 200cm 左右）地下水监测点，安装地下水采样设施，定期采集浅层（深度为 200cm 左右）地下水样品，分析测定水质（氮磷）的动态变化。地表水水文水质监测是在循环农业园区集水区或流域出口处，设置水文实时监测系统和水质采样点，动态监测地表径流的流量和水质的动态变化，并据此计算园区研究时段内的逐日和累积径流量与氮磷迁移量，了解水质超标情况和区内氮磷负荷状况。

参考文献

白金明 . 2008. 我国循环农业理论与发展模式研究. 北京：中国农业科学院

蔡立湘，彭新德，纪雄辉，等. 2010. 南方丘陵区循环农业发展问题的探讨. 湖南农业科学，（3）：147～151
崔军. 2011. 中国发展循环农业问题探析. 农学学报，（10）：31～33
高旺盛，陈源泉，隋鹏. 2015. 循环农业理论与研究方法. 北京：中国农业大学出版社
龚泽修. 2012. 湖南省肉牛品种与繁殖性能的调查与分析. 畜牧与饲料科学，33（3）：125～126
谷雨，刘琼峰，吴海勇，等. 2017. “水稻/牧草-肉牛-有机肥-蔬菜/茶叶”循环农业模式能值分析. 中国农学通报，33（32），81～86
康爱民. 2010. 论种草养畜的作用与地位. 现代农业科技，（5）：310～311
蓝盛芳，钦佩. 2001. 生态系统的能值分析. 应用生态学报，12（1）：129～131
李明德，吴金水，蔡立湘，等. 2013. 循环农业实用技术. 长沙：湖南科学技术出版社
李勇. 2017. 分布式栅格流域环境系统模拟模型与应用. 北京：科学出版社
林孝丽，周应恒. 2012. 稻田种养结合循环农业模式生态环境效应实证分析. 中国人口、资源与环境，22（3）：37～42
刘琼峰，崔新卫，吴海勇，等. 2016. “种植-肉牛-有机肥-种植”模式氮磷投入产出模型的构建. 农业工程学报，32（S2）：191～198
刘月敏. 2002. 农业生态经济系统的结构设计与评价. 北京：中国农业科学院
骆世明. 2001. 农业生态学. 北京：中国农业出版社
马林，柏兆海，王选，等. 2018. 中国农牧系统养分管理研究的意义与重点. 中国农业科学，51（3）：406～416
彭诗瑶，刘琼峰，杨友才，等. 2018. 稻鱼共作模式效益评价指标体系的构建——以湖南省辰溪县为例，江苏农业科学，46（24）：442～444
钱静，律江. 2007. 京郊-循环-立体型都市现代农业. 北京：中国农业科学技术出版社
孙凤. 2013. 无公害肉牛生产用的肉牛品种. 养殖技术顾问，（8）：59
王芳等. 2014. 循环型农业研究：理论、方法与实践. 北京：中国农业出版社
肖玉，谢高地，鲁春霞. 2005. 稻田生态系统氮素吸收功能及其经济价值. 生态学杂志，24（9）：1068～1073
邢廷铣. 1996. 农牧结合生态工程的基本理论与实践. 应用生态学报，7（S）：117～120
杨国荣. 1999. 论我国热带亚热带地区肉牛改良的方向. 黄牛杂志，（6）：34～36
杨文宪，张秋明. 1999. 生态农业工程技术. 北京：中国农业科技出版社
尹昌斌，唐华俊，周颖. 2006. 循环农业内涵、发展途径与政策建议. 中国农业资源与区划，27（1）：4～8
尹昌斌，周颖，刘利花. 2013. 我国循环农业发展理论与实践. 中国生态农业学报，21（1）：47～53
袁伟玲，曹凑贵，李成芳，等. 2009. 稻鸭、稻鱼共作生态系统 CH_4 和 N_2O 温室效应及经济效益评估. 中国农业科学，42（6）：2052～2060
张帆. 2011. “稻鸭共生”生态系统物质循环特征研究. 北京：中国农业大学
张宏福，张子仪. 1998. 动物营养参数与饲养标准. 北京：中国农业出版社
张雪莲，赵永志，廖洪，等. 2019. 植物篱及过滤带防治水土流失与面源污染的研究进展. 草业科学，36（3）：677～691
钟珍梅，黄勤楼，翁伯琦，等. 2012. 以沼气为纽带的种养结合循环农业系统能值分析. 农业工程学报，28（14）：196～200
周道玮，孙海霞. 2010. 中国草食牲畜发展战略. 中国生态农业学报，18（2）：393～398

周道玮，孙海霞，张桥英，等 . 2010. 中国草食牲畜生产分析 . 家畜生态学报，31（6）：20～25

Ensminger M E. 1983. 畜牧科学概论 . 郑丕留，译 . 北京：科学出版社

Bai Z H，Ma L，Jin S Q，et al. 2016. Nitrogen，phosphorus，and potassium flows through the manure management chain in China. Environmental Science and Technology，50（24）：13409～13418

第三章　牧草-肉牛-蔬菜复合循环农业系统的构建

为缓解区域人口增长压力、确保粮食生产安全，在农业生产中长期依赖化肥、农药，以维持较高的土壤生产力，随之也引发了一系列诸如面源污染、土壤退化、植物抗逆性降低的系列生态和环境问题，制约了农业的可持续发展。在这种背景下，基于物质循环再生原理和能量多级利用技术，实现较少废弃物的排放和提高资源利用效率的循环农业生产方式应运而生。

长期以来，我国先后总结出了多种循环农业模式，已在区域经济和生态农业建设中起到显著促进作用。在丘陵区，通过构建合理的食物链结构，促进种植业与养殖业协调发展，被认为是实现农业可持续发展的重要模式。经过土地整理后新增了可供种植的土地，通过蓄养肉牛和生产蔬菜，把种植、养殖各生产链节串联起来，构建牧草-肉牛-蔬菜循环农业模式，能够显著提高各链节的生产效率，实现节能减排，取得良好的经济效益与社会生态效益，可为新农村建设提供借鉴。目前，这种良性的农业生产模式已在南方诸多省市得到一定程度的成功推广，如福建和湖南，并且衍生出一系列的相关模式（如草牧沼蔬模式、草牧鱼沼模式）。新型的牧草-肉牛-蔬菜循环农业体系不仅对推进当地农业发展方式转变，保障粮食安全、农产品质量安全和农产品产地环境安全具有重要意义，也对促进当地农业和农村经济持续健康发展发挥着积极作用。

牧草-肉牛-蔬菜复合循环农业系统是根据生态经济学原理，以牧草生产为基础，通过肉牛养殖废弃物（如牛粪）的资源化综合利用，将初级植物生产和次级动物生产紧密结合，充分体现“减量化、再利用、再循环”的循环经济“3R”原则，达到生产体系内部产生的动物废弃物、能源和资源的高效利用，构建一个开放式的生产系统，减少农业生产中环境污染物排放量，提高生产系统投入-产出比和生产效率，实现系统良性发展的循环农业生产经营模式。

第一节　南方牧草-肉牛-蔬菜复合循环农业系统构建

我国南方多为亚热带季风气候区，属于中温带，热量充足，雨热同期，夏季风带来丰富降水，南方雨量多于北方，土壤肥沃，水源充足，有利于多汁牧草的生长，可为养牛业的发展提供充足的饲料保障。研究表明，种植牧草生产的营养物质（蛋白、能量等）远远高于种植谷物类作物的产量。近年来实行退耕还林还草，抛荒面积大，发展草业具有很大的潜力和空间。在丘陵地区的荒山荒坡上种植牧草，实行放牧或割草饲养牛羊，就可获得优质的牛羊肉和奶等，而且可减少种植粮食作物造成的水土流失等生态破坏（王会明等，

2010）。但是，南方丘陵区也是中国农区生态环境比较脆弱的区域，在种养循环农业的发展过程中，应该注重生态效益和经济效益相统一、主导产业与综合发展相结合、当前效益与长远效益相结合，在南方农区构建牧草–肉牛–蔬菜复合循环农业体系，不仅要发展高效优质节粮型草食畜牧业，而且要特别重视生态环境的保育。

一、牧草–肉牛–蔬菜复合循环农业体系的内涵与特征

牧草–肉牛–蔬菜复合循环农业体系是一种新型的循环农业发展模式。它通过运用生态学、生态经济学和生态技术等基本原理，将种植业、畜牧业通过废弃物资源化利用有机结合起来，实现资源减量消耗、农产品多级利用和有机废弃物资源化利用的多重、封闭、循环的农业生产模式。在生产流程中，运用可持续发展思想、循环经济理论和生态工程学原理，利用现代高新技术，将牧草、肉牛和蔬菜三大产业有机结合，优化生产系统内部结构，提高系统物质利用效率，增加能量的多级循环，控制外部污染物的输入和内部有机废弃物的产生，形成一种清洁生产方式。在产业构建上，体现生态化和循环化的产业体系。产业链条由低端的牧草、蔬菜种植和中高端的肉牛养殖链接而成，进一步还可以外延到蔬菜加工业和肉牛产品加工业，打通农业产品、工业产品链接。通过废弃物的循环利用，形成产业要素的相互联系，提高农业经营水平，形成增值产业链条。

牧草–肉牛–蔬菜循环农业体系强调植物生产和动物生产的协调发展和耦合共生，将牧草、肉牛和蔬菜产业联系起来，构建合理、有序的农业生态产业链，发挥农业的多功能特点。牧草–肉牛–蔬菜循环农业体系主要有以下 4 个方面的特征。

1. 符合循环经济理念的新农业生产方式

牧草–肉牛–蔬菜循环农业体系要求生产经济活动按照“投入（牧草）—产出（肉牛）—废弃物（肉牛生产废弃物）—再生产—新产出（牧草或蔬菜）”的循环农业一般性生产流程和环节进行组织生产，强调在生产链条的输入端尽量减少自然资源投入，中间环节尽量减少自然资源的消耗，输出端尽量减少生产废弃物排放，实现对污染物、废弃物的源头预防和全过程治理。尽可能最大化地实现资源利用，减少污染物的排放，降低农业环境压力。这种生产方式具有明显的安全、高效、节能、低耗和可持续发展的特征，是符合现代农业生产理念的经营生产活动。

2. 节约资源、高效利用的新农业经济增长方式

牧草–肉牛–蔬菜循环农业体系将传统的严重依赖农药和化肥消耗的线性增长方式，转变为依靠生态系统内部资源和能量循环利用来发展的新增长方式，提高了土地和生物资源利用率，开发了肉牛生产中废弃物再生利用的新途径，探索微生物对农业有机废弃物循环再利用的新方法。通过将传统农业生产经验和先进的现代农业技术相结合，最大限度地利用系统中的自然资源，减轻了资源需求压力，也降低了生产过程中环境污染的风险。

3. 延伸现代农业产业新的链条

牧草–肉牛–蔬菜循环农业体系在生产过程中体现清洁生产概念，以肉牛生产的废弃物

作为下一环节蔬菜、牧草生产的肥料投入品，使得资源在深加工和废弃物资源化过程中，将产业链条进行延伸。通过盘活体系内生产要素，协调生产要素的关系，建立比较完整、闭合的产业网络，全面提高农业生产效益，增强农业可持续发展能力。

4. 体现环境友好型新农村建设的新理念

牧草-肉牛-蔬菜循环农业体系遏制了农业生产带来的面源污染，减少了环境破坏，在农村积极倡导资源节约、健康文明的生产方式，在将现代生态文明带到新农村建设中的同时，也促进了农村产业优化升级和布局，形成一种良性发展的循环农业经济体系。

二、牧草-肉牛-蔬菜复合循环农业体系的生产原则

发展牧草-肉牛-蔬菜循环农业体系应遵循“3R”原则、因地制宜原则、市场需求发展原则和创新原则。

1. “3R”原则

作为循环农业的重要模式，牧草-肉牛-蔬菜循环农业体系同样要循环经济的“3R”原则，即减量化（reduce）、再利用（reuse）、再循环（recycle）原则。“3R”原则的目的是从牧草生产源头减控和进行系统全过程治理，达到节约生产资源，最大限度地发挥农业生态系统功能。

1）减量化原则：最大限度地节省投入成本。牧草肉牛蔬菜循环农业体系中，肉牛直接利用前一链条生产的牧草，产生的废弃物（如粪便）转为下一生产链条（蔬菜或牧草）的重要投入品，起到明显“节肥”的作用。

2）再利用原则：将各类农产品初加工后的副产品及有机废弃物进行开发、深加工，达到增值目的。牧草肉牛蔬菜循环农业体系中，通过引入现代微生物高新技术将肉牛生产中产生的各种废弃物进行无害化堆肥处理，开发出有机肥产品。这不仅开发了新产品，延伸了产业链，也尽可能降低了加工过程中的污染，有利于增加经济效益。

3）再循环原则：牧草肉牛蔬菜循环农业体系中，将牧草、蔬菜、肉牛生产过程中所产生的各种废弃物（畜禽粪便、生活垃圾、牧草和蔬菜残体）通过微生物资源进行循环利用，制作有机肥，成为下一生产链的投入品。

2. 因地制宜原则

由于农业生产具有很强的地域性，牧草肉牛蔬菜循环农业体系生产强烈依赖特定的地域资源，包括当地的自然资源、劳动者习惯、耕作制度、产业布局和国家政策等因素。只有因地制宜、结合当地资源优势，才能充分发挥牧草肉牛蔬菜循环农业体系的作用。由于牧草肉牛蔬菜循环农业体系在“再循环”“再利用”上作用明显，特别适应于在丘陵山区、城郊接合部进行推广应用，既可以有效减少农业废弃物的环境污染，又能较明显地增加农业生产效益。

3. 市场需求发展原则

农业生产的市场化日趋明显，产品的商品化日益提高。面向市场发展产业，是确保农业

生产体系健康良性发展的基础。长期以来，南方地区忽视丘陵山区畜牧业发展，导致畜牧产品，如牛肉类产品、奶制品等市场的需求量相对较高，因此在南方地区结合当地牧草资源，发展畜牧业，长期来看具有一定的市场空间。由于光、温、水资源充足，牧草和蔬菜的产量高，既能满足肉牛生产中青饲料的需求，又能向当地城镇提供大量新鲜时蔬。显然，牧草肉牛蔬菜循环农业体系延伸了产业链，拉长了产业链条，也拓展了农业经济发展空间。

4. 创新原则

牧草肉牛蔬菜循环农业体系作为循环农业的重要模式，本质上是一种农业生产技术的变革。技术创新是其发展的不竭动力，相应的开发各种资源节约环境保护技术就显得尤其重要。例如，随着微生物工程技术的发展，引入新型的微生物发酵菌剂，对不同来源的废弃有机物进行堆肥化处理，最大限度地提高利用率和减少污染物。引进生物质产业技术，发展沼气生产，开发出不同的产业链条，促进相关产业的推广和发展。

三、牧草–肉牛–蔬菜复合循环农业系统设计

针对南方丘陵区的气候和地形特征，以养牛业为中心的牧草肉牛蔬菜循环农业模式设计为种养复合型立体循环模式，将牧草种植在丘陵的山坡上，通过种植牧草（玉米）等为肉牛养殖提供饲料；坡中建设肉牛养殖场，转化秸秆与牧草，并为种植业提供肥料；牛粪流入干湿分离机分离为固体牛粪和液体肥，固体牛粪经发酵后可用于牧草（玉米）或者周年蔬菜地、果园、茶园施肥，液体肥随管道流入周年蔬菜地作为肥料；蔬菜地下建设生态湿地消纳养殖废水的氮磷，减控种养系统的环境污染。牧草–肉牛–蔬菜复合循环农业系统结构示意如图 3-1 所示。

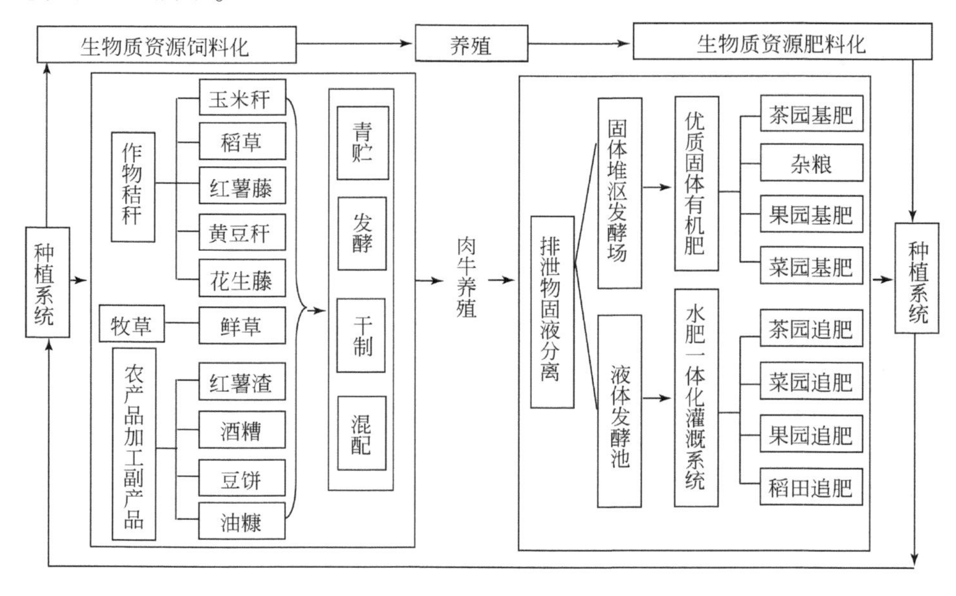

图 3-1　牧草–肉牛–蔬菜复合循环农业系统结构示意图

牧草肉牛蔬菜复合循环农业系统构建的要点包括以下几方面。

1. 场地的选择

养牛场应选择场地面积大、坡度在30°以下、土质好、水源充足的丘陵山地为宜，采用租赁或承包方式将农户分散的荒地荒山集中，按上述循环农业模式规划设计，实行规模化饲养和综合开发的经营方式。种植牧草和玉米的土地应为地下水位较低的旱地或者水田，其面积根据肉牛养殖的数量来确定，通常养殖1头肉牛需要500～600m^2的牧草和玉米种植地，而牧草和玉米的种植面积比为5：1或者5：2。蔬菜地应选择在肉牛养殖场的下方，便于牛场分离的液体肥料在落差的作用下自行流入蔬菜地进行施肥。蔬菜地的面积根据牛的数量确定，通常每头牛需要安排准备300～500m^2的蔬菜地。

2. 牧草和玉米种植

牧草品种有桂牧1号、甜象草、黑麦草等，玉米品种主要为饲料玉米。牧草和玉米收获后，所得牧草和玉米的秸秆粉碎后用于饲喂肉牛，所得玉米的籽粒粉碎后也可用于饲喂肉牛。应根据热带型牧草和温带型牧草的季节适应性特点，合理搭配草种资源。除了种植多年生牧草外，还可以种植一些一年生的高产牧草，如冬季种植黑麦草，夏季种植象草、杂交狼尾草、苏丹草或饲用玉米等。由于目前豆科牧草品种在南方农区很难越冬或越夏，即无论是温带型牧草还是热带型牧草，其中有数个月不适宜生长。因此，在配置中应增加豆科牧草的种植面积，可将红三叶、紫云英等温带型豆科牧草配置在冬季，矮柱花草、大翼豆等热带型豆科牧草安排在夏季，以保证高蛋白质饲料的常年供应（胡明文等，2009）。

3. 牛舍建造与肉牛养殖

牛舍应选择在地势较高、通风条件好、水源充足的地方，可建设双排牛舍，在牛舍排便沟外建一个牛活动场，活动场向排便沟方向形成10°～15°的坡降，有利于粪便流入排便沟。牛舍等相关设施建好后，可购进体重为150～200kg的小牛进行养殖，肉牛品种有西门塔尔牛、湘中黑牛和湘西黄牛等，这些品种的牛生长较快，牛肉品质好。每天上午和下午各喂饲料一次，喂饲料后清除食槽内多余的饲料，在食槽内放水喂牛。小牛饲养10～15个月达到500～600kg，即可进行屠宰，得到优质牛肉。

4. 液体肥料池和固体肥料池的建造

液体肥料池和固体肥料池建于牛舍和牛运动场的下方，在牛舍的排便沟下与液体肥料池和固体肥料池之间安装螺旋挤压式牛粪固液分离机，使从牛舍排便沟中流出的牛粪分离直接通过流入固液分离机中进行，分离后牛粪中的液体流入液体肥料池中，用于蔬菜地施肥；而牛粪中的固体即落入固体肥料池中，固体肥发酵后用于牧草、玉米或者蔬菜施肥。

5. 蔬菜种植

蔬菜种植模式为周年种植模式，例如，将春、夏季主产的蔬菜（如小白菜、空心菜、丝瓜、南瓜、豆角等）与冬季主产的蔬菜（如莴苣、红菜苔、白菜苔、萝卜等）搭配种植。由于周年有蔬菜种植，不仅可高效利用光热资源，而且可有效利用养牛场分离出来的液体肥料用于种植蔬菜，防止养牛场排泄物流入水体造成严重的环境污染问题。蔬菜全部采用养牛场的液体肥或固体肥栽培，不施用化肥，因此循环农业体系生产的蔬菜均为优质有机蔬菜。

牧草肉牛蔬菜复合循环农业系统不仅使种植系统与养殖系统有效结合，而且在种植系统内部进行有效的搭配，使光热等得到充分利用。系统生产的产品为优质牛肉和有机蔬菜，将肉牛养殖系统产生并分离出来的固体和液体有机肥，用于牧草或者玉米或者蔬菜种植施肥，可有效减少种植系统的化肥投入，使养殖业的污染排放得到有效的控制；该系统建设成本较低，而且运行成本也低，生产的产品（牛肉和蔬菜）质量高、安全性好，经济效益高；该循环农业系统的废弃物（如牛粪等）都得到有效的充分利用，农业污染物不排出系统之外，对环境不造成任何污染和毒副作用，从而促进该区域农业高效发展，保护农业环境。

第二节　牧草–肉牛–蔬菜复合循环农业系统的结构与功能

一、牧草–肉牛–蔬菜复合循环农业系统的结构

（一）牧草–肉牛–蔬菜复合循环农业系统的组分结构

从生态系统构成来看，牧草–肉牛–蔬菜循环农业体系可分为生物组分和环境组分。其中，生物组分包括牧草、蔬菜、肉牛和微生物等。环境组分则主要包括土壤、光照、空气、小气候等。与传统的单一农业生态系统（如牧草、蔬菜）或肉牛养殖业相比，牧草–肉牛–蔬菜复合循环农业系统这一模式引入肉牛这个畜牧组分，使得食物链结构得以重新连接起来。一方面，肉牛以牧草为食物来源，牧草成熟后可以通过肉牛采食牧草达到收获目的；另一方面，肉牛产生的粪便又可作为有机肥返回给牧草生态系统，多余的有机肥又可供给下一季蔬菜生产。有机物经过微生物系统的作用后，可以实现变废弃物为资源的目的，从而形成资源的良性循环与能量的多级利用的结构。

牧草–肉牛–蔬菜循环农业体系主要生产环节如下：①栽培牧草、蔬菜，收获牧草主要用于肉牛养殖的基本饲料，收获蔬菜用于市场销售，部分剩余蔬菜也可用于肉牛饲料；②养殖肉牛获得牛肉、牛犊，用于市场销售；③收集养牛中产生的粪便及部分蔬菜、牧草生产中的有机废弃物，利用微生物堆肥技术，生产有机肥，返回土壤作为生产系统的投入品。

作为一个内部封闭、循环，外部开放的生产系统，牧草–肉牛–蔬菜循环农业体系可以很方便地接入外部组分。例如，将有机肥组件改为沼气工程，则可以提供清洁的生物能源，供系统内部自用或供市场使用。据此，衍生出草–牧–沼循环农业生产系统。该系统也可以很方便地添加组分，如将沼气工程加入系统中，生产的沼气提供能源，而产生的沼渣、沼液可用作种植业系统的肥料投入，从而衍生出草–牧–沼–蔬的循环农业生产系统。

（二）牧草–肉牛–蔬菜复合循环农业系统的空间结构

从二维平面结构来看，牧草–肉牛–蔬菜循环农业系统要形成较好的效益通常需要一定面积的土地。按福建省的经验，牧草种植面积一般 $40hm^2$ 以上，蔬菜基地面积一般 $60hm^2$ 以上（肖清铁等，2014）。饲养的肉牛数则需要根据肉牛所需饲草料进行配置。一般肉牛饲养数量可根据实际牧草产量、人工饲料成本、土壤肥力情况适当增减。

从三维垂直结构来看，牧草种植可布局于海拔较高、肥力水平相对较低的丘岗旱地，并就近建立青贮饲料贮藏室；蔬菜生产宜位于地势较低、平坦、排水良好的低平地，便于生产和运输；肉牛饲养则应处于牧草、蔬菜之间，有利于运输由肉牛生产所产生的废弃物堆制的有机肥，从而达到节省运输成本的目的。

在鄂西山区，海拔 800m 以上的中高山草地，雨量充沛，热量适宜，适宜建植优良的冷季型人工草地，具有开发建立新西兰式畜牧业基地的优越自然条件。由于农田、草地和林地的镶嵌分布，相应形成了独立的农田、草地和森林生态系统，各系统间能量和物质循环互惠交流，有时系统间的耦合效应十分明显。一些牧草品种（如红三叶）可种植于林下（如柑橘、茶叶），以草饲牛，牛粪肥菜（高山反季节蔬菜）。在较高海拔山地，从空间上合理配置牧草–肉牛–蔬菜循环农业系统具有很好的发展空间。

（三）牧草–肉牛–蔬菜复合循环农业系统的时间结构

牧草–肉牛–蔬菜循环农业系统具有较为严格的时间要求和操作流程。为保证生产系统的运转，必须保证牧草的良好生长。牧草再生力强，一年可多次收割，它是肉牛养殖的基础。虽然亚热带地区牧草一年四季大多可栽种，一年收割 6 ~ 8 次，但以春季栽种为多。由于牧草生长季节的不平衡性，冬春缺草成为畜牧业发展的瓶颈。为保证一年四季肉牛养殖所需牧草，在牧草生长旺盛的夏季，调制干草、青贮饲料就显得尤其重要。贮存的牧草可满足肉牛养殖所需的饲料。也可利用蔬菜地的空闲期增种一茬高产牧草，这样既可解决肉牛冬春缺草的问题，又可增加种菜需要的有机肥。实行牧草–蔬菜复种，构建牧草–肉牛–蔬菜复合系统，不仅促进农牧空间结合，也在时间上达到动态平衡。

利用收集的肉牛粪便、牧草和蔬菜废弃物进行堆肥也具有很强的季节性。堆肥以高温、潮湿的季节堆制效果最好。蔬菜生产也是一年多茬，一般集约化的蔬菜生产一年可达 4 ~ 5 茬，在蔬菜收获季，常有大量的蔬菜生产废弃物需要堆肥。适当地错开蔬菜和牧草的收获季，对于牧草–肉牛–蔬菜循环农业体系具有重要意义。

二、牧草–肉牛–蔬菜复合循环农业系统的功能

经过多年的研究基地示范实践，牧草–肉牛–蔬菜循环农业系统将单一种植业、畜牧业相互结合，构成一个密闭的循环生产系统。将产业系统中产生的有机废弃物利用微生物进行堆肥发酵制备有机肥，发挥生态系统中每一个成分的作用，使得整个生态系统活跃起来。传统的单一生产系统常常忽视环境中微生物的作用，重点关注主要作物的产量和收益，重视经济功能，忽视环境、生态效应。微生物在牧草–肉牛–蔬菜复合循环农业系统中

发挥着核心作用，将系统中产生的有机废弃物转为资源利用，使之成为一个封闭、循环的生态系统，发挥出一系列重要的功能。

（一）牧草–肉牛–蔬菜复合循环农业系统的经济功能

发展牧草–肉牛–蔬菜循环农业对当地经济发展有利。通过推广以牧草–肉牛–蔬菜为主的农业生态良性循环模式，不仅促进当地农业和农村经济的发展，也能大幅度促进农民增收和生活水平提高。牧草–肉牛–蔬菜复合循环农业系统充分体现低碳经济的理念，强调优化集成与合理循环，获取立体增值效益。通过高效的种养模式（牧草–肉牛）形成立体结构，具有市场属性，发挥综合效益。它不只是在景观上立体，而且在生物再生产、经济再生产上具有多维立体结构和功能。

在广度上，它讲究生物多样性。与传统的农业或牧业相比，循环农业整合农、牧两个生物生产系统，具有较高的生物多样性；在深度上，对资源的保护性开发，要具有相当的深度，如对气候、土壤、水分、生物、劳力、资金、物资、科技、信息等资源深度开发，积极保护；统筹考虑农村土、种、肥、水、粮、畜等各种生产要求，整体谋划，系统节约，通过综合开发，将废物再生利用，变废为宝，不断提高系统中资源的生产率和农业综合生产能力，产生显著的经济效益，增加农民收入。在高度上，既把握物流、能流转换规律，适度延伸食物链，又按照经济增值规律，延伸产品加工、贮运、销售链条，实现多维经济增值。

（二）牧草–肉牛–蔬菜复合循环农业系统的生态、环保和健康功能

发展牧草–肉牛–蔬菜循环生态农业，既可以生产安全优质农产品（如有机蔬菜、牛肉等畜牧产品），又有利于改良土壤，增加土壤的有机质成分，实现节水灌溉，科学施用肥料、农药，促进当地农业的可持续发展。在社会主义新农村建设进程中，大力发展循环经济，以更少的资源消耗、更低的环境污染，使有限的农业自然资源能够永续利用。适量投入、立体种养、高效利用、固碳减排，构建资源节约型复合生态系统的生产模式。

将生产系统中的牧草、蔬菜残茬和家畜排泄物绿色能源化、饲料化和有机肥料化。向农户提供清洁的生活、生产能源，向农田提供清洁、高效的有机肥源，向肉牛生产链提供绿色、有机饲料，有效地提高农产品的安全性能、生态标准、农产品的质量和农产品的国际市场竞争力，从而突破国际绿色壁垒。因此，牧草–肉牛–蔬菜循环生态农业的发展，有利于促进农村清洁生产工艺和资源综合利用。

立足于发挥功能、优势互补、统筹集成、和谐发展，构建生态文明型统筹协调系统的生产模式。通过大力发展无公害农产品、绿色食品、有机食品；带动生态旅游、绿色饭店和各种绿色服务业。绿色家园的建设，不仅能提高农民生活质量，减少温室气体排放，也倡导一种健康、环保的生活方式。

（三）牧草–肉牛–蔬菜复合循环农业系统的旅游、文化和社会功能

现代农业的发展在较大程度上以消耗资源、牺牲生态、恶化环境为代价的，带有掠夺

式的开发性质。现代人们在钢筋、水泥城内生活，热切期盼生态、环保的田园生活，新型的牧草-肉牛-蔬菜循环农业正切合这一需求。依托这一循环农业体系，有利于发展乡村旅游、农家乐，提供清洁、有机的农产品，广泛传播清洁生产的理念，形成一种清洁、无公害的农村生产文化环境。

中国有限的耕地资源、水资源和日趋频繁、严重的自然灾害，以及被破坏了的生态、恶化了的环境对农业生产的制约、影响日益突出，并严重阻碍了农业稳定、持续、快速地发展。所以靠资源耗费、环境牺牲的农业已不可持续发展。牧草-肉牛-蔬菜循环农业应运而生，既能最大限度地释放资源潜力，又能带来良好的经济效益，还能扩大生产门路、增加就业机会的社会效益，并能产生良好的生态与环境效益，是一条减轻资源环境压力、增加农民收入、解决农村富余劳动力出路、拓展农村经济、防治环境污染和生态破坏，以及实现农业可持续发展的最有效途径，从而为解决现实的“三农”社会问题提供一条出路。

第三节 牧草-肉牛-蔬菜复合循环农业系统的效益

一、牧草-肉牛-蔬菜复合循环农业系统的经济效益

应用牧草-肉牛-蔬菜循环农业模式发展种植业与养殖业，能够综合利用各种农业资源，提高资源利用率，可以促进农村经济的发展，解决养殖产生的污染问题，改善农村的生态环境，表现出良好的经济生态效益，同时发展牧草-肉牛-蔬菜循环农业能够促进农民就业，在增加农民收入、促进新农村建设以及提升农民参与发展循环农业的积极性等方面具有良好的促进作用。

牧草-肉牛-蔬菜模式以生物食物链为平台，构建“种-养-加”和堆肥为链条的微型循环经济，解决了畜圈卫生、厕所卫生、牧草蔬菜堆沤、消除面源污染的一系列问题，同时还形成了“养牛饲料不费钱、种菜少花肥料钱、绿色农牧产品无污染”的良性生产格局。有机废弃物堆肥是一个中心环节，不仅可增加高效的有机肥源，也清洁，达到节本增收的目的。

（一）牧草生产系统的投入-产出分析

据刘芳等（2008）对四川省洪雅县6种牧草生产系统的试验结果，不同冷、暖季型饲草生产系统：多花黑麦草-饲用玉米系统、多花黑麦草-高丹草系统、小黑麦-饲用玉米系统、小黑麦-高丹草系统、多花黑麦草+光叶苕子-饲用玉米系统、多花黑麦草+光叶苕子-高丹草系统的投入、产值、净产值均高于多花黑麦草-水稻和油菜-水稻生产系统，6个系统的投入为12 000～14 600元/hm^2，产值为19 400～29 200元/hm^2，净产值为5 540～14 600元/hm^2。从投入、产值、净收入和产投比综合比较来看，小黑麦-饲用玉米系统、多花黑麦草-饲用玉米系统、多花黑麦草+光叶苕子-高丹草系统和小黑麦-高丹草系统要优于其他生产系统。江西红壤丘陵区2年试验表明，尽管黑麦草产量以单施化肥处理稍高（增产3.4%～4.7%），从资源利用和效益看，即使配施沼肥处理的黑麦草产量稍低，但因

节约 1/2 化肥，其效益仍是可观的（刘经荣等，2007）。

亚热带丘陵地区牧草生长期长，大部分地方可全年生长。通过不同牧草品种间的搭配，可以实现牧草均衡供给。农田种植牧草，可解决农区草食畜禽的饲料来源，缓解草畜矛盾。利用牧草饲喂肉牛、鱼、鹅等，不仅能成倍地提高经济效益，改善人们的膳食结构，而且可延长农区粮草生产的产业链，有利于促进畜牧业稳定健康发展。尽管各系统经济效益差异很大，但不可片面断定孰优孰劣，应因地制宜地选择不同的牧草生产系统。不应忽视牧草生产所带来的长远的生态效益，尤其是在南方的丘陵地区种植牧草可减少地表水土流失，牧草可吸收 CO_2、净化空气、调节小气候等。

（二）肉牛生产系统的投入–产出分析

通过添加营养丰富的牧草养殖肉牛，可以减少精饲料用料，减少投入成本。不同的牧草饲养肉牛的效果有较大差异。谢国强等（2006）基于 4 种热带牧草（矮象草、皇草、葛藤和雀稗）饲养肉牛的资料，发现豆科牧草葛藤的饲养效果最好，具有最高的氮（19. 63g/kg）、钙（19. 2g/kg）、磷（2. 5g/kg）含量和较高的消化能（8. 85MJ/kg），以及最大干物质量、干物质消化率和平均日增长率（330g）。不同的肉牛养殖模式经济效益差别很大。江南等（2017）在中亚热带红壤丘陵区 1 个循环农业研究基地（湖南省长沙县金井镇）发现，与单一养牛比，种草–养牛–产肥模式的总产值、净产值和利润分别提高 18%、77% 和 88%，但劳动成本高出 58%，总产值和净产值提高 1. 2 倍和 4. 3 倍；在扣除劳动成本后，纯收益提高 8. 6 倍。种草–养牛–产肥模式投入–产出效益最高。效益的提高主要与系统内部养分资源利用效率提高有关。依托该基地建立的氮磷投入产出模型分析表明，在不考虑其他投入和产出时，循环农业模式氮磷的总产出等于总投入与最终产品产出的氮磷之和，其中氮的总投入为 43. 0t、产品产出的氮为 16. 8t，系统总产出氮为 59. 9t；磷的总投入为 28. 6t、最后产品产出的磷为 9. 8t，系统总产出磷为 38. 4t，循环农业系统实现了氮磷资源的高效循环利用（刘琼峰等，2016）。江西红壤丘陵区两年试验证明，肉牛排泄的粪尿经沼气发酵，其回收的养分可节约饲草生产近一半的化肥投入（刘经荣等，2007）。

蔬菜亦可直接饲养肉牛，减少饲料投入。据毕朝安等（2010）报道，通过补充蔬菜叶饲养肉牛，可使肉牛平均每头增长 103. 8kg，头日增重 1. 03kg，去除成本后头均增收 146 元，头日均增收 1. 46 元。

（三）蔬菜生产系统的投入–产出分析

蔬菜生产已成为农业和农村经济发展的支撑产业，在保障市场供给、增加农民收入、扩大劳动就业方面起着重大的作用。设施是蔬菜生产成本投入的主要项目，其次是肥料投入。王晓春和唐敏（2008）着重分析了蔬菜生产中的化肥投入，通过对云南呈贡县①大棚蔬菜施肥现状及经济效益进行调查和研究，认为西芹、生菜、菠菜的生产经济效益高，生

① 2011 年，呈贡县已改为呈贡区。

产上具有高投入、高产出的特点，纯收益可达到129 549 ~ 234 377 元/hm^2。

无公害生产是蔬菜发展的一个趋势。研究表明，蔬菜无公害生产与常规生产的投入和产出明显不同。一般认为无公害蔬菜生产投入要高于常规生产。杨金深（2005）通过对河北省4个地方的实地调查，对番茄、黄瓜、菠菜和韭菜的常规生产和无公害生产的成本投入结构进行了比较分析，4种蔬菜的无公害生产成本均高于常规生产。杨万江等（2004）对长江三角洲地区无公害农产品生产的经济效益分析结果表明，稻米、大棚番茄、茭白、蜜梨、南方梨、水蜜桃、西瓜、肉猪、湖蟹、鳖、杭白菊11种农产品无公害生产的单位产量成本均高于常规生产，成本溢出率在4.5%~35.0%，其中无公害番茄的成本溢出率为18.4%。1998 ~2010年，江苏省蔬菜生产的每亩效益可达22 800 元/hm^2，但不同品种差异较大，大棚黄瓜平均每亩效益可达47 250 元/hm^2，露天黄瓜平均效益则只有19 245 元/hm^2，大棚西红柿每亩收益47 175 元/hm^2，露天西红柿仅为每亩29 115 元/hm^2。在单位面积上，蔬菜收益与投入工作量大体上成正比。例如，耗费工时较少的大白菜、萝卜和圆白菜等品种单位面积上的耗费工时只分别相当于同期种植大棚西红柿耗费工时的29%、28%和34%，分别是种植露地茄子耗费工时的56%、54%和65%。与此相对应的是，这3种蔬菜种植效益也相对较差。萝卜和大白菜每单位面积现金收益分别是同期大棚西红柿收益的30%和37%，分别是露地茄子收益的60%和70%。由此可推出：作物种植耗费工作量和收益基本成正比。综上所述，蔬菜作物的高效益是以繁重的工作量为代价的（肖蓉，2011）。

（四）有机肥生产系统的投入–产出分析

有机肥在西方发达国家及日本、中国台湾地区等地广泛应用在旱地作物上（如果蔬、花生、牧草），收到了良好的经济效益和社会效益。尤其是添加分解能力较强的微生物能不断地将土壤中多种原先难以被作物吸收的无效养分分解成为易吸收的有效养分，增加土壤中有机质的含量。生物有机肥不仅本身具有速效、长效、抗病、改良土壤、抗板结的作用，长期使用生物有机肥还能迅速改良土壤结构，提升土壤肥力，对农业的可持续发展具有重要意义。

田间试验结果表明，黄瓜、茄子、小白菜3种蔬菜类作物各施肥处理产量均以施用生物有机肥处理最高，这与生物有机肥具有速效、长效，各个生育期均能提供养分，有利于蔬菜类作物叶绿素合成和光合产物积累有关。施用生物有机肥还能促进黄瓜和茄子的增长与加粗，提高单果质量，黄瓜经济效益达86 356 元/hm^2，茄子经济效益达70 466 元/hm^2（邓接楼，2009）。

然而，仅仅考察牧草–肉牛–蔬菜循环农业模式运行期间的技术经济效益显然是不全面的。不能忽略这一体系前期基础设施建设上投入成本较大的缺陷，同时考虑到折旧、运行成本及产品价格随着经济发展上下的波动，产生的风险及前期投入和运行成本都较高。因此，根据不同地区的经济发展水平对其进行适度补贴，或者积极引导企业与农户合作发展的方式，有利于促进牧草–肉牛–蔬菜循环农业生产模式的大范围推广应用。

二、牧草-肉牛-蔬菜复合循环农业系统的生态效益

构建牧草-肉牛-蔬菜循环农业模式的第一环节为种植牧草。在南方红壤区，大面积推广种植牧草能有效减少地表径流和土壤侵蚀，从而防治水土流失；据报道，在雨量丰富时，牧草的保土能力为作物的300～800倍，保水能力是作物的1000倍，$1hm^2$草地可蓄水96t，是森林蓄水量的2.1倍，草地可截水量为降水量的60%～90%，甚至可达100%。在同等降雨下，种植牧草径流量比裸地减少95%，而坡度为28°的山坡地年总流失量，草地旱禾为$0.075t/hm^2$，灌丛禾草地为$1.2t/hm^2$，玉米地为$331t/hm^2$。在南方红壤地区，大雨和暴雨多集中在3～5月，此时大多数旱地作物尚未种植，而多年生牧草在这一时期生长旺盛，因而种草能大大减少土壤冲刷。可以预料，南方荒山荒坡如都种上草，则可良好地减轻或杜绝水旱灾害（李正民和卢瑛等，1996）。

在红壤区，种植牧草还可提高土壤肥力，促使生态系统物质良性循环。在同一丘陵部位所进行的土壤肥力监测表明，不同利用方式对土壤腐殖质的贡献是豆科牧草>禾本科牧草>农作物区>对照区。无论种植何种牧草后，土壤活性胡敏酸的比例都有所增加，而活性胡敏素比例有所下降，从而有利于增加土壤化学活性及保水保肥能力（李辉信和卢瑛，1996）。种植豆科牧草（罗顿豆或圆叶决明）可改良土壤、培肥地力，其中土壤有机质含量提高19.5%；种植牧草还影响土壤腐殖质组成，可降低土壤铝的毒害作用（张帆等，2004）。

种草可调节气温，一般草地比裸地夏天可降低气温2～6℃，降低土壤温度12～22℃，冬季可提高气温4～6℃。大片草地可提高空气湿度20%以上，小片草地也可提高空气湿度约10%，减少土壤水分蒸发60%～80%。种草还可减轻土壤温度和气温剧烈变化，使局地空间温度和湿度整体较平稳，无大的突变或恶性天气出现，可减少或消除自然灾害。种植牧草降低地表温度，提高耕层土壤含水量，从而调节土壤水热状况。试验结果表明，在高温干旱期，种植牧草的土壤水分含量平均提高5.3%，地表温度降低9.98℃（张帆等，2004）。

种草还可以净化空气，减少空气污染和噪声。草是人类"清洁工"，可吸收空气中的CO_2和灰尘，有些草种还可吸收与分解空气和土壤中的SO_2、HCl、CO、氟化氢等有毒有害物质。据有关报道，每平方米草地每小时可吸收CO_2 1.5g，一块$20m^2$的草地可减少噪声2dB。刮3～4级风时，裸土上面空气中的尘埃浓度是草地上面的13倍。

构建牧草-肉牛-蔬菜循环农业模式后，提高生产系统内部资源利用率，减少系统废弃物排放，对改善生态环境、减少污染物排放都极为有利，具有显著的生态效益。通过微生物发酵堆肥作用，可大量消耗牧草、蔬菜生产中产生的有机废弃物及肉牛生产中产生的粪便，同时灭杀有害微生物，减少有害微生物的负面作用，还有效减少化肥施用，减少污染、改善环境，提高农产品质量。单一肉牛养殖（50头）每年生产约543t牛粪尿，随意堆放不仅污染环境，更浪费资源（江南等，2017）。农业废弃生物质的循环利用，在取得良好经济效益的同时，也实现了清洁生产，改善了农村卫生状况，摆脱了长期以来农村脏、乱、差的困境，促进村容村貌变得整洁。

利用清洁地域建立牧草-肉牛-蔬菜复合种养模式，可实现在饲草自给、废弃物安全消纳的同时，确保饲草和肉牛质量安全。谢运河等（2016）在湖南省长沙县金井镇1个循环农业试验基地，采用线性规划求解方法，分析了牧草肉牛养殖系统的重金属镉平衡，得出单头肉牛镉的年输入与输出量基本平衡（输入量753.7mg、输出量747.0mg），镉输入以饲草为主，贡献率高达95.4%；镉输出以牛粪为主，贡献率高达99.5%。控制饲草镉含量和调控牛粪镉输出是调控牧草肉牛养殖系统镉平衡的最主要途径。

大力发展牧草-肉牛-蔬菜现代循环农业，还可促进当地农田基础设施的改造，如通过整修农田供水渠道、机耕道，减少了灌溉用水的渗漏和污染，实现灌溉用水的科学合理使用；通过绿色栽培技术，减少施用化肥、农药，改善了农业生态环境，也减少了面源污染。

三、牧草-肉牛-蔬菜复合循环农业系统的社会效益

第一，在南方丘陵区，大力发展牧草-肉牛-蔬菜的循环农业产业，有利于化解传统经济发展模式引起的环境和发展之间的尖锐冲突。在“3R”原则作用下，牧草-肉牛-蔬菜复合循环农业系统颠覆了传统的种植业为主的农业生产方式，实现了种植业-养殖业-加工业三者的协调一致，使生产方式发生了根本转变。

大量消耗资源的传统“石油农业”生产方式难以为继，也带来了大量的环境问题，资源形势严峻。牧草-肉牛-蔬菜复合循环农业系统有利于化解由传统的经济发展模式而引起的环境和发展之间的尖锐冲突。一些资源（如有机物）在使用过程中本身并不会消失，如不加以充分利用，反而会成为废弃污染物的来源。通过“变废为宝”的加工技术，将生产系统产生的牛粪、牧草和蔬菜残茬转变为富有价值的有机肥，成为系统原料而重新投入生产流程，不仅提高资源利用效率，也减少化肥等施用，对实现化肥施用量“零增长”目标具有重要意义。

第二，大力发展牧草-肉牛-蔬菜复合循环农业系统有利于突破日益高企的国际贸易中的“绿色壁垒”。“绿色壁垒”近年已成为影响我国农产品国际市场竞争力的重要因素。通过在丘陵区大力发展牧草-肉牛-蔬菜循环农业，可促进传统粗放型农业经营方式向现代技术集约型、适度规模经营方式的转变，也促进单一粮食生产为主的农业体系向绿色、多样化农产品生产体系的转变，促进过去的农户自产自销的营销方式向企业+农户+协会营销方式的转变。这将有力地促进我国农业产品不断获得进入国际市场的“绿色通告证”，国际竞争力不断提升。

第三，发展牧草-肉牛-蔬菜循环农业生产体系将促进农村、农民、农业的和谐和思想进步。传统农业生产中一家一户的小农经济思想仍在丘陵山区普遍存在。通过牧草-肉牛-蔬菜复合循环农业的示范和发展，有助于农民逐渐接受标准化、规范化、现代化、产业化、绿色循环减污染的新型现代农业观念。高效、快捷、绿色、无污染的概念将深入人心。农民对绿色农业生产、有机农业技术的认识将不断增强，同时广泛传播科技兴农、科学发展农业的理念。

第四，缓解就业压力，提升劳动者素质。通过扩大牧草-肉牛-蔬菜农业产业体系的建

设，增加了产业链条和就业机会，为当地农民提供了更多工作岗位，吸引农民积极投身到农业产业发展的行列，同时可以接纳和转移部分农业村剩余劳动力，一定程度上解决农民的隐性失业问题，缓解就业压力。农民经过简单培训后，在家门口即可上班。通过蔬菜种植、蔬菜冷链物流加工、蔬菜包装、蔬菜运输销售、牧草种植和青贮、肉牛饲养和加工、农副土特产开发各个行业，将辐射带动周边乡镇农户广泛就业。

此外，牧草种植、肉牛生产和现代蔬菜种植都需要具有一定技术和经验的生产者。发展牧草-肉牛-蔬菜复合循环农业将培训种植养殖农户、农业科技示范户，切实提高农民致富能力，提高农民技能水平，培养造就一批“有文化、懂技术、会经营”的新型农民，增强发家致富的本领，促进当地农村特色产业快速发展。

第五，牧草-肉牛-蔬菜循环农业的大力发展，推进了知识经济发展。科学技术创新是发展牧草-肉牛-蔬菜循环农业的第一要素和重要源泉。“3R”原则、绿色产业、生产系统废弃物资源化利用技术都离不开科学技术创新。各环节科学技术的创新将带动农业产业体系不断升级，加速新知识转变为生产力的速度。

第六，南方红壤区牧草-肉牛-蔬菜循环农业的发展，与全面推进乡村振兴战略和农村现代化建设完美结合。中国政府在2035年远景目标纲要中提出，2035年广泛形成绿色生产生活方式，单位国内生产总值能源消耗和二氧化碳排放分别降低13.5%和18%，碳排放达峰后稳中有降的宏伟目标。通过在南方地区大面积推行牧草-肉牛-蔬菜循环农业对保障资源供给，消减污染物产生，可为保证上述目标的实现提供一条途径。

参考文献

毕朝安，张起福，李顺光，等. 2010. 青贮蔬菜叶饲养杂交肉牛试验. 中国牛业科学，36（3）：19～21

柴阳云，刘惠青. 2009. 试论发展循环经济的社会效益. 山西广播电视大学学报，4（71）：85～86

邓接楼. 2009. 生物有机肥对蔬菜产量及经济效益的影响. 长江蔬菜，（12）：57～58

高旺盛，陈源泉，梁龙. 2007. 论发展循环农业的基本原理与技术体系. 农业现代化研究，28（6）：731～734

何华勤，肖知亮，粱义元，等. 2004. 福建省典型生态农业模式研究. 中国生态农业学报，12（2）：164～166

胡翠霞，姜法竹，赵鹏. 2007. 循环农业发展的瓶颈制约与博弈关系分析. 中国农学通报，23（4）：328～331

胡明文，文石林，徐明岗. 2009. 南方红壤丘陵农区畜牧业发展战略研究，中国农学通报，25（16）：219～224

胡志华，秦晨. 2010. “循环农业”研究综述. 科技传播，（23）：32

江南，邹冬生，肖和艾，等. 2017. “种草养牛”循环农业模式效益比较分析. 中国农学通报，33（14）：147～152

李辉信，卢瑛. 1996. 种植不同牧草对红壤碳氢的影响. 南京农业大学学报，19（1）：48～52

李正民，舒惠玲，樊水根，等. 1996. 红壤岗地上种草经济与生态效益研究. 四川草原，（4）：9～14

刘芳，李向林，白静仁，等. 2008. 川西南地区六种牧草生产系统的经济效益分析. 草地学报，16（3）：289～292

刘经荣，石庆华，谢国强，等. 2007. 红壤地区草-牛-沼生态系统中养分循环利用的研究. 中国生态农业

学报，15（2）：29～32
刘琼峰，崔新卫，吴海勇，等.2016.“种植–肉牛–有机肥–种植”模式氮磷投入产出模型的构建. 农业工程学报，32（增刊）：191～198
王会明，肖兵南，舒明.2010. 以养牛业为中心的南方循环农业模式探讨，湖南农业科学，（3）：152～154
王建武.2010. 珠江三角洲循环农业的理论与实践. 北京：中国农业出版社
王庆东.2013. 循环农业经济体系的内涵及其构建. 农业经济，（2）：72～73
王晓春，唐敏.2008. 呈贡县大棚蔬菜施肥现状及经济效益分析. 现代农业科技，（8）：14～16
肖清铁，陈珊，林光耀，等.2014.“草–牧–沼–蔬”循环农业模式的经济效益分析. 台湾农业探索，（1）：49～53
肖蓉.2011. 江苏省蔬菜产业的经济效益研究. 南京农业大学硕士学位论文
谢国强，何余湧，程树芳，等.2006. 几种热带牧草饲喂肉牛效果的研究. 中国草地学报，28（1）：51～53
谢运河，纪雄辉，吴家梅，等.2016. 基于饲草配方优化的肉牛养殖系统镉平衡分析. 草业学报，33（10）：2111～2118
徐卫涛，张俊飚，李树明.2010. 影响农户参与循环农业工程的因素分析. 中国人口资源与环境，20（8）：33～37
杨金深.2005. 无公害蔬菜生产投入的成本结构分析. 农业经济问题（月刊），（11）：16～20
杨万江，李勇，李剑锋，等.2004. 我国长江三角洲地区无公害农产品生产的经济效益分析. 中国农村经济，（4）：17～23
杨友琼，吴伯志，安瞳昕.2011. 云南省玉米间作蔬菜和牧草对坡地土壤侵蚀的影响. 水土保持通报，31（3）：26～31
曾兵，张新全，张新跃，等.2005. 浅论优质牧草在肉牛饲养中的利用. 草业科学，22（8）：50～54
张帆，杨正礼，文石林，等.2004. 橘园种植豆科牧草罗顿豆的生态效益研究. 西北农林科技大学学报（自然版），32（7）：104～106，110
张俊飚.2010. 生态产业链与生态价值链整合中的循环农业发展研究. 北京：中国农业出版社
张玉发，白静仁.1997. 湖北鄂西中山地区牧草–蔬菜复种试验. 中国农业科学，（3）：79～83
张元浩.1985. 农业的循环过程和“循环农业”. 中国农村经济，（11）：14
钟珍梅，黄秀声，黄勤楼，等.2009. 规模化牛场“肉牛–沼气–牧草”循环农业模式能值分析. 家畜生态学报，30（6）：112～116
周震峰，王军，周燕，等.2004. 关于发展循环型农业的思考. 农业现代化研究，25（5）：348～351
朱显岳.2014. 山区循环农业发展模式与启示——以浙江山区为例. 浙江农业学报，26（2）：483～488

第四章　牧草和青贮玉米种植与加工

本章从牧草品种的选择和栽培管理技术两个方面介绍了牧草的种植，还对南方养牛夏季牧草品种筛选和镉低吸收牧草品种筛选进行了探讨。以黑麦草为代表，从耕地准备、播种、施肥、杂草管理、病害防治和刈割几个方面介绍了一年生牧草的种植。从黑麦草需肥特点和本地化高产施肥技术两个方面探讨了黑麦草的优化施肥，还探讨了黑麦草镉安全控制技术。以桂牧 1 号为代表，从育苗、移栽、栽培管理、刈割和留种几方面介绍了多年生牧草的种植。从桂牧 1 号需肥特点和本地化高产施肥技术两方面探讨了桂牧 1 号的施肥，还从基于牛粪安全消纳的桂牧 1 号高产施肥技术、基于牛粪安全消纳的桂牧 1 号高产高效安全生产技术和桂牧 1 号镉安全控制技术三个方面探讨了桂牧 1 号的高产高效安全生产。从黑麦草和桂牧 1 号周年种植的翻耕轮作技术、免耕套播技术和轮作技术三个方面介绍了南方高产优质安全牧草生产集成技术。青贮玉米是近年来种植的新型玉米品种，本章还介绍了青贮玉米品种的分类、营养价值和经济价值，阐述了青贮玉米的高产配套栽培技术。

第一节　牧草的种植与品种筛选

随着生活水平的提高和膳食结构的调整，人们对粮食作物的需求逐渐降低，而对畜禽产品的需求逐渐增大。牧草可以间接地为人类提供肉、奶、蛋、皮和毛等，是草食家畜最主要、最经济、最优良的饲料，也是草食家畜植物性营养蛋白的主要来源（左应梅和黄必志，2006）。种植适应性强、高产量、高品质的牧草已成为发展畜牧业的关键（南京农学院，1980；张健，1999）。一年生牧草可以刈割多次，多年生牧草亦可连续生产多年，年产量较高。

一、牧草品种的选择

（一）根据种植地气候特征

在悠久的进化过程中，牧草形成了适应种植地区气候的生物学特性。不同的种植地区和季节，水、热等气候条件都不尽相同，适宜栽种的牧草品种也不同。根据牧草在种植时所需的环境温度，把它分成冷季型与暖季型两类。冷季型牧草对低温的耐受性较好但是不耐热，而暖季型牧草耐热却不耐低温（陈俊敏等，2006）。

（二）根据当地的土壤状况

土壤状况主要包括酸碱性、湿度、肥力状况等（陈俊敏等，2006）。不同品种牧草生物学特性不同，有些耐热、耐寒、耐涝、耐旱，还有些耐瘠薄、耐盐碱（程广伟等，2004），必须根据土壤状况来选择合适的品种。

（三）根据所饲养畜禽种类

畜禽的消化能力及采食习性随品种不同而不同，因此它们对牧草的利用能力和效率也不尽相同，牧草品种的选择必须与所饲养畜禽种类相适应。例如，牛为反刍动物，对粗纤维的消化能力强，采食量大，应选择种植饲粮兼用作物和多年生牧草。养牛不能过量饲喂粗纤维含量少的多汁叶类牧草，应与粗纤维含量高的粗饲料搭配饲喂（陈俊敏等，2006）。

（四）多品种牧草搭配种植

牧草品种不同，对土壤养分的吸收不一样，养分含量也不同，供青的时间也不一致。将多品种的牧草搭配起来种植，不仅能满足畜禽对牧草质量和数量的需要，而且有利于土壤肥力的保持和恢复以及牧草的稳产高产。牧草的搭配种植需根据季节和牧草品种的不同进行合理搭配和混播。例如，在同一块地轮作或者混播禾本科牧草和豆科牧草，因这两种不同类型牧草的根系与叶片的分布不一样，对养分的吸收也有差异，而且被豆科牧草根瘤菌所固定的氮素也能够被禾本科牧草吸收利用，牧草总产量因此得到显著提高（陈俊敏等，2006；李松岭等，2004）。

二、牧草的栽培管理技术

不同牧草品种要求的栽培管理技术不同，一定要按照规范的技术要求，分类指导栽培管理，以达到保证成活率和提高其产量、质量的目的（陈俊敏等，2006）。

牧草分多年生、一年生和越年生三种。种植牧草应做到不误农时，适时播种。播种可采取春播或秋播两种方式，按照每种牧草品种的规范播种，有些牧草可采用枝条扦插（陈俊敏等，2006）。多年生牧草生产周期较长，播种一次可收获多年。多年生牧草可以春播也可以秋播，春播多在 2 月下旬至 3 月上旬，秋播多在 9 ~ 10 月，以秋播为佳，有利于提高次年产草量。一年生牧草生产周期较短，播种一次只可利用一年，因此只可春播。具体时间应视品种而定，如苦荬菜宜早，宜在冬末春初播种，因为早春病虫害少，土壤墒情好，宜出土，保全苗。墨西哥玉米宜在 4 月中旬播种，如果播种过早，地温低，种子易霉烂变质，不利于全苗。越年生牧草指头年秋冬播种到次年夏季死亡的牧草，宜在 9 ~ 11 月播种。如冬牧 70 黑麦草、毛叶苕等，此类牧草耐寒性较强，早春生长发育较快，可解决畜禽春季青饲料不足的问题（程广伟等，2004）。

牧草种子较小，千粒重通常只有 1 ~ 3g，最小的菊苣、籽粒苋等千粒重在 1g 以下，最大的墨西哥玉米千粒重也只有 75 ~ 80g，种粒小导致出土难。因此，在整地时，一定要做到深耕细作，翻耕深度为 30 ~ 50cm，地要整平，埂要打直，土要耙细。播种时土壤墒情要好，播种深度一般应为 1 ~ 3cm，以便种子快速均匀出苗。牧草早期生长发育慢，前期管理应比种植其他农作物需更加精细，及时做好抗旱、排涝、松土、保墒、施肥工作并清除田间各类杂草，以保全苗、壮苗。出苗后要及时进行除草和间苗，一般要求中耕 2 ~ 3

次，其间结合中耕除草松土和刈割，并注意适当灌溉和施肥（陈俊敏等，2006；程广伟等，2004；李松岭等，2004）。

田间管理主要包括：①浇水。根据具体情况确定，可以2～3天浇水一次，干旱季节多浇，阴雨天气则少浇或不浇。②施肥。在播种的40天后，第一次施用复合肥，平时可以多施农家肥等肥料。在每次刈割后要及时追肥，可施复合肥30kg/亩。有条件的地方，最好施农家肥或有机肥。③防治病虫害。要针对所发生病虫害及时喷洒农药（陈俊敏等，2006）。

三、牧草产量和品质的影响因素

（一）播种

播种前要对种子进行处理，剔除坏死种子、杂草种子及禾草种子的芒，打破种子休眠，以保证播种质量。同时还要对种子进行病虫害预防处理，减少牧草生长过程中病虫害的发生（云南省草地学会，2001）。对于豆科牧草还要进行根瘤菌的接种（甄莉和陈勇，2003）。

不同的牧草都有其适宜的播种期，播种要根据牧草的生物学特性适时进行。适时播种不但能满足种子发芽所需条件，使幼苗正常生长、发育，而且可以避开不利的因素，如霜冻、病虫害的袭击。

牧草的播种方式包括单播和混播。单播具有播种简单、节省劳动力和时间、播种技术易于掌握的优点，但草地产量低、营养结构差、土壤肥力恢复慢。混播能增加土地产量，并保持产量的稳定和均衡，提高牧草品质。另外，混播牧草可相互弥补收获调制中的不足之处。混播时一般选择豆、禾混播，可以使禾本科牧草利用豆科牧草根瘤菌固定的氮素，减少氮肥的施用量，通常选用4～6种牧草混播较好。

（二）刈割时间及留茬高度

牧草的再生性、产量和质量均与刈割次数和时间有关，抽穗期的禾本科牧草和孕蕾、初花期的豆科牧草产草量与营养价值最高，刈割后的再生性能强。不同畜禽品种对牧草刈割时间要求各不相同。猪禽宜早，因为猪禽喜食嫩草，嫩草粗纤维含量少，质地柔软，适口性好，利于消化吸收。俄罗斯饲料菜、苦荬菜、菊苣等一般在60cm左右时刈割饲喂。牛羊宜迟，牛羊等食草家畜具有反刍功能，利于粗纤维消化吸收。冬牧70黑麦草、墨西哥玉米、紫花苜蓿等多在初花期和抽穗期刈割饲喂（程广伟等，2004）。

刈割对禾本科牧草的影响较大。适宜的刈割能够促进禾本科牧草的再生和分蘖，增加产量，获得量高质优的牧草，是草地管理和利用的重要原则之一（霍成君等，2001）。而过度刈割则会影响牧草的正常生长发育，使牧草产量降低，寿命缩短。对于多年生牧草，一般第一年不进行刈割，从第二年开始刈割（李青等，2001）。牧草不同生育期的产草量差异很大，鲜草产量总的趋势是随着植株老化程度的增加而降低（孙京魁，2000）。另外，留茬高度要适宜，如苜蓿留茬7cm的全年总产量要高于5cm和3cm

的总产量（霍成君等，2001）。刈割时期不仅影响牧草的产量，而且影响其品质。牧草质量和营养价值主要受生育期的影响。营养生长期，叶量丰富，粗蛋白质含量较高。例如，初花期刈割的苜蓿，粗蛋白含量极显著高于盛花期和结荚期（孙京魁，2000），赖氨酸、蛋氮酸含量也高许多（曹亦芬等，1997）；粗纤维含量却极显著低于盛花期和结荚期（甄莉和陈勇，2003）。

（三）施肥

施肥是保证牧草营养需求、大幅度提高产量的最有效措施（德科加等，2000）。牧草在生长过程中需要大量的肥料，特别是高产的品种，如桂牧1号、黑麦草等的需肥量都很大。牧草播种之前要施用腐熟的厩肥等底肥，每次刈割后都要施用一定量的肥料（臧福君等，1999）。氮肥对禾本科植物的生长有利（陈敏等，2000）；而豆科植物因其根瘤菌的作用，磷、钾肥对其生长有利。牧草施肥要掌握好施肥时期和施肥量，否则达不到好的效果，甚至适得其反（甄莉和陈勇，2003；德科加等，2000）。

牧草施肥在提高其产量的同时还可提高其蛋白质、钙、磷、钾的含量，改善牧草的品质。这是因为施肥改变牧草的茎叶比、营养枝与生殖枝的比例。有研究指出，施用氮肥可以增加禾本科草类的胡萝卜素和叶绿素的含量（甄莉和陈勇，2003）。追肥一般和浇水结合起来，可以使肥效发挥较快，减少浪费，另外，还要根据生长情况及时施肥，如老叶上有斑点、黄化、早衰、瘦矮，新叶淡绿时应施用氮肥。

（四）病虫害及杂草

牧草在生长过程中会受到不同程度的病虫及杂草的危害，严重时会造成产量降低、品质变劣、经济受损。应对牧草及时及早防病治虫，以免影响产量。发现病虫害，及时处理。另外，还可进行生物防治，利用生物之间的互相抑制作用来防病虫及杂草。这样还可生产出没有毒物残留的绿色牧草（吕贵喜和吕世秀，2001）。杂草是牧草的大敌，往往给牧草生产带来严重的损失，尤其是多年生牧草在播种初期和刈割后长势减弱时易受杂草侵害，在种植过程中，要适当密植，并进行中耕除草等措施。可采用人工除草和化学除草，化学除草要注意残效期和淋溶性（甄莉和陈勇，2003）。

（五）加工调制方式

最佳收获期收割的牧草如不能被草食家畜在短期内全部利用，可加工调制为干草、草捆、草粉或青贮。其中以青贮损失的营养物质最少，且便于贮藏和长期利用，能有效地解决枯草期饲料不足问题，是奶牛等饲料的重要组成部分。牧草袋装青贮较窖装青贮可减少干物质流失和上部霉烂，降低损失（于德洪，1999）。在草粉的加工过程中，因翻晒和搬运等机械作用蛋白质损失较多，阳光又会破坏维生素。鲜苜蓿调制干草、压制饲草的研究表明：鲜草含氮量最高，干草次之，压制饲草因被挤汁而含氮量最低（甄莉和陈勇，2003；魏臻武，1992）。

（六）有毒有害成分

一些青饲料中含有有毒有害成分，影响其品质及适口性，限制了其在养殖业中的应用。豆科牧草，如苜蓿含有大量的蛋白质、皂甙、果胶和半纤维素等物质，容易改变瘤胃内容物的理化特性，使瘤胃内菌群共生关系、动态平衡关系失调，以及机体神经反应性降低，从而导致瘤胃臌胀的发生。如治疗不及时，常常引起牛的死亡，造成一定的经济损失（张国华，2007；张凌洪，2012）。草木樨有刺激气味，适口性差；其含有的双香豆素可与维生素 K 产生竞争性的颉颃作用，妨碍维生素 K 的利用，动物表现为易出血。禾本科牧草中的高粱、苏丹草中含有生氰糖甙，在植株幼嫩时含量更高，会影响动物的健康生长与发育（甄莉和陈勇，2003）。

四、南方养牛夏季牧草品种筛选

通过对引进的南方主要夏季牧草进行产量测定试验（图4-1），结果表明，桂牧 1 号的鲜草产量最高，显著高于其他处理，桂牧 1 号的鲜草产量是位于第二的苏丹草鲜草产量的 4.3 倍，紫花苜蓿鲜草产量最低，还不到桂牧 1 号的鲜草产量的 3%。紫花苜蓿收割第一次后就几乎停止了生长，玉米和高粱于成熟季一次性收割，桂牧 1 号、高丹草和苏丹草分别收割了两次。虽然桂牧 1 号的施肥量是其他处理的 2 倍，但它的产量远远超出了其他处理的 2 倍。

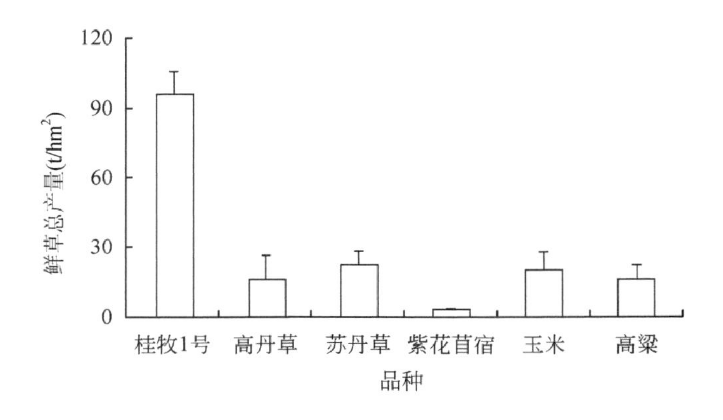

图 4-1　6 种牧草的鲜草总产量

由图 4-2 可知，6 种供试牧草中，紫花苜蓿的粗蛋白含量最高，显著高于其他牧草品种，其次是桂牧 1 号，高丹草、玉米和高粱的粗蛋白含量差别不大，苏丹草的粗蛋白含量最低。高丹草的全磷含量最高，其次是紫花苜蓿，其他几种牧草的全磷含量差别不大。紫花苜蓿的全钾含量最高，其次是高丹草，两者差别不大，桂牧 1 号的全钾含量也较高，高粱和玉米的全钾含量相对较低，玉米全钾含量最低。

由图 4-3 可知，氮、磷、钾的吸收量都是桂牧 1 号最高，都显著高于其他品种牧草，其次是玉米，最低的是紫花苜蓿，其他牧草的氮磷钾吸收量差异都不显著。

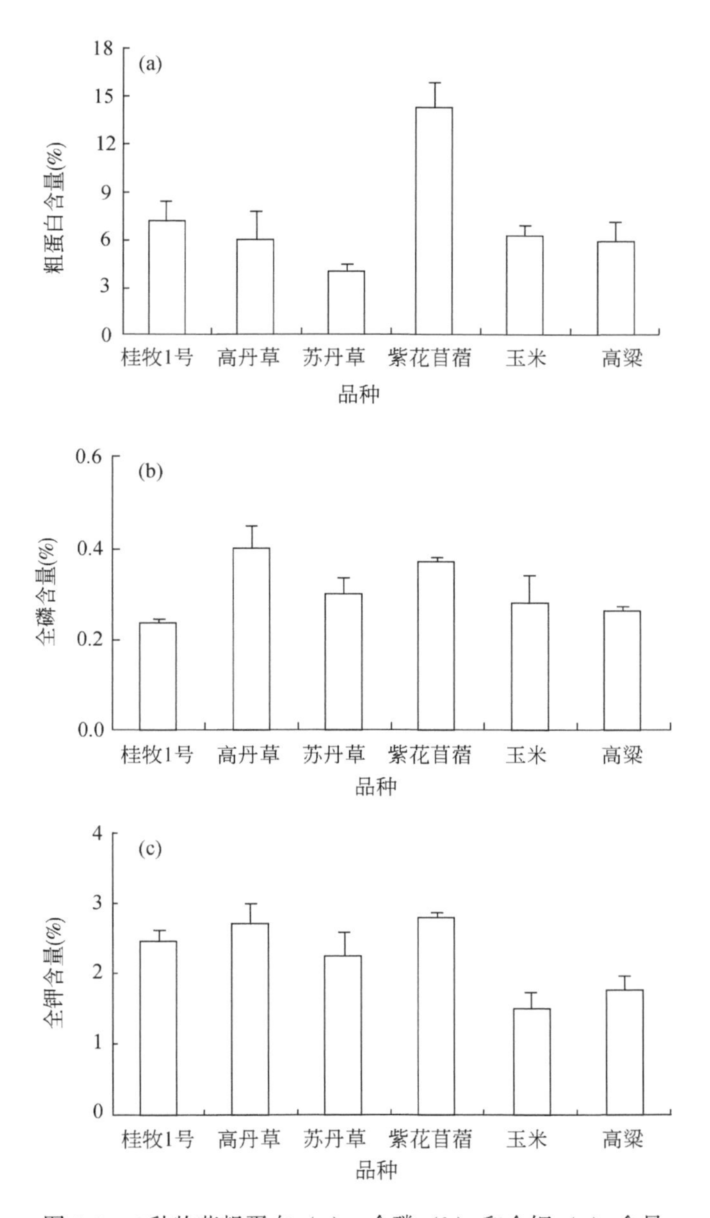

图4-2　6种牧草粗蛋白（a）、全磷（b）和全钾（c）含量

在所有供试牧草中，桂牧1号的鲜草总产量和养分吸收量都最高，最适合南方夏季种植，紫花苜蓿虽然各项养分含量较高，但鲜草总产量太低，不适合作为南方夏季牧草种植。

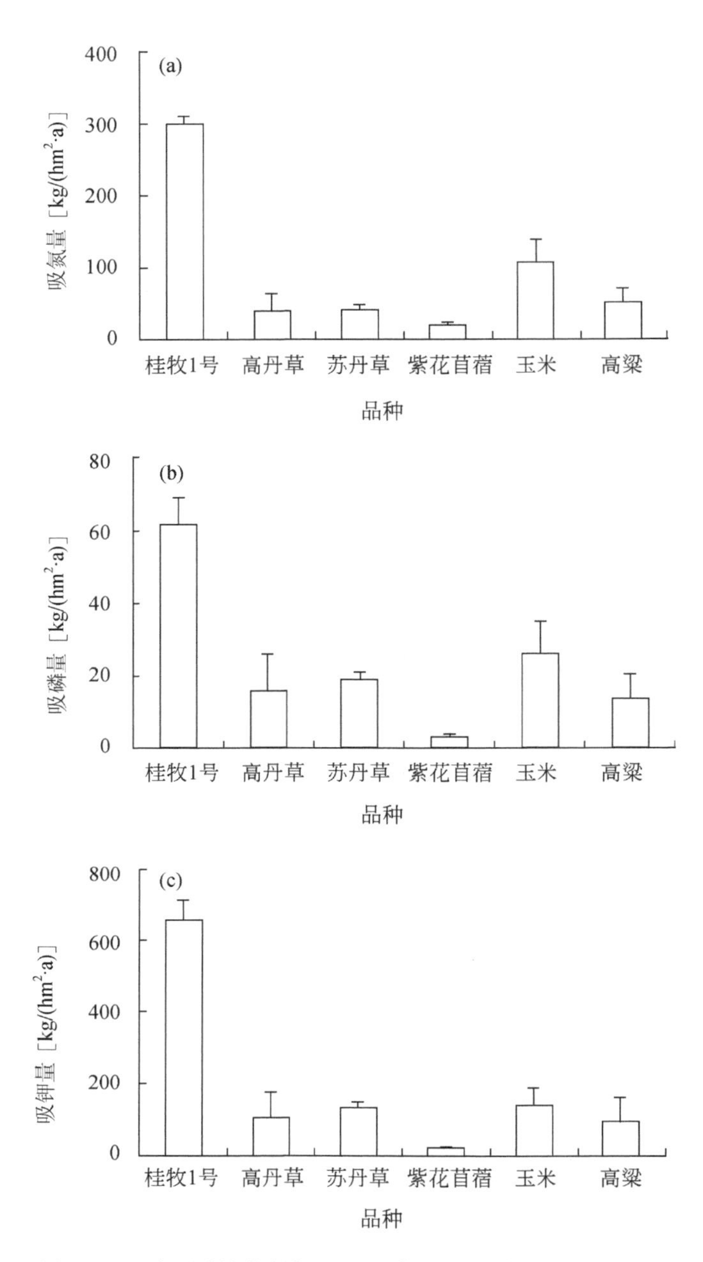

图 4-3　6 种夏季牧草的氮（a）、磷（b）和钾（c）吸收量

五、镉低吸收的牧草品种筛选

在土壤全镉含量 2.46mg/kg，pH 5.4 下通过盆栽试验，在夏季牧草桂牧 1 号、高丹草、苏丹草、紫花苜蓿、高羊茅、高粱和墨西哥玉米等，冬季牧草燕麦、黑麦草等中筛选镉低吸收品种。筛选出适合本地种植的镉低吸收、高产优质的牧草桂牧 1 号和黑麦草。试

验结果表明，高羊茅和紫花苜蓿地上部茎叶镉含量相对较高，而桂牧 1 号地上部茎叶镉含量最低，高丹草、苏丹草、玉米和高粱的地上部茎叶镉含量比较接近，其中桂牧 1 号茎叶镉含量较高羊茅、紫花苜蓿、高丹草、高粱、玉米和苏丹草分别降低 74. 8%、67. 6%、31. 9%、28. 1%、19. 0%和 14. 7%（图 4-4）。初步分析认为，桂牧 1 号的镉低累积除了与其对镉的转运效率有关，还可能与其较大的生物量有关，较大的生物量所形成的稀释效应也可能是其镉含量较低的原因。

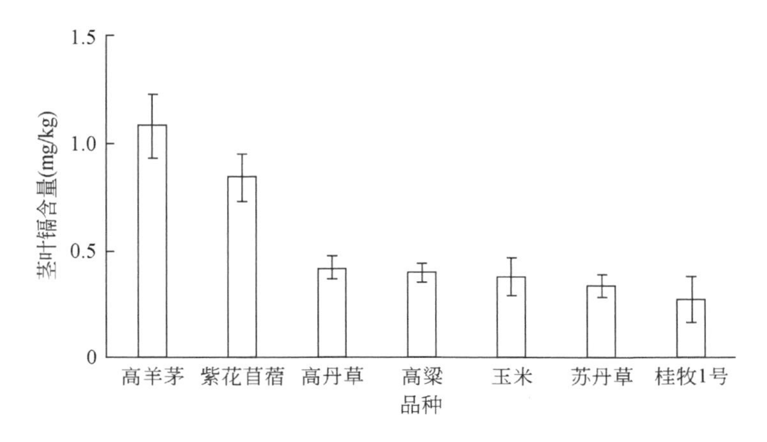

图 4-4　不同夏季牧草品种的镉含量变化

对同一大田 4 个冬季牧草品种的抽样调查表明（图 4-5），白燕 2 号的地上部分镉含量（0. 04mg/kg）相对较低，而白燕 8 号（0. 35mg/kg）相对较高，高出白燕 2 号 87. 9%，可见，不同牧草品种间镉累积差异较大。

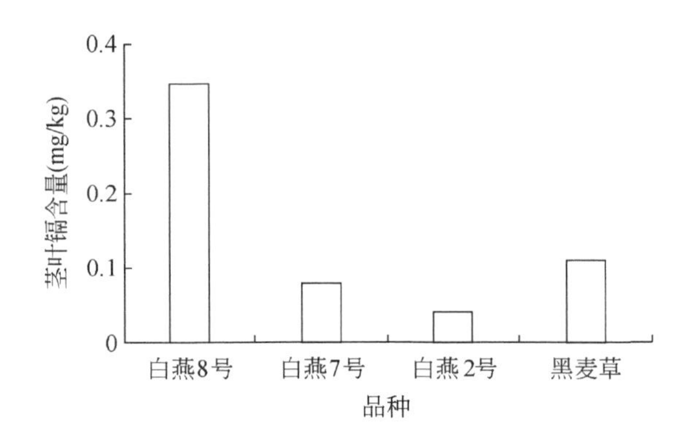

图 4-5　不同冬季牧草品种的镉含量变化

第二节　一年生牧草——黑麦草

黑麦草又称多花黑麦草、意大利黑麦草。黑麦草是优质的禾本科牧草，茎叶柔嫩光滑多汁、适口性好，粗蛋白、粗脂肪含量丰富，生长速度快，分蘖能力强，刈割后再生性好，产量高，适合红壤低丘和冬闲田种植，在中国长江中下游及其以南各地均有大面积栽培和利用（陈韬和姚洪炎，2009；丁成龙，2008；王亦欣和张琳静，2014）。在北方较温暖多雨地区如东北地区、内蒙古自治区等也引种春播。其原产于欧洲南部，非洲北部和西南亚，广泛分布于意大利、英国、美国、丹麦、新西兰、澳大利亚和日本等国家，在世界各温带和亚热带地区广泛栽培。

一、黑麦草的种植

（一）耕地准备

黑麦草种子小而轻，整地时要精耕细作，应选地势平坦、土质肥沃、排灌方便的地方栽种。条件允许的地区，可以在地面浇适量的水或在雨后进行耕作。另外，四周要开排水沟，做到田间无积水，以防雨季积水淹苗。整地时应施足基肥。

（二）黑麦草播种

黑麦草可春播或秋播，一般采用秋播，播期为 9 月上旬至 10 月下旬，一般播种越早，产草量越高。播种方式一般采用散播或条播，以条播为宜，行距 15 ~ 20cm，收种的可加宽，覆土 2 ~ 3cm。单播播种量 1.5 ~ 2.0kg/亩，收种的可略少，种子可直接与焦泥灰、钙镁磷肥拌种后播种。如果天气干旱、土壤干燥，必须及时灌水，否则会影响出苗。播种前最好用 1% 石灰水浸种 1 ~ 2h 后再拌种，这样可提早出苗和提高出苗率。一般黑麦草可与多种豆科牧草，特别是短期生长的豆科牧草（如红三叶、草木樨、黄子、紫云英等）混播，以克服豆科牧草单种产量不高、营养不完善、不易调制保藏等缺点。在苜蓿与鸭茅、无芒草、牛尾草等多年生禾本科牧草进行混种时，混入适量黑麦草可加速草地的成长。

（三）黑麦草施肥

水肥充足是充分发挥黑麦草生产潜力的关键性措施，施用氮肥效果尤为显著。土壤越肥，增产效果越明显。在播种时要求每亩施有机肥 3000kg 左右作基肥，苗期和每次刈割后，要追施氮肥，每亩施 5 ~ 10kg 尿素或硫酸铵。与牧场相邻的牧草田，用经沉淀发酵后的粪便水浇灌，增产效果更显著。

（四）黑麦草杂草管理

黑麦草杂草主要产生在苗期，且播种期越早，杂草长势越旺，而播种期在 10 月中旬后，苗期一般杂草较少，苗期应及时中耕除草。苗期中耕除草 2 次，此外每次收割后中耕除草 1 次。分蘖盛期以后，已封行遮阴，可不再除草。除草方法有播前土壤处理、芽前处理和苗期处理三种，播前土壤处理即在播种前一天用草甘膦等喷洒，清除田间杂草；芽前处理即在播种后、出苗前用草甘膦喷洒；黑麦草苗期杂草一般以阔叶草为主，苗前处理可用使它隆等阔叶草除草剂在 2 ~ 3 片叶时及时喷洒，目前还没有对少量单枝叶杂草有效的除草方法，需采用刈割的方法去除杂草。水稻田可在播前择晴天，用二甲四氯稀释后喷洒于水稻基部以下田里，清除杂草。黑麦草分蘖盛期后生长旺盛，有较强的抑制杂草能力，不必除草。黑麦草根系发达，浅扎在土壤表层，有疏松土壤的作用，一般不用中耕。

（五）黑麦草病害防治

黑麦草常见害虫有亚洲飞蝗、宽须蚁蝗、小翅雏蝗、狭翅雏蝗、西伯利亚蝗、草原毛虫类、秆蝇类、粘虫、意大利蝗、蛴螬、蝼蛄类、金针虫类、小地老虎、黄地老虎、大地老虎、白边地老虎、大垫尖翅蝗、小麦皮蓟马、麦穗夜蛾、叶蝉类和青稞穗蝇。防治方法：出苗后主要有地老虎和蛴螬等危害牧草，可用敌百虫、百树得等相关药物在天黑前喷雾防治，地老虎可采用灌水方式进行防治。

黑麦草抗病虫害能力较强，高温高湿情况下常发现赤霉病和锈病。前者病状是苗、茎秆、穗均病腐生出粉红色霉，以长出紫色小粒，严重时全株枯死，可用 1% 石灰水浸种。发病时喷石灰硫酸合剂防治。后者主要症状是茎叶颖上产生红褐色粉末状疮斑后变为黑色，可用石硫合剂、代森锌、萎锈灵等进行化学保护。合理施肥、灌水及提前刈割，均可防止病的蔓延。

（六）黑麦草刈割

黑麦草收获时期因家畜种类和利用方法而不同。喂猪应在抽穗前刈割，喂牛、羊则可稍迟，调制干草者可在抽穗后刈割。黑麦草产量与刈割次数、播种期、土壤肥力和刈割时株高相关，以播种期的影响最大，秋天播种，年内可刈割 1 ~ 2 次，翌年起至 6 月上旬可刈割 3 ~ 5 次，春季每间隔 30d 左右可刈割。为促进黑麦草分蘖，提高产量，要求第一茬及早刈割，一般株高在 40cm 时可刈割，可促进其分蘖。黑麦草再生草大多自残茬长出，刈割时留茬不应低于 5cm，齐地刈割对再生不利。

二、黑麦草施肥优化

（一）黑麦草需肥特点

产量是衡量黑麦草适应性强弱的首要指标（刘大林等，2011）。氮素是植物体内许多重要有机化合物的组分，对植物生命活动以及作物产量和品质均有极其重要的作用（徐寿军等，2012；杨雄等，2012）。合理施用氮肥是作物高产的有效措施（崔禄和张玉霞，2012；李小坤等，2008）。施肥是保证牧草营养需求，大幅度提高产量的最有效措施。由于黑麦草等禾本科牧草自身不具备固氮能力，其生长发育所需的氮主要依靠根系从土壤中吸收，增施氮肥是实现牧草优质高产的有效措施之一（李小坤等，2008；李志坚等，2009）。王小山等（2010）研究发现，施用氮肥有显著增产效应，当施氮量达到 $200kg/hm^2$ 时，黑麦草各刈割时期草产量、植株含氮量、地上部干物质量、黑麦草高度均达最大值。刘高军等（2011）研究表明，当施氮量达到200kg/hm^{2}时，鲜草总产量最高。张晓佩等（2013）发现，在施氮量为300kg/hm^{2}时，两个品种黑麦草的产量都可以达到高峰，继续增加施氮量并不继续促进黑麦草的生长和产量的增加。李文庆等（2003）认为种植一年生黑麦草，施氮量为225kg/hm^{2}时产量最高。丁海荣等（2013）研究认为最佳施氮量为150.0kg/hm^2。

黄勤楼等（2010）研究发现，随着施氮量的增加，黑麦草的分蘖数、株高、产量、粗蛋白和氨基酸含量能显著提高，但随着施氮量的继续增加，氮肥对黑麦草农艺性状、产量和品质的作用增幅变小，氮素生产效率降低。李文西等（2009）和刘晓伟等（2010）一致认为氮肥的施入能显著提高黑麦草产量，氮磷钾肥料对黑麦草产草量的影响顺序从大到小为氮、磷、钾。李小坤等（2006）则认为磷肥效应在黑麦草生长前期表现更为显著。可能是因为在黑麦草生长的中后期，在特定的环境条件下，一方面土壤中的磷被活化为有效磷，另一方面施入的磷肥与土壤发生反应，转化为难被作物利用的磷（曾宪坤，1999；林茗，2005）。刘晓伟等（2010）的研究表明，氮磷钾肥配施以及氮磷肥配施能显著提高黑麦草早期产量。随着刈割次数的增加，氮磷处理产草量逐渐降低，氮钾与氮磷钾处理间的差距逐渐减小。黑麦草生长对磷素不敏感，限制了鲜草产量，在黑麦草生长中后期，随气温回升，土壤磷的有效性升高，且温度的升高促进了黑麦草根系生长，扩大了根系吸收面积，增加了其对磷的吸收，也说明了磷肥施用在黑麦草生长前期的效果较好。

杨红丽等（2011）研究表明，施氮量对黑麦草氮含量具有显著影响，黑麦草氮含量随着施氮量的增加而升高。李小坤等（2006）研究表明，施用磷肥可以提高黑麦草磷含量及磷积累量，而对黑麦草的氮、钾含量的影响不大，但促进了黑麦草对氮、钾的吸收和利用。氮、磷肥的施用分别提高了黑麦草体内氮和磷养分含量。氮、磷肥配施可以相互促进其养分的吸收利用，即增施氮肥可以促进磷素的吸收利用，施用磷肥可以促进氮素的吸收利用，提高养分利用率（李小坤等，2007）。研究结果表明，氮、磷、钾肥施用量的增加可以分别提高黑麦草氮、磷、钾的吸收量。氮肥的施用可以促进黑麦草对磷、钾的吸收，钾肥的施用可以促进黑麦草对氮、磷的吸收，磷肥的施用可以促进黑麦草对氮的吸收，却不能促进黑麦草对钾的吸收。

（二）黑麦草本地化高产施肥技术

通过大田试验，研究不同施肥量对黑麦草产量及养分吸收的影响，以期找到南方稻田种植黑麦草的最佳基肥肥料配比。测定每次刈割黑麦草的干草产量和氮、磷、钾养分含量，计算氮磷钾的养分吸收量。结果表明，花岗岩发育的水稻土上种植黑麦草，施肥尤其是氮肥能增加黑麦草的株高和产量；基施磷肥和追施氮肥能促进黑麦草的再生。增加氮、磷肥施用量，黑麦草氮、磷含量也增加，钾肥施用达到一定量后，再增加施用量，黑麦草钾含量变化不大。增加氮、磷、钾肥的施用能提高黑麦草氮、磷、钾的吸收量。

如图4-6～图4-8所示，根据每次处理的基肥施用量和第一次刈割时黑麦草产量拟合的一元二次方程计算所得基肥中氮肥最佳施用量（折纯N）为210.0kg/hm^2，磷肥最佳施用量（折纯P_2O_5）为108.0kg/hm^2，钾肥最佳施用量（折纯K_2O）为117.5kg/hm^2。

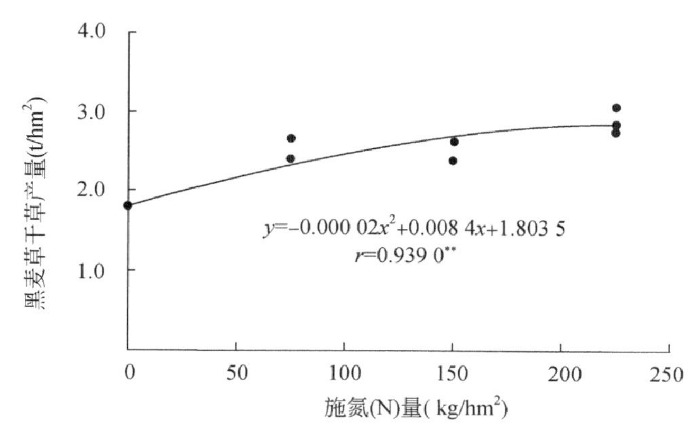

图 4-6　各施氮（N）量处理黑麦草干草产量

** 表示极显著相关

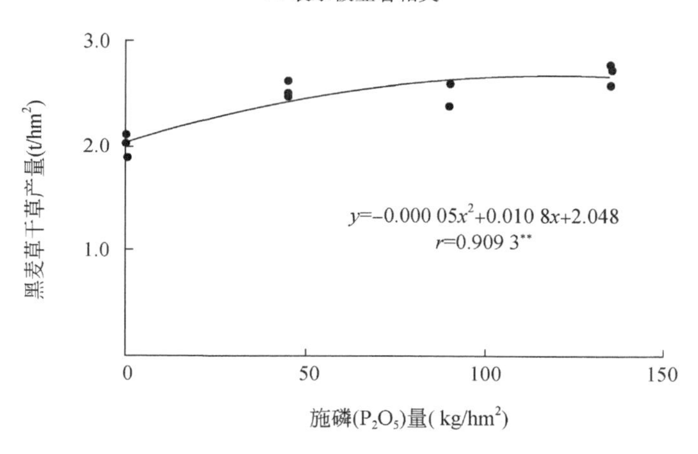

图 4-7　各施磷（P_2O_5）量处理黑麦草干草产量

** 表示极显著相关

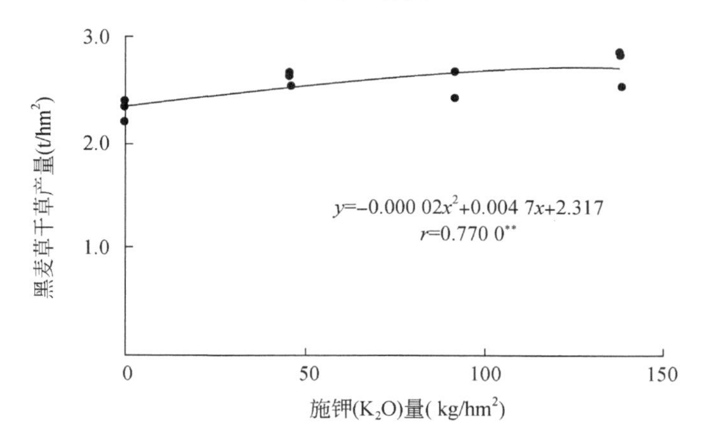

图 4-8　各施钾（K_2O）量处理黑麦草干草产量

** 表示极显著相关

三、黑麦草镉含量安全控制技术

采用田间小区试验，研究了有机肥、钝化剂及其配施对南方典型低环境容量酸性砂壤土黑麦草生长与吸收积累镉的影响（表 4-1 ~ 表 4-5）。结果表明，施用有机肥增产效果显著，干重比对照增产 35.76%；单施石灰使土壤 pH 比对照提高了 0.79，土壤有效镉含量比对照下降 19.34%，单施赤泥也可有效提高土壤 pH，改良土壤酸性，而施用有机质（有机肥、稻草）可有效缓解土壤酸化进程；所有钝化剂皆可有效抑制镉的生物有效性，降低植株镉含量，以单施有机肥效果最明显，其植株镉含量比对照低 42.7%；采用有机-中性化技术可实现饲草安全生产与土壤酸性改良的双重目的。

表 4-1　施用不同有机肥和钝化剂的黑麦草产量　　（单位：kg/hm²）

处理	第一茬	第二茬	第三茬	第四茬	第五茬	总重
CK	2 849b	2 261bc	3 907c	3 722c	3 583b	16 322b
R1	2 671b	2 071c	3 848c	3 772c	3 602b	15 964b
L	2 761b	2 114b	3 949c	3 852c	3 255b	15 931b
M	3 457a	2 723a	5 796a	5 342a	4 841a	22 159a
R2	2 544bc	2 056c	4 134bc	3 469d	3 240b	15 443b
LM	3 348a	2 343b	5 439a	4 767b	4 440a	20 337a
LR2	2 386c	1 960c	4 365b	3 942c	3 670b	16 323b

注：7 个处理分别为对照（CK）、赤泥 3000kg/hm²（R1）、石灰 1500kg/hm²（L）、有机肥 15 000kg/hm²（M）、稻草 7500kg/hm²（R2）、有机肥 15 000kg/hm²+石灰 1500kg/hm²（LM）、稻草 7500kg/hm²+石灰 1500kg/hm²（LR2）。表中同列不同小字母表示处理间差异显著（$p<0.05$）。

表 4-2　施用不同有机肥和钝化剂的黑麦草植株镉含量　　（单位：mg/kg）

处理	第一茬	第二茬	第三茬	第四茬	第五茬	平均含量
CK	0. 2767a	0. 2699a	0. 2629a	0. 2453a	0. 2764a	0. 2662a
R1	0. 2219bc	0. 2504ab	0. 2309ab	0. 2233ab	0. 2241b	0. 2301b
L	0. 2251bc	0. 2468ab	0. 2438ab	0. 2197ab	0. 2457ab	0. 2362ab
M	0. 1692d	0. 1592c	0. 1408c	0. 1441c	0. 1493c	0. 1525d
R2	0. 2441b	0. 2679a	0. 2375ab	0. 2206ab	0. 1954bc	0. 2331ab
LM	0. 2085c	0. 2210b	0. 2032b	0. 1918b	0. 1752c	0. 1999c
LR2	0. 2415b	0. 2420ab	0. 2063b	0. 2237ab	0. 2125b	0. 2252bc

注：表中同列不同小写字母表示处理间差异显著（$p<0.05$）。

表 4-3　施用不同有机肥和钝化剂下土壤有效镉含量及 pH

	CK	R1	L	M	R2	LM	LR2
土壤有效镉（mg/kg）	0. 1205a	0. 1042c	0. 0972c	0. 1025c	0. 1116b	0. 1000c	0. 1060bc
pH	4. 75c	5. 07bc	5. 54a	4. 94bc	4. 88bc	5. 18b	5. 36ab

注：表中同行不同小写字母表示处理间差异显著（$p<0.05$）。

表 4-4　黑麦草植株镉含量、土壤有效镉含量与产量、pH 之间的相关系数

	产量	pH	土壤有效镉含量
植株平均镉含量	-0. 964**	-0. 222	0. 700**
土壤有效镉含量	-0. 694**	-0. 586**	—

** 表示相关系数在 1% 水平上显著相关。

表 4-5　黑麦草施用不同有机肥和钝化剂下的植株镉总量及土壤镉残留量

（单位：mg/hm^2）

处理	第一茬	第二茬	第三茬	第四茬	第五茬	镉总带出量	镉总带入量	土壤镉残留量
CK	788. 1a	610. 5a	1027. 7ab	912. 7a	990. 4a	4329. 4a	2743. 0	-1586. 4
R1	593. 2c	518. 3b	888. 6c	842. 9b	807. 0b	3650. 0b	2925. 1	-724. 9
L	621. 6bc	521. 7b	963. 0bc	846. 2b	799. 3b	3751. 8b	3357. 1	-394. 7
M	584. 7c	433. 5c	815. 9d	769. 3c	722. 9c	3326. 3b	9328. 5	6002. 2
R2	620. 4bc	550. 6ab	981. 7bc	765. 1c	633. 1d	3550. 9b	8014. 7	4463. 8
LM	697. 6b	517. 8b	1104. 8a	914. 4ab	777. 7b	4012. 3a	9942. 6	5930. 3
LR2	576. 2c	474. 0bc	900. 5c	881. 6ab	779. 7b	3612. 0b	8628. 8	5016. 8

注：镉总带入量为肥料镉带入量及钝化剂镉带入量之和；表中同列不同小写字母表示处理间差异显著（$p<0.05$）。

第三节　多年生牧草——桂牧 1 号

桂牧 1 号是禾本科牧草中的优良品种，是从 1992 年开始，用矮象草为父本、杂交狼尾草为母本进行有性杂交，再经多年无性繁殖选育而成的一种新型杂交象草，具有产量高、质量好、叶量大、质地柔软、适口性好、利用率高的特点，适用于喂牛、羊、鹅、兔、鱼等草食动物。桂牧 1 号的育成为我国南方发展节粮型草食畜牧业渔业提供了新的更优质牧草种源，近几年在我国南方大面积推广种植（陈金龙和闫景彩，2009；刘小飞和孟可爱，2013）。

一、桂牧 1 号的种植

（一）桂牧 1 号育苗

由于桂牧 1 号无种子或种子少，一般采用无性繁殖。选择桂牧 1 号健壮种茎砍成 2 节 1 段，用 2% 石灰水浸种 12 ~ 24 小时。石灰水既能增加种茎含水量，又能中和对萌芽有毒害作用的有机酸以及杀死介壳虫、毒菌，还能提高酶的活性，促进有机质的分解，加速种苗的萌发。选择肥力条件较好的疏松土进行桂牧 1 号育苗。用于育苗的地要求深翻 20cm 以上，精耕细作，清除杂草，起畦开沟，畦宽 2m，沟宽 15cm，沟深 10 ~ 15cm，行距 30cm 种茎呈 45°角斜放于沟壁，芽眼朝上，露出 2 ~ 5cm 茎秆，株距 10 ~ 15cm，大田栽培

种茎用量为100～150kg/亩。然后，覆盖松土3～5cm，种后保持土壤湿润。春季播种后20～30天即可齐苗（闫景彩和陈金龙，2009）。

（二）桂牧1号移栽

一般在春分至清明时节，幼苗长出3～4片嫩叶时即可移载。按株距40～50cm，行距50～60cm，开穴定植，穴深为30～35cm。移栽时应将种茎一起埋于穴中，并将覆盖的土壤压实，及时浇“压蔸水”（闫景彩和陈金龙，2009）。移植后1周左右，要及时锄草补蔸，确保每株都成活，并看苗施肥。移植后20～30天即可齐苗。

（三）桂牧1号栽培管理

桂牧1号对环境的适应能力很强，在我国南方各省市海拔850m以下的红壤土、黄壤土、沙壤土中均能生长良好。桂牧1号耐粗放栽培，一犁一耙，整地起畦（山坡地可不起畦）栽培即可。种植地要求深翻30cm，畦宽2m，畦沟深约30cm。桂牧1号种植前要施足基肥，每次刈割后追施有机肥，当苗高30～40cm时追施尿素，用量约7.5kg/亩。土质较差的土壤，应在翻耕前每公顷施厩肥3.0万～4.5万kg和磷肥15～25kg作基肥。对肥力条件较好的疏松土可先开沟种植，刈割后再撒施有机肥（闫景彩和陈金龙，2009）。在湖南空闲田周地，翻耕时施氮肥300～500kg/hm^2、磷肥140kg/hm^2、钾肥204kg/hm^2，牧草的产量会更高（谢拥军，2010）。种植地要求深翻30cm，消除杂草，开好排水沟，平整地后开行，行深10cm，放基肥于行中。桂牧1号一般种植后7～10天才开始出苗，出苗后也因根系尚未形成，对杂草的竞争能力弱，因此，当苗高30～40cm时就应进行中耕除草。以后每次刈割后植株尚未封行前都要进行中耕除草，以免杂草与植株抢水抢肥抢光，造成水肥及光资源的浪费。桂牧1号病虫害少，易于管理。在湖南等地夏秋季易遭干旱，通常在土壤含水量低于18%时，就应及时灌溉（闫景彩和陈金龙，2009）。

（四）桂牧1号刈割

桂牧1号刈割过早会影响草的产量，不能获得高产；刈割过晚也会影响草的质量，使饲草粗蛋白质含量下降，对畜禽、鱼的适应性及利用率都降低；刈割次数过多，则影响草的寿命及抗旱耐寒性能。严禁使用生锈的刀具刈割，同时应尽量避免泥沙等杂质混入。第一次刈割应在苗高1m左右时进行，因其第一次分蘖少，刈割后可促进植株根部有更多的芽眼萌动，增加分蘖数和地上部分植株数，达到增产的目的。以后应在植株高度1.5～2.0m时刈割，以地上第一茎节老熟为宜，这样既可保证地上部分的分蘖数，又可延长植株的使用年限。刈割留茬高度应为3cm左右，留茬过高，植株分蘖弱小，影响产量，也增加了以后刈割的难度（闫景彩和陈金龙，2009）。

（五）桂牧1号留种

桂牧1号一般在11月底就停止生长，因此，在10月下旬至11月上旬进行完最后一次刈割后，应在每棵草的蔸上覆盖干燥的有机肥和培土，每公顷施有机肥3.0万kg左右，这样既可补充土壤耗损的养分，又有利于牧草的保温越冬。最好在草蔸之上覆盖塑料薄膜以防冻害。越冬期会有少量种蔸死亡，开春回暖萌发后，三叶期进行分蔸补植。最保险的留种方法是：留作种用的牧草，刈割3~4次后停止刈割，冰冻来临前一次性将种茎收割，选择粗壮无病的种茎存放于地窖或温室大棚中，等到日平均气温稳定在15℃时即取出来种植（闫景彩和陈金龙，2009）。

二、桂牧1号的施肥

（一）桂牧1号需肥特点

合理施肥是提高牧草产量和改善品质的重要技术措施之一（Fensham et al.，1999）。施肥措施和桂牧1号营养成分的形成相关性较高（肖润林等，2008）。氮素是植物生长发育中最重要的元素之一，是牧草生长的主要养分限制因子，对于自身不具备固氮能力的禾本科牧草而言更是如此。若仅靠土壤供氮，禾本科牧草在生长过程中对养分的需要很难得到满足，作物产量潜力将受到限制（陈勇等，2009），以施肥的方式补充氮素是桂牧1号优质高产的有效措施之一（刘小飞等，2006）。但若施氮量过高，也会造成作物产量和饲用价值下降（Balázs et al.，2004）。徐明岗等（1997）认为牧草种植在其他养分供应一定时，氮肥并非施用越多越好，而是在一定量时为最佳，而且氮素需要每年持续施用才能高产。产草量的高低是直接反映生产力水平高低的重要指标（刘景辉等，2005）。粗蛋白是反映牧草营养价值的重要指标（孙铁军等，2005）。刘小飞等（2008）认为合理施氮可提高桂牧1号的产草量和农艺性状。刘小飞等（2006）还认为施氮肥可明显增加牧草产量，略增加蛋白产量，随着施氮水平的提高，两者都呈现先上升后下降的趋势，合理施肥可提高桂牧1号杂交象草的产草量和蛋白质、可溶性糖的产量，提高草品质。施中水平氮有利于提高桂牧1号的产草量和品质（刘小飞等，2011），中氮处理对提高光合特性的作用最大，可提高桂牧1号的产草量（孟可爱等，2011）。刘小飞等（2013）和梁志霞等（2013）认为施用氮肥能促进桂牧1号功能叶叶绿素、氨基酸含量增长，增加粗蛋白产量和产草量，提高转氨酶活性、净光合速率。研究结果表明，施氮肥对桂牧1号有明显的增产作用。肖润林等（2008）研究表明追施氮肥也有利于促进桂牧1号的生长和营养物质的积累，增加桂牧1号株高和分蘖数，提高产草量，提高再生草中粗蛋白、可溶性糖的含量，降低中性洗涤纤维和酸性洗涤纤维的含量，改善牧草品质。因为追施氮肥有利于植物叶片与大气进行水蒸气交换和固定CO_2，促进光合产物的积累（冯兆忠等，2003）和蛋白质的合成（范雪梅等，2006），增加禾本科牧草的分蘖数（池银花和张爱华，2003）。磷是组成核酸、磷脂、腺苷三磷酸及许多辅酶的元素，参与许多物质的合成和植物的各种生理生化过程，是植物体内的基本营养元素（温洋等，2005）。戴建军等（2001）认为适量施入磷肥，可显著提高鲜草产量和磷营养含量。禾本科牧草对磷肥有极显著的响应，在其他肥料施用量一定时，牧草产量一般随磷肥用量增加而增加。开始时，增产幅度大，磷肥用量增加时，增产幅度变小（徐明岗等，1997）。储祥云等（1999）研究表明，对于牧草，氮肥的作用较为突出，但缺磷会影响氮肥肥效的发挥。苏亚丽等（2011）研究表明粗蛋白和干物质含量随着氮肥和磷肥用量的增加而升高。

（二）桂牧 1 号本地化高产施肥技术

以湖南省长沙县金井镇循环农业科技工程基地试验田为平台，通过大田试验，研究不同施肥量对桂牧 1 号产量及养分吸收的影响（图 4-9 和图 4-10），试验结果表明：基肥施用氮、磷肥尤其是氮肥对桂牧 1 号有明显的增产作用，追施氮肥可以明显促进桂牧 1 号的再生。氮、磷肥的施用都可以增加桂牧 1 号氮吸收量，氮肥的作用较磷肥强。氮、磷肥的施用都可以增加桂牧 1 号的磷吸收量，磷肥的作用较氮肥强。氮、磷肥的施用可以增加桂牧 1 号的钾吸收量。

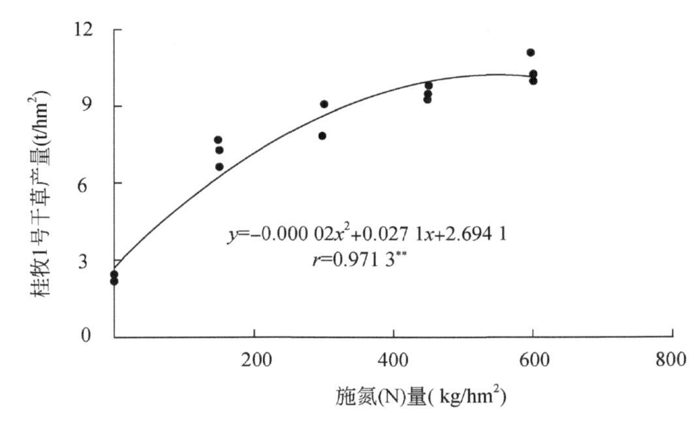

图 4-9　各施氮（N）量处理桂牧 1 号干草产量

** 表示极显著相关

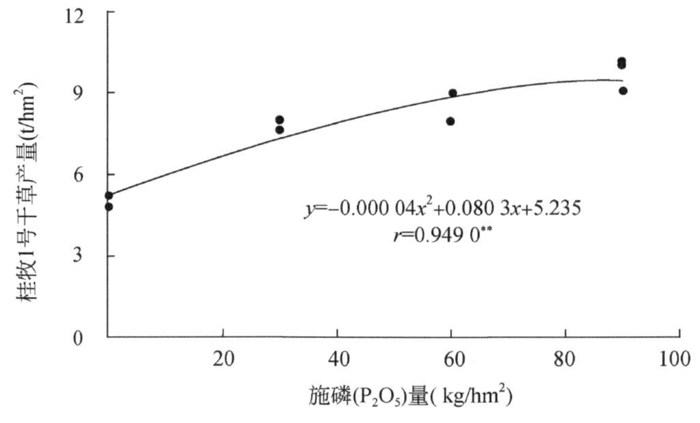

图 4-10　各施磷（P_2O_5）量处理桂牧 1 号干草产量

** 表示极显著相关

根据每次处理的基肥施用量和 2013 年 7 月 19 日第一次刈割桂牧 1 号鲜草产量拟合的一元二次方程计算所得基肥氮最佳施用量（折纯 N）为 677.5kg/hm²，基肥磷最佳施用量（折纯 P_2O_5）为 100.4kg/hm²。

三、桂牧 1 号的高产高效安全生产

（一）基于牛粪安全消纳的桂牧 1 号高产施肥技术

利用肉牛养殖废弃物牛粪种植桂牧 1 号的大田试验（表 4-6 和表 4-7），研究牛粪不同用量对桂牧 1 号产量、土壤养分的影响，结果表明：施用牛粪可显著提高桂牧 1 号产量，其产量随牛粪施用量的增加而增加；并可显著提高土壤 pH，且随牛粪施用量的增加，施用牛粪还可有效提高土壤有机质及全氮含量，但对土壤全磷和全钾含量皆无显著影响。

表 4-6　不同牛粪施用量下桂牧 1 号产量（2014 年）　　（单位：kg/hm^2）

处理	7 月 20 日	9 月 5 日	11 月 8 日	总产量
CK	4478c	5279c	5363c	15120c
T1	4404c	5201c	5076c	14681c
T2	4407c	5369c	5452c	15228c
T3	4 855b	6 281b	6 221b	17 357b
T4	5358a	7255a	7185a	19798a

注：对照 CK（N 677. 5kg/hm^2，P_2O_5 100. 4kg/hm^2，K_2O 120kg/hm^2）；T1（施牛粪 1t/hm^2）；T2（施牛粪 2t/hm^2）；T3（施牛粪 3t/hm^2）；T4（施牛粪 4t/hm^2），牛粪以干基计算。表中同列不同小写字母表示处理间差异显著（$p<0.05$），下同。

表 4-7　不同牛粪施用量下的土壤养分含量　　（单位：g/kg）

处理	土壤有机质	土壤全氮	土壤全磷	土壤全钾
CK	34. 34d	1. 98c	0. 54a	28. 64a
T1	38. 22cd	2. 21c	0. 53a	28. 46a
T2	42. 48bc	2. 46bc	0. 53a	28. 51a
T3	46. 54b	2. 69b	0. 54a	29. 02a
T4	52. 12a	3. 01a	0. 54a	29. 45a

（二）基于牛粪安全消纳的桂牧 1 号高产高效安全生产技术

在典型流域选择优先保护类耕地，利用肉牛养殖废弃物（以牛粪为主）种植桂牧 1 号的大田试验，研究牛粪不同用量对桂牧 1 号镉含量、土壤养分的影响，建立基于肉牛养殖废弃物安全消纳的桂牧 1 号高产安全生产方式。结果表明（表 4-8 ~ 表 4-10），施用牛粪可显著提高土壤 pH、降低土壤有效态镉含量和桂牧 1 号镉含量，且随牛粪施用量的增加，土壤 pH 逐渐增加，土壤有效态镉含量逐渐下降，桂牧 1 号镉含量则呈先降后增趋势，并随收割日期的推迟逐渐增加，桂牧 1 号理论最低镉含量为 0. 094 2mg/kg，牛粪最佳施用量为 2. 95t/hm^2。施用牛粪还可有效提高土壤有机质及全氮含量，但对土壤全磷和全钾含量皆无显著影响。研究结果还表明，施用牛粪既可提高土壤有机质含量，同时可提高土壤

pH，二者都能降低土壤有效态镉含量，进而降低桂牧 1 号对镉的吸收和积累，而二者中以施用牛粪提高土壤有机质含量从而降低桂牧 1 号对镉的吸收和积累起主导作用。

表 4-8　不同牛粪施用量下的桂牧 1 号镉含量　（单位：mg/kg）

处理	7 月 20 日	9 月 5 日	11 月 8 日	平均镉含量
CK	0.1603a	0.1739a	0.2000a	0.1781a
T1	0.1063b	0.1235b	0.1561b	0.1286b
T2	0.0880b	0.1039bc	0.1341bc	0.1087bc
T3	0.0635c	0.0829c	0.1199c	0.0888c
T4	0.0855bc	0.1017bc	0.1324bc	0.1065bc

表 4-9　不同牛粪施用量下的土壤 pH 和土壤有效态镉含量

处理	土壤 pH	土壤有效镉含量（mg/kg）
CK	5.07b	0.1128a
T1	5.18ab	0.1024ab
T2	5.14ab	0.0919bc
T3	5.21ab	0.0865c
T4	5.22a	0.0864c

表 4-10　牛粪施用量、桂牧 1 号产量和镉含量、土壤养分间的相关系数

	桂牧 1 号镉含量	桂牧 1 号产量	土壤 pH	土壤有效镉	土壤有机质	土壤全氮
牛粪施用量	−0.785**	0.862**	0.542*	−0.829**	0.944**	0.863**
桂牧 1 号镉含量		−0.457	−0.679**	0.771**	−0.709**	−0.575*
桂牧 1 号产量			0.435	−0.604*	0.826**	0.806**
土壤 pH				−0.421	0.482	0.323
土壤有效镉					−0.799**	−0.670**
土壤有机质						0.912**

*、** 表示相关系数在 5%、1% 水平上的相关性。

（三）桂牧 1 号镉安全控制技术

采用田间小区试验，研究了有机物料、钝化剂及其配施对南方典型低环境容量酸性砂壤土桂牧 1 号草生长与吸收积累镉的影响（表 4-11 ~ 表 4-13）。结果表明，施用有机肥及其与石灰配施的桂牧 1 号产量比对照分别高 31.07% 和 11.40%，增施石灰、稻草及其与石灰配施后，桂牧 1 号略有减产，但减产不显著；增施有机肥和钝化剂皆可降低桂牧 1 号镉含量，其中施用赤泥的桂牧 1 号镉含量比对照降低 17.29%；单施赤泥也可有效提高土壤 pH，改良土壤酸性，而施用有机质（有机肥、稻草）可有效缓解土壤酸化进程；所有钝化剂皆可有效抑制镉的生物有效性，降低植株镉含量，结果同样表明有机–中性化技术可实现饲草安全生产与土壤酸性改良双重目的。

表 4-11　有机物料和钝化剂对桂牧 1 号产量的影响　（单位：kg/hm^2）

处理	鲜重	干重
CK	100 655±3 040bcd	12 402±537bcd
R1	106 888±8 911bc	13 301±1 148bc
L	88 248±4 834d	10 952±645d
R2	97 287±8 092cd	12 047±1 034cd
M	131 928±10548a	16 373±1393a
LR2	94 001±8 265cd	11 668±1 068cd
LM	112 130±7 836b	13 925±1 009b

注：7 个处理分别为对照（CK）、赤泥 3 000kg/hm^2（R1）、石灰 1 500kg/hm^2（L）、稻草 7 500kg/hm^2（R2）、有机肥 15 000kg/hm^2（M）、稻草 7 500kg/hm^2+石灰 1 500kg/hm^2（LR2）、有机肥 15 000kg/hm^2+石灰 1 500kg/hm^2（LM）。表中同列不同小写字母表示处理间差异显著（$p<0.05$），下同。

表 4-12　有机物料和钝化剂对桂牧 1 号镉含量的影响

处理	镉含量（mg/kg）	富集系数
CK	0. 2690±0. 0212bc	1. 22
R1	0. 2225±0. 0178d	1. 01
L	0. 2666±0. 0031bc	1. 21
R2	0. 2989±0. 0200a	1. 36
M	0. 2630±0. 0159bc	1. 19
LR2	0. 2729±0. 0109ab	1. 24
LM	0. 2458±0. 0026cd	1. 11

注：表中数据以干重计算，桂牧 1 号镉含量为 4 茬平均含量。

表 4-13　有机物料和钝化剂对桂牧 1 号收获后土壤有效态镉含量及土壤 pH 的影响

处理	土壤 pH	土壤有效态镉含量（mg/kg）
CK	4. 84±0. 04e	0. 0931±0. 0030b
R1	5. 35±0. 10c	0. 0874±0. 0070bc
L	5. 84±0. 13ab	0. 0830±0. 0045c
R2	4. 95±0. 17de	0. 1128±0. 0042a
M	5. 17±0. 05cd	0. 0802±0. 0089c
LR2	5. 72±0. 30b	0. 0879±0. 0099bc
LM	6. 07±0. 07a	0. 0835±0. 0067bc

第四节　青贮玉米栽培技术

青贮玉米是指在最佳收获期收获包括果穗在内的地上部植株直接喂养，或整株切碎加工贮藏于青贮窖（塔）中发酵并以一定比例配置成饲料，或晒制干草备用（收获籽粒后的秸秆）饲喂以奶牛、肉牛、羊为主的草食家畜的玉米。青贮玉米生物产量高，营养品质好，被誉为“饲料之王”。生物产量和营养品质与玉米品种、栽培技术和收获时期有着密切关系。随着我国工业化、城镇化的快速推进，城乡居民生活水平提高，对肉、奶等畜类产品的需求量不断上升，大力发展青贮玉米市场前景广阔。

一、青贮玉米的特点与品种类型

（一）青贮玉米的特点

青贮玉米是一种特殊用途的玉米类型，不同于普通玉米。青贮玉米生物产量显著高于普通玉米的生物产量，植株较高，枝繁叶茂，持绿性好，最佳收获期在籽粒乳线1/2时收获全株；而普通玉米籽粒脱水快，在籽粒黑层出现以后收获籽粒。

青贮玉米也不同于饲草玉米，青贮玉米生物产量可达60～105t/hm^2，品质显著优于饲草玉米，粗蛋白含量大于7.0%，淀粉含量≥30%，中性洗涤纤维含量≤45%，酸性洗涤纤维含量≤22%，木质素含量≤3.0%。而饲草玉米虽然产草量高，但中性洗涤纤维、酸性洗涤纤维含量显著高于青贮玉米，适口性降低，影响牛羊对玉米秸秆的摄入量和消化率，降低草食家畜的生产能力。

青贮玉米生育期比同一生态区的普通玉米品种晚熟10天左右；生物产量比同一生态区的普通玉米高15%以上，籽粒产量比同一生态区的普通玉米高10%。青贮玉米收获时，植株后期持绿性良好，综合抗性优良，抗叶斑病能力好，在较高的种植密度下，抗倒伏倒折性能良好。

（二）青贮玉米的品种类型

青贮玉米有三种不同的类型：青贮专用型玉米、粮饲兼用型玉米和粮饲通用型玉米。

青贮专用型玉米是指产量高、品质好，只适合作为青贮的玉米品种，在灌浆末期至蜡熟前期收获包括玉米果穗在内的整株玉米，该品种类型植株高大，茎叶繁茂，生物产量可高达70t/hm^{2}以上，营养价值好，非结构性碳水化合物含量高。

粮饲兼用型玉米是指在成熟期先收获较高的玉米籽粒用作粮食或配合饲料，然后再收获青绿的茎叶用作青贮。这类品种要求成熟时茎叶青绿、汁液丰富、穗大粒多，既可在高密度下生产青饲料，又可在正常密度下生产粮食，同时收获青饲料，是我国目前应用最为广泛的一种青贮玉米。

粮饲通用型玉米是指该玉米既可作为普通玉米品种，在成熟期收获籽粒，用作粮食或配合饲料，也可用作青贮玉米品种，在乳熟期至蜡熟期收获包括果穗和茎叶在内的全株。

粮饲通用型玉米型品种耐密植，有较高的生物量潜力，同时也有较高的籽粒产量潜力。它既可用于籽粒生产，又可以用作青贮，在收获时决定收获籽粒或用作青贮，当牧草饲料产量下降时作青贮饲料用，当其他饲料充足时，生产者可收获玉米籽粒。美国作为全球最大的玉米生产国，青贮玉米以粮饲通用型玉米为主。

二、国内外青贮玉米生产概况与发展前景

青贮玉米在玉米种植面积中的比例，能体现畜牧业发展程度和农业发展水平。畜牧业发达国家青贮玉米生产面积相对较大，法国、英国和荷兰等欧洲国家以培育、种植专用型青贮玉米为主，通过全株青贮加工成青贮饲料，作为反刍家畜的主要饲料和幼畜育肥的强化饲料。2019 年欧洲青贮玉米种植面积为 614. 47 万 hm^2，占玉米种植总面积的 80% 左右。法国和德国青贮玉米面积较大，约占欧洲种植面积的一半；意大利、匈牙利、俄罗斯等国家都是青贮玉米种植和青贮饲料生产大国；英国、丹麦、卢森堡、荷兰等国种植的玉米几乎全部是青贮玉米；美国常年青贮玉米收获面积占全部玉米收获面积的 8%~12%，近几年的青贮玉米面积稳定在 266. 67 万 hm^2，青贮玉米种植区主要分布在美国中北部。

我国作为玉米生产大国，2015 年全国玉米种植面积达到 3866 万 hm^2，2018 年达到 4213 万 hm^2，主要以收获籽粒为目的，其秸秆作为饲料的比例不足 10%，即使作为饲料也多采用传统的直接饲喂法，目前青贮玉米种植面积不足玉米种植面积的 6%。

我国青贮玉米育种研究也起步较晚，生产发展滞后，20 世纪 80 年代前还没有杂交青饲玉米品种，生产上大多用粮食玉米品种生产青贮饲料，因而产量低、质量差。随着我国养殖业特别是奶牛和肉牛业的发展，青贮玉米的市场将越来越大。我国人多地少、地域辽阔，各地因地制宜发展青贮玉米，有利于缓解粮饲争地矛盾，实现粮、饲、经三元结构有机融合，还有利于优化农业种植结构，提高土地生产力，提高农民收入，促进“节粮型”畜牧业发展和集约化经营。

以粮食玉米为主发展畜牧业不能很好地利用玉米的茎秆和叶片等部分，浪费了大量的营养物质，而且秸秆焚烧造成了严重的环境污染。2015 年，农业部在全国十个省份启动了“粮改饲”试点工作，充分发挥青贮玉米在种养结合等方面的优势，助力玉米种植结构调整和农业供给侧结构性改革，随着国家农业结构调整的推行，逐年调增青贮玉米面积，因地制宜发展青贮玉米，2016 年达到 104 万 hm^2，2017 年增至 146. 67 万 hm^2，到 2020 年已超过 167 万 hm^2。

三、青贮玉米的营养价值

青贮玉米的生物产量高、品质优良、饲料回报率高，是优质的粗饲料。青贮玉米充分地利用了植物茎、秆和叶，饲养优势明显。一般在中等土壤肥力条件下，青贮玉米产鲜秸秆可达 67. 5 ~97. 5t/hm^2，比普通籽粒类玉米高 1 倍。用青贮玉米饲料喂奶牛，一个产奶期可增产鲜奶 500kg 以上，而且还可节约 20% 的精饲料。青贮玉米可比籽粒玉米多提供 2 ~3 倍的营养物质，消化率提高近 3 倍。一般干草含水量只有 14%~17%，而青贮玉米饲料含水量可达 70%，且具有酒香味，适口性好，所含营养易于消化吸收。全株青贮玉米饲

喂奶牛可增加产奶量，每天增加 2 ~ 3kg，每个生产周期多产 1 ~ 2 胎；育肥牛日增重 200g 以上，料肉比由 5 ∶ 1 下降到 3 ∶ 1，降低生产成本，提高牛肉品质。

目前青贮玉米生产机械化程度高，易于集中调制和储存，常年饲喂，可大大降低饲料成本，显著提高草食家畜养殖的经济效益。

四、青贮玉米高产栽培技术

（一）选择优良品种

因地制宜选择适合当地种植的农艺形状优良、成熟期适中、生物产量高、青贮品质优、根系发达、持绿性好、耐密抗倒、抗病抗逆、适应性广的优质专用型或粮饲兼用型青贮玉米品种。根据养殖及市场需要，结合当地自然气候特点和耕作制度，合理安排播期、合理搭配多熟制。

（二）播种技术

播种前要精细耕地，使土质松软，细碎平整后再开沟。提高播种质量，确保一播全苗。

春播时，当地表温度稳定在 8 ~ 10℃时可播种，规模化种植时，科学制定种植计划，分期播种，以便实现适期分批收获，考虑收获劳力、贮存设备等限制因素外，在适宜播种期范围内，尽量争取早播，有利于延长青贮玉米的生育期，特别是延长营养生长期；同时由于苗期气温较低，地上部分生长缓慢，幼苗生长健壮，根系发达，为中后期生长奠定良好的基础；早播还可以避开后期夏秋季节性干旱和高温等不良气候因素及减轻病虫害的影响，确保提高产量和品质。湖南省各地春播适宜播种期湘中为 3 月中下旬，湘南可提早 5 天，湘西北可推迟 5 ~ 10 天；湖南省各地秋播一般在 7 月 10 日以后，8 月 10 日之前，加大播种量，抢墒播种，防止苗期干旱，确保一播全苗。

高密度使植株之间对土壤养分和水分的需求加大，以及植株之间相互遮光，影响光合产物的积累，容易形成空秆，干物质含量下降、果穗变小和晚熟，降低青贮玉米的品质；种植过稀则没有充分利用日光、水分和养分，不利于营养物质积累，影响生物产量。一般根据品种的株型、生育期长短和土壤肥力条件确定适宜密度，中迟熟和迟熟品种适宜种植密度 5.3 万 ~6.0 万株/hm^2；中熟和中早熟品种适宜种植密度 6.6 万 ~8.1 万株/hm^2。土壤肥力较高，紧凑株型玉米品种可适当增加留苗密度。

（三）田间管理技术

根据土壤肥力、产量目标及品种需肥特点，确定施肥量，青贮玉米生物产量高，需肥量大，氮肥对青贮玉米产量影响最大，其次是磷肥、钾肥。中等肥力条件下施肥量如下：N 为 400 ~450kg/hm^2、P_2O_5为 100 ~ 150kg/hm^2、K_2O 为 150 ~ 200kg/hm^2。全部磷钾肥和氮肥总量的 30% 用作基肥，播种前一次均匀底施，在 3 ~ 4 叶期追施 10% 氮肥，做到施小苗不施大苗，促进均衡生长；在拔节后 5 ~ 10 天大喇叭口期，开穴追施 60% 的氮肥。

播后苗前喷施芽前除草剂控制杂草；苗期利用黑光灯或糖醋液诱杀地老虎；播种后田间撒施驱鸟剂防止鸟类危害玉米苗，提高群体整齐度。

3～5 叶期间苗定苗，结合追肥进行中耕除草培土。玉米喇叭口期用 1.5% 辛硫磷颗粒剂 4.5kg/hm^2，加沙土 42kg 施入土壤防治玉米螟，或者利用赤眼蜂，在玉米螟产卵始期、盛期，放赤眼蜂 22.5 万头/hm^2，以消灭玉米螟卵，防治玉米螟危害，提高青贮品质。

关键生育期遭遇干旱可适度进行节水灌溉。

（四）适时收割和青贮

青贮玉米的营养价值，除与品种有关外，还受收割时期的直接影响。专用青贮玉米的最适收获期为乳熟末期至蜡熟初期，全株含水率平均为 65%～70%，干物质含量达到 30%～35%，籽粒乳线处于 1/3～1/2 时适期收割。收获过早，则植株含水量高、成熟度不足、淀粉含量低、干物质低，将影响产量；收获过晚，黄叶增多，酸性洗涤纤维增高、消化吸收率降低，水分降低，不易压紧，导致青贮发霉变质，青贮加工质量得不到保证。青贮玉米最适收获期距玉米籽粒出现黑层，达到生理完熟，还需 7～10 天。因此，如果想最大化利用作物可生长天数，充分利用光照和积温，可采用生育期略长的品种。例如，采用普通玉米品种，正常青贮玉米最佳收获期在春播地区，只可比收获籽粒玉米早 7～10 天，不能太早收获。

收割后及时运到加工地点，尽量当天收割当天加工粉碎贮存，因地制宜选择青贮窖、青贮壕、青贮塔、青贮裹包等合适的青贮方式。将青贮玉米秸秆切碎小于 2cm、籽粒全部压碎，及时装填，均匀压实，严密封窖，防止漏水漏气。密闭发酵 6～7 周，开窖质检合格后即可饲喂家畜。

第五节　饲 料 青 贮

一、青贮饲料在农牧业系统中的作用

（一）青贮饲料对农牧业系统的影响

当青贮饲料第一次整合进农牧生产系统或显著扩增时，将对农牧场全局管理产生重要的长期影响。这不仅可增加土地生产力，也可使资源达到高效增值，产品得到科学管理控制。增加土地生产力可以通过饲草实现，或通过饲草作物代替一些饲草实现。高效增值可以在土地利用、水利用、养分利用和资金利用中实现。科学的管理控制能使预期的产品及时售出。

1. 引进青贮对现存牲畜产业管理的影响

农牧场中，确定畜牧业中是否生产青贮饲料或扩宽使用青贮饲料都可能导致耕作管理发生变化，如改变作物轮作制度以产生特定青贮作物，增加肥料使用以最大化产量并归还

青贮刈割取走的营养，改变灌溉对策以满足放牧和青贮饲料制备的需要，增加载畜率以充分利用储存的饲草，减少放牧用饲草生产或补饲料（如谷物或干草）生产对灌溉的依赖，改善农牧场灌溉用水的利用率潜力，调整干旱风险及洪涝风险等对策。

2. 草地管理

青贮饲料的生产大多是利用多余的饲草或利用专门种植的特定作物。青贮饲料生产可以和放牧管理整合，其特点在于：管理剩余饲草，改善草地利用状况；通过早期收获进行青贮，然后利用青贮后的再生及农牧场其余部分以高载畜量放牧，而提供高质量饲草；通过增加放牧压，维持草地在较长阶段内更活跃的生长力而增加饲草的生产；通过策略性刈割，减少杂草产生有活力的种子，改善杂草管理；减少某些农牧场清除枯落覆盖物的需要，以维持草地质量；利用青贮饲料进行适时饲喂，在一年内的关键阶段关闭放牧区或减少放牧强度，以改善理想草种存活及其生产力。

3. 养殖业的青贮饲料

农牧场管理应立足全局整合青贮饲料，而不是孤立看待，青贮是手段而不是目的。青贮饲料在放牧系统中有许多潜在的作用，其相对重要性在不同行业及不同地区不同。使用青贮饲料改善畜产品质量或市场顺应度；提高反季节牲畜产品供应能力和断奶幼仔的成活率；提供拓展新市场的机会和干旱、洪水和灌丛火后期的储备；改善草地管理和利用状况；减少对灌溉和购买饲料的依赖。

（二）青贮饲料在奶牛业中的作用

剩余饲草和特定作物作为青贮饲料的储存对匹配饲草料供需、草地利用状况改善和管理及奶牛场效益起到综合作用。将提高每头奶牛的奶产量，增加载畜率和农牧场的总体生产力。将剩余期的饲草存储转移至短缺期，减少了购买其他补饲料的需要，可以维持产奶量。农牧场的部分土地可以留出用于生产高产、高质特定作物进行青贮，增加农牧场饲草料的总产量，这可以进一步增加载畜率。购买饲草或作物进行青贮正在成为奶牛牧场主的有效对策，他们已充分利用了已有草资源，这样能使他们扩展经营而无须支付固定资金购买额外土地。青贮饲料可作为关键的饲草料资源，他们允许奶牛牧场主扩展和集约化他们的生产系统。通过使用青贮，增加产奶量、减少单位奶产品的一般管理费和劳动费，可以获得更好的规模经济效益。青贮饲料可以在小奶牛进入使用期以前，当饲草供应数量和质量不足以保证足够的生长速率时，作为替代用的小奶牛补饲料（沈名灿等，2014）。

（三）青贮饲料在肉牛生产中的作用

1. 全程饲喂

青贮饲料可被用作单一饲粮或附加些精料进行饲喂，适合于大规模或小规模农牧场，也适合于农牧场内的补饲场。当放牧区内可用饲草有限，不足日采食量的10%时，也可临时用作补饲草料（李忠秋和刘春龙，2010）。

2. 补充饲喂

许多情况下，青贮饲料可被用于草地的补充饲草料，以添补可用草地的质量或数量短缺。在产犊前，保证奶牛有足够的营养；在营养需要较高的产奶期，满足奶牛营养需要，这对于丰产、维持产犊格局非常重要，特别是在粗放的放牧区；维持幼畜和断奶幼畜生长速率，培育肉牛满足市场屠宰需要规格或满足进入育肥场的需要；维持小母牛生长速率以保证多产，特别是低生长速率可能导致2年龄以上小母牛不怀孕的粗放的放牧区。

3. 干旱期饲喂

当存储的青贮饲料是作为干旱期储备料时，生产者的目标是生产高质量的青贮饲料，从能量的角度讲，生产高质量青贮饲料很便宜，并能增加管理弹性。青贮饲料可以被用于维持饲养或育肥拟出售的肉牛，制定一个饲养预算，确定好维持饲养的数量或育肥数量和不能充分饲养需要出售的数量。农牧场调制的青贮饲料是高质量有价值的粗饲料资源，在干旱期，比购买干草便宜得多。有足够的青贮饲料储备，可在小片牧场上饲喂肉牛，防止牧场其他地区过载。

（四）青贮饲料在养羊业中的作用

羊肉生产者所面临的挑战是生产满足市场规格的产品。剩余饲草或特定作物生产的青贮饲料可被用于增加载畜率，补饲旺盛生长的羔羊，在饲草短缺期改善怀孕和产奶的母羊营养，并进而改善断奶羔羊在牧草短缺时期的存活率和生长率，育肥美力奴（Merino）羔羊和出口用活羊及拟淘汰的老龄羊（云鹏等，2004）。当然，青贮饲料业可以用于羔羊肥育。现在，一些生产者延长羔羊饲养时间2~3个月，以满足对体重偏大一些的嗜好，这经常需要补饲，利用补饲也可育肥淘汰的老龄羊，淘汰老龄羊的出售收入占羊和羊毛业总收入的15%~25%（杨丽瑰等，2009）。

二、青贮饲料制作的原则

（一）青贮原料组成

青贮原料组成对青贮发酵质量有重要的影响，最重要的影响是干物质含量、水溶性碳水化合物含量和缓冲能力（韩军，2015）。

1. 干物质含量

青贮原料干物质含量影响青贮储存过程中流失物的量、青贮中细菌的生长和压实的难易程度，反过来压实程度影响空气从青贮窖或青贮捆中的排出。

2. 流失物

青贮过程的早期阶段，由于压实和植物体内酶的作用及微生物活动，原料细胞结构被破坏，汁液从细胞内释放出来。如果饲草储存时干物质含量低，尤其是未萎蔫而直接从草地刈割回来的牧草或由于雨水或露水含游离水，饲草中过剩的水分（包含水溶性化合物）会从青贮窖或青贮捆流失，并且流失量与青贮用饲草干物质含量及压实程度直接相关。因此，萎蔫是减少流失损失的有效管理措施。

3. 青贮微生物生长

在发酵阶段，饲草干物质含量直接影响微生物活性。当饲草干物质含量增加及青贮 pH 下降时，所有的青贮微生物活性下降。当饲草干物质含量增加，细菌活动在较高的 pH 时即停止。因此，萎蔫的青贮具有较高的最终青贮 pH。

4. 压实和青贮密度

在制作青贮饲料时，如果饲草中干物质含量太高，更难获得合适的压实程度。如果青贮的密度低，制作青贮饲料时，有更多的氧气残留在青贮窖内，当青贮饲料打开饲喂时，将会有更多空气进入青贮饲料。青贮饲料制作过程的早期，饲草暴露于空气中，会增加呼吸作用，导致干物质和能量的损失。

5. 水溶性碳水化合物含量

有效的青贮饲料依赖于乳酸菌对水溶性碳水化合物发酵转变成乳酸的程度。为了得到发酵良好的青贮饲料，按照鲜重计算，青贮原料中水溶性碳水化合物含量应该大于2.5%。如果水溶性碳水化合物含量低于2.5%，该饲草应该首先进行适当风干使其萎蔫或者使用青贮添加剂以降低不良发酵的风险。

6. 缓冲能力

所有饲草作物都含有成为缓冲剂的各种化合物，它们可以阻止饲料 pH 的变化。饲草的大多数缓冲能力依赖于有机酸及其盐的含量，蛋白质的贡献量仅占10%~20%。在青贮饲料时易产生青贮酸，而这些缓冲剂中和了一些青贮酸，限制和延迟饲料 pH 的下降，为一些不需要的细菌的生长提供了机会。因此，当进行青贮的饲草具有较高缓冲能力时，不良发酵的风险就会增大。

（二）青贮微生物

1. 乳酸菌

属于这类的细菌发酵水溶性碳水化合物成为乳酸和其他发酵产物，乳酸菌既有同型发酵，也有异型发酵。发酵如果是同型乳酸菌起支配作用，则能更有效地利用可利用的水溶性碳水化合物，使 pH 下降更为迅速，伴随更少的干物质或能量损失。水溶性碳水化合物含量低的饲草，能否得到成功的发酵依赖于是否是同型发酵乳酸菌起支配作用。

2. 梭菌

根据所利用主要发酵物是水溶性碳水化合物和乳酸还是蛋白质，将梭菌划分为分解糖和分解蛋白质两类，另一些梭菌具备分解糖和分解蛋白质的两种活性。梭菌需要中性和湿润环境，才能生长最快，当乳酸发酵有效进行时，pH 下降，梭菌竞争能力下降，直至生长完全被抑制，萎蔫至干物质含量高于 30% 时，会严重抑制梭菌的生长。

3. 大肠杆菌

这类细菌在中性和温暖环境下达到最适生长状态，在发酵早期阶段，温暖的环境是大肠杆菌旺盛生长的理想环境。在低水溶性碳水化合物饲草中，pH 下降较慢，这些细菌很容易在发酵过程中起主导作用，如果他们占优势，将产生 pH 大约是 5.0 的醋酸盐青贮，低于这个水平，大肠杆菌的生长速率被抑制。

4. 酵母菌和霉菌

酵母菌和霉菌是真菌。尽管许多酵母菌能够在厌氧条件下生长和繁殖，大多数的生长和繁殖需要氧气。酵母菌和霉菌的生长 pH 范围为 3.8 ~ 8.0，温度范围为 0 ~ 40℃。

（三）切碎长度

青贮饲草的切碎长度也会影响青贮发酵的速率和程度，以及贮藏和动物生产过程中的损失程度。切碎长度减小，对植物细胞壁造成更大的损害，释放为青贮微生物利用的水溶性碳水化合物更快，这可以使发酵进行得更快，乳酸菌发酵使更多的水溶性碳水化合物成为乳酸。同时 pH 下降更迅速，伴随干物质和能量损失减少，蛋白质分解更少。

（四）青贮饲料制作

1. 好氧阶段

当作物被收割，好氧阶段就开始了，这包括萎蔫期及从密封到窖内厌氧条件获得之间的阶段。饲草组成的变化主要是植物酶作用的结果，在这个阶段的早期，酶类使复杂的碳水化合物降解，释放简单的小分子糖。植物酶继续利用水溶性碳水化合物进行呼吸，直到所有发酵物或可利用氧气消耗尽。植物酶也将会继续分解蛋白，使其转变为各种非蛋白氮化合物（王明月，2017）。

2. 发酵阶段

青贮窖内一旦形成厌氧环境，厌氧发酵就开始了。在这个阶段会产生酸，降低青贮 pH，阻止微生物的进一步活动，以保存青贮。直到暴露于氧气中，青贮不会腐败。缓慢的发酵会增加干物质和能量的损失，降低青贮的适口性。青贮饲料的质量和发酵产物由饲草特征和其中起支配作用的微生物决定。

（五）青贮损失

即使在管理很好的系统中，制作、储存和饲喂青贮饲料过程中也会有干物质和能量的损失。损失的类型和程度依赖于许多因素，主要包括：作物类型和组成、气候条件、青贮系统、管理。实际操作过程中，影响损失最重要的因子是管理，不良管理能显著增加损失，严重降低保存过程的效率。

三、青贮饲料添加剂

（一）添加剂的类型

根据添加剂的作用模式，添加剂分为5类：发酵促进剂，促进所希望的乳酸发酵；发酵抑制剂，直接酸化或灭菌青贮饲料，抑制不良微生物的生长；好氧腐败抑制剂，被特别地设计成为改善好氧稳定性；营养物，用以改善青贮营养价值；吸收剂，通过提高青贮干物质含量或吸收水分，阻止营养物质流失和损失（张增欣等，2006）。

1. 有机酸及其盐

在凋萎条件下，这些添加剂才会起作用。当有不良发酵的风险、低水溶性碳水化合物、低干物质饲草时，使用这些添加剂。通过酸添加剂直接酸化可使pH迅速下降，进而抑制细菌的生长和不希望的发酵活动。大量的化学物质可以作为此类添加剂使用，如甲酸、醋酸和丙酸。

2. 其他化学发酵抑制剂

这类化学物质通常是杀菌剂，能够抑制所有微生物的生长或具有特定活性，抑制特定的腐败酸微生物。除了福尔马林（通常是35%甲醛溶液，w/w）和亚硝酸盐，其他化学物质几乎没有经过试验测试，可被用作商业添加剂。

3. 添加剂的应用

添加剂均匀添加很重要，这可使添加剂发挥最大功效。一种方式是通过牧草收割机将添加剂均匀加入到牧草中，该方法是将添加剂置于收割机的粉碎室或者分装槽的后方（基部）；另一种是通过打捆机在草捆通过时喷入添加剂。但前一种方式添加剂的混合效果比后一种方式好。添加剂也可以在青贮窖内使用，尤其是需添加大量的、体积大的添加剂（如糖蜜）。当在青贮捆系统使用大体积的添加剂时，唯一的选择是在收草之前把添加剂洒在草垫上，这可能造成添加剂的一些损失（徐炜等，2014；刘祯等，2012；刘祯，2012）。

四、青贮设施

生产中采用的青贮设施，有青贮窖、青贮壕、青贮塔和青贮用塑料袋，现在还有草捆塑料密封青贮（吴景刚等，2006）及地面塑料膜密封青贮等。

（一）青贮窖和青贮壕

青贮窖（壕）有地下式和半地下式两种。青贮窖应建在地下水位低、地势较高、干燥的地方。在地下水位高的地方，多采用半地下式和地上式；而在实际生产中多采用地下式。贮量少时多用圆形青贮窖，而贮量多时，则以长方形沟状的青贮壕为好。青贮窖的长宽要上下一致，底部成弧形。青贮壕的地面应倾斜，以利于排水。青贮壕（窖）最好用砖石砌成永久性的，以保证密封性，提高青贮效果。青贮壕的优点是便于人工或半机械化机具装填压紧和取料，可从一端开窖取用饲草，对建筑材料要求不高，造价低；缺点是密封性较差，养分损失较大，需要较多人力。

（二）青贮塔

在地下水位高、气候温暖的地带，可建青贮塔。建塔材料可用不锈钢、水泥和硬质塑料，使之坚固耐用，密封性能好。塔高宜选取 12 ~ 14m 或更高，直径为 3. 5 ~ 6m。在塔的一侧，每隔 2m 留一个 0. 6m×0. 6m 的窗口，以便于装取料。塔内装满饲料后，发酵过程中受饲料自重的挤压而有汁液流向塔底，其汁液量大，为了排出汁液，底部装有排液装置。青贮塔顶装有呼吸装置，当塔内气体膨胀和收缩时，要保持常压。

（三）青贮用塑料袋

应用塑料袋装青贮饲料是国外 20 世纪 70 年代中期到 80 年代初发展起来的一项新技术，其主要特点是不需要青贮塔和青贮窖来储存青贮饲料，而是直接将所需青贮饲料在自然状态下晾晒，使被贮物料中的水分达到青贮所需的含水量时，通过袋装青贮装填机进行切碎、压实后装入青贮用塑料袋中，经过乳酸发酵而获得高品质的青贮饲料。与青贮塔和青贮窖相比较，最大的不同是，它可作为商品直接进入饲料市场，不受地域条件的限制，从而扩大了青贮饲料的种植面积和使用范围。

（四）草捆塑料密封青贮

草捆塑料密封青贮，即用打捆机将新鲜青绿牧草打成草捆，利用塑料密封发酵而成。牧草含水量控制在 65% 为好，其主要有以下几种形式：草捆装袋青贮，将大圆草捆或小方草捆分别装入塑料袋，系紧袋口密封，然后堆垛。裹包式草捆青贮，用高拉力塑料薄膜缠裹在圆草捆上，使草捆与外界空气隔绝，这种方法免去了装袋、系口等手续，生产效率高，有利于运输；同时，由于塑料紧贴草捆，内部残留空气少，有利于厌氧发酵。堆式大圆草捆青贮，将大圆草捆压成紧凑垛后，再用大块结实塑料布将其裹紧盖严，顶部用土或沙袋压实，使其不透气。但要注意草垛不宜过大，务必使每个草垛打开饲喂后能在一周之内喂完，以免引起二次发酵变质。

（五）地面塑料膜密封青贮

在地下水位较高的地方，可采用地面青贮。常用的砖壁结构的地上青贮窖，其壁高

2～3m，顶部呈隆起状，以免受季节性降水的影响。通常将饲草逐层堆积在窖内，装满压实后，顶部用塑料膜密封，并且在其上面压以重物。除了地面青贮外，也可采用堆贮。将青贮原料按照青贮操作程序堆积于地面；压实后，垛顶及四周用塑料薄膜封严。堆贮应选择地势较高而平坦的地块，先铺一层破旧的塑料薄膜，再将一块完整的稍大于堆底面积的塑料薄膜铺好，然后将青贮原料堆放其上，并逐层压紧，再用一块完整的塑料薄膜将垛顶四周盖严，并将四周与垛底的塑料薄膜重叠封闭好，然后用真空泵抽出空气，使其呈厌氧状态。塑料薄膜外面可用草帘等物料予以保护。不论袋贮、草捆贮或地面堆贮，在贮存期都应该注意防鼠害，防塑料薄膜破裂，以免引起二次发酵。

袋贮及地面青贮所用塑料薄膜的颜色，不尽一致。用黑色的可防止紫外线对塑料和饲料的破坏作用，但是在夏季炎热地区，强烈的阳光照射，使黑色袋内的温度达50℃以上，不利于乳酸菌发酵；使用外白内黑塑料，可避免上述弊病；使用棕色或蓝色塑料，效果也较好。

参 考 文 献

曹惠芳. 1988. 世界饲料工业的发展概况特点及趋势分析（综述）. 贵州畜牧兽医，(2)：18～22

曹亦芬，封兴民，许应琮，等. 1997. 五种不同刈割期牧草草粉的氨基酸与微量元素含量研究. 西北民族学院学报（自然科学版），18（1）：38～41

陈金龙，闫景彩. 2009. “桂牧一号”的生产性能及其在动物生产中的应用. 饲料与畜牧，(9)：28～30

陈俊敏，张教平，陈超平，等. 2006. 潮汕农区规模舍饲条件下草食畜禽草料均衡稳定的供应技术. 畜牧兽医科技信息，5：90～92

陈敏，宝音陶格涛，孟慧君，等. 2000. 人工草地施肥试验研究. 中国草地，1：20～25

陈韬，姚洪炎. 2009. 优良牧草黑麦草的栽培与利用. 贵州畜牧兽医，33（4）：42～43

陈艳霞，南张杰，潘金豹，等. 2016. 青贮玉米不同器官对产量和品质的影响. 北京农学院学报，(3)：16～22

陈勇，罗富成，毛华明，等. 2009. 施肥水平和不同株高刈割对王草产量和品质的影响. 草业科学，26（2）：72～75

程广伟，杨浩哲，王跃卿，等. 2004. 种草养畜七要点. 河南畜牧兽医，25（5）：27

池银花，张爱华. 2003. 氮肥对禾本科牧草一黑麦草产量和品质的影响. 福建畜牧兽医，25（6）：29～30

储祥云，何振立，黄昌勇. 1999. 一些牧草的耐酸性及磷、钾、镁肥对牧草的影响. 浙江大学学报，25（4）：383～386

崔禄，张玉霞. 2012. 氮肥对禾本科牧草的生长特性和产量的影响. 吉林农业（学术版），(9)：107

戴建军，石发庆，张海军，等. 2001. 黑龙江省西部草地土壤磷素状况及调控. 中国草地，23（3）：45～48

德科加，徐成体，周青平. 2000. 饱和D——最优设计在草地施肥研究中的应用. 青海畜牧兽医杂志，30（4）：11～12

丁成龙. 2008. 多花黑麦草在南方农区农业结构中的作用及其栽培利用技术. 中国养兔，(11)：15～17

丁海荣，杨智青，钟小仙，等. 2013. 施氮水平与播种量对盐城地区多花黑麦草生育性状的影响. 安徽农业科学，41（23）：9615～9617，9620

范雪梅，姜东，戴廷波，等. 2006. 不同水分条件下氮素供应对小麦植株氮代谢及籽粒蛋白质积累的影

响 . 生态学杂志，25（2）：149 ~ 154
冯兆忠，王效科，段晓男，等 . 2003. 不同氮水平对春小麦光合速率日变化的影响 . 生态学杂志，22（4）：90 ~ 92
韩军 . 2015. 浅谈青贮饲料制作技术 . 甘肃畜牧兽医，（8）：72 ~ 74
洪绂曾 . 2000. 谈谈饲料作物和牧草与种植业结构调整的问题 . 作物杂志，2：1 ~ 4
洪绂曾 . 2009. 发展饲草作物推进现代农牧业 . 牧草与饲料，3（3）：3 ~ 6
胡春花，张吉贞，孟卫东，等 . 2015. 不同栽培措施对青贮玉米产量和营养品质的影响 . 热带作物学报，（5）：847 ~ 853
胡巍，曾强，卞云龙 . 2012. 青贮玉米生物量与主要农艺性状的关系 . 江苏农业科学，40（12）：220 ~ 221
胡玉敏，程利，韩宝萍，等 . 2017. 青贮玉米施肥效应及经济合理施肥量确定 . 内蒙古农业大学学报（自然科学版），（1）：18 ~ 22
华荣江，朱孔欣，张东旭，等 . 2014. 青贮玉米高产栽培技术农艺措施 . 农业工程，（6）：120 ~ 122
黄勤楼，钟珍梅，陈恩，等 . 2010. 施氮水平与方式对黑麦草生物学特性和硝酸盐含量的影响 . 草业学报，19（1）：103 ~ 112
霍成君，韩建国，洪绂曾，等 . 2001. 刈割期和留茬高度对混播草地产草量及品质的影响 . 草地学报，9（4）：257 ~ 264
李海玲 . 2016. 饲料加工工艺流程 . 乡村科技，（24）：39
李青，王历宽，何毅，等 . 2001. 高寒牧区多年生豆禾牧草混播刈割草场建设示范 . 甘肃畜牧兽医，31（6）：4 ~ 6
李松岭，刘山妹，陈冠军 . 2004. 发展种草养畜的关键措施 . 河南畜牧兽医，25（3）：32
李文庆，徐保民，冯永军，等 . 2003. 氮肥对黑麦草生长及其内部组分的影响 . 中国草地，25（1）：27 ~ 30，68
李文西，鲁剑巍，鲁君明，等 . 2009. 苏丹草–黑麦草轮作制中施肥对饲草产量、养分吸收与土壤性质的影响 . 作物学报，35（7）：1350 ~ 1356
李小坤，鲁剑巍，鲁君明，等 . 2006. 磷肥用量对黑麦草产量及经济效益的影响 . 草业科学，2（10）：18 ~ 22
李小坤，鲁剑巍，鲁君明，等 . 2007. 氮磷肥配施对黑麦草产量及养分吸收的影响 . 华中农业大学学报，26（2）：195 ~ 198
李小坤，鲁剑巍，陈防 . 2008. 牧草施肥研究进展 . 草业学报，17（2）：136 ~ 142
李志坚，祝廷成，秦明 . 2009. 不同施肥水平与组合对饲用黑麦经济效益的影响及施肥决策 . 草业学报，18（3）：148 ~ 153
李忠秋，刘春龙 . 2010. 青贮饲料的营养价值及其在反刍动物生产中的应用 . 家畜生态学报，（3）：95 ~ 98
梁志霞，宋同清，曾馥平，等 . 2013. 氮素和刈割对桂牧 1 号杂交象草光合作用、产量和品质的影响 . 生态学杂志，32（8）：2008 ~ 2014
林茗 . 2005. 土壤中磷肥化学形态变化对磷肥有效性的影响 . 四川农业科技，（6）：36
刘春晓，吴宏军，王晓燕，等 . 2004. 青贮玉米利用价值及对奶牛产奶量的影响 . 内蒙古草业，（1）：4 ~ 5
刘大林，马晶晶，邱伟伟，等 . 2011. 不同品种多花黑麦草在扬州的适应性比较 . 草业科学，28（12）：2157 ~ 2161

刘高军，韩建国，魏臻武，等 . 2011. 施氮量对一年生黑麦草生长特性的影响 . 草原与草坪，31（1）：33 ~ 36，41
刘景辉，赵宝平，焦立新，等 . 2005. 刈割次数与留茬高度对内农 1 号苏丹草产草量和品质的影响 . 草地学报，（2）：93 ~ 96
刘小飞，孟可爱，何华西，等 . 2011. 氮肥对桂牧一号产草量和山羊体外降解率的影响 . 饲料研究，1：56 ~ 58
刘小飞，孟可爱，李科云 . 2006. 氮肥对"桂牧一号"杂交象草产量与品质的影响 . 江西农业学报，18（2）：84 ~ 86
刘小飞，孟可爱，李科云 . 2013. 氮肥对桂牧一号杂交象草叶绿素、含氮物含量和转氨酶活性的影响 . 西北农林科技大学学报（自然科学版），41（12）：43 ~ 48
刘小飞，孟可爱 . 2013. 不同茬次桂牧一号营养成分对尿素和碳铵的响应 . 草业科学，30（11）：1790 ~ 1795
刘小飞，唐晓玲，阳素兰 . 2008. 不同形态氮肥对桂牧一号杂交象草农艺性状和产量的影响 . 畜牧与饲料科学，3：34 ~ 37
刘晓伟，杨娟，李文西，等 . 2010. 氮磷钾肥施用对多花黑麦草越冬期生理指标和产草量的影响 . 草地学报，18（4）：584 ~ 588
刘祯 . 2012. 青贮添加剂对全株玉米青贮品质的影响 . 乌鲁木齐：新疆农业大学
刘祯，李胜利，余雄，等 . 2012. 青贮添加剂对全株玉米青贮有氧稳定性的影响 . 中国奶牛，（20）：26 ~ 29
楼辰军，楼辰辉，李凤华，等 . 2008. 青贮玉米的发展现状及栽培技术 . 农业科技通讯，（10）：109 ~ 111
吕贵喜，吕世秀 . 2001. 21 世纪我国畜牧兽医技术发展方向 . 饲料广角，6：10 ~ 12，16
孟可爱，刘小飞 . 2011. 氮肥种类和用量对桂牧一号杂交象草光合特性及产量的影响 . 广东农业科学，15：53 ~ 55
孟令聪，路明，张志军，等 . 2016. 我国青贮玉米育种研究进展 . 北方农业学报，（4）：99 ~ 104
穆秀明，田树飞，陈哲凯，等 . 2011. 青贮玉米秸秆的饲用价值分析 . 畜牧与饲料科学，32（6）：89 ~ 90
南京农学院 . 1980. 饲料生产学 . 北京：中国农业出版社
任继周 . 2013. 我国传统农业结构不改变不行了——粮食九连增后的隐忧 . 草业学报，22（3）：1 ~ 5
沈名灿，罗佳捷，张彬 . 2014. 青贮工艺及青贮饲料在奶牛生产中的应用研究 . 中国乳业，（9）：45 ~ 48
史枢卿 . 2017. 青贮玉米品种的选择（上）. 中国乳业，（4）：48 ~ 54
舒莲梅，高建峰 . 2006. 饲料加工技术未来发展探讨 . 粮食与食品工业，（5）：44 ~ 47
苏亚丽，张力君，孙启忠，等 . 2011. 水肥耦合对敖汉苜蓿营养成分的影响 . 草地学报，19（5）：821 ~ 824
孙京魁 . 2000. 刈割期和晒制方法对苜蓿青干草粗蛋白和粗纤维含量的影响 . 草原与草坪，（2）：26 ~ 28
孙铁军，韩建国，赵守强 . 2005. 施肥对扁穗冰草种子发育过程中生理生化特性的影响 . 草地学报，（2）：87 ~ 92
王明月 . 2017. 青贮饲料的制作及其有氧管理 . 畜牧兽医科技信息，（6）：131 ~ 132
王婷，段震宇，桑志勤，等 . 2015. 普通玉米与青贮玉米干质量积累及各器官分配规律 . 西北农业学报，（9）：51 ~ 55
王小山，刘高军，魏臻武 . 2010. 不同氮肥用量对多花黑麦草和小麦产量、效益的影响 . 江苏农业科学，（6）：331 ~ 333
王亦欣，张琳静 . 2014. 如何选择适宜的牧草品种 . 当代畜禽养殖业，（8）：64

王永昌 . 2012. 饲料加工过程中水分变化及其控制 . 饲料工业，(19)：1 ~ 8
王振荣，徐翠侠 . 2011. 青贮玉米利用价值及发展前景 . 内蒙古农业科技，(1)：4 ~ 5
魏臻武 . 1992. 苜蓿鲜草、田间调制干草、压制饲草的产量和成分 . 牧业译丛，3：25 ~ 27
温洋，金继运，黄绍文，等 . 2005. 不同磷水平对紫花苜蓿产量和品质的影响 . 土壤肥料，(2)：21 ~ 24
吴景刚，冯源，黄庆辉 . 2006. 饲料青贮技术与设施 . 农机化研究，(7)：44 ~ 45
肖润林，单武雄，方宝华，等 . 2008. 喀斯特峰丛洼地桂牧一号杂交象草对不同追施氮肥水平的响应 . 生态学杂志，27 (5)：735 ~ 739
谢拥军 . 2010. 桂牧一号杂交象草的栽培与利用 . 岳阳职业技术学院学报，25 (6)：83 ~ 85
徐明岗，张久权，文石林 . 1997. 南方红壤丘陵区牧草的肥料效应与施肥 . 草业科学，14 (6)：21 ~ 23
徐寿军，刘志萍，张凤英，等 . 2012. 氮肥水平对冬大麦产量、品质和氮肥利用效率的影响及其相关分析 . 扬州大学学报：农业与生命科学版，33 (1)：66 ~ 71
徐炜，师尚礼，祁娟，等 . 2014. 不同添加剂对夏河县紫花苜蓿青贮品质的影响 . 草地学报，(2)：414 ~ 419
徐艳荣，仲义，代秀云，等 . 2017. 我国青贮玉米的发展现状及种质改良 . 东北农业科学，(1)：8 ~ 11
闫景彩，陈金龙 . 2009. 氮磷钾配施时田周地种植桂牧一号杂交象草产量及效益的影响 . 草业科学，26 (12)：98 ~ 102
杨国航，吴金锁，张春原，等 . 2013. 青贮玉米品种利用现状与发展 . 作物杂志，(2)：13 ~ 16
杨红丽，陈功，吴建付 . 2011. 施氮水平对多花黑麦草植株氮含量及反射光谱特征的影响 . 草业学报，20 (3)：239 ~ 244
杨丽瑰，王霞，魏钊 . 2009. 玉米秸秆青贮饲喂育肥羊的效果试验分析 . 甘肃畜牧兽医，39 (1)：14 ~ 15
杨雄，马群，张洪程，等 . 2012. 不同氮肥水平下早熟晚粳稻氮和磷的吸收利用特性及相互关系 . 作物学报，38 (1)：174 ~ 180
于德洪 . 1999. 农用袋装系统贮存饲料技术 . 中国奶牛，2：30 ~ 31
云南省草地学会编著 . 2001. 南方牧草及饲料作物栽培学 . 昆明：云南科技出版社
云鹏，路永强，姚光光，等 . 2004. 青贮型全混日粮饲喂繁殖母羊试验研究 . 中国草食动物，(S1)：32 ~ 35
臧福君，滕兴军，高淑玲，等 . 1999. 苜蓿草场高产建植技术措施 . 草业科学，16 (1)：25 ~ 26，32
曾宪坤 . 1999. 磷的农业化学（Ⅲ）. 磷肥与复肥，14 (3)：54 ~ 56
张国华 . 2007. 牛过食豆科牧草引起瘤胃臌胀的综合防治措施 . 云南畜牧兽医，1：33
张健 . 1999. 三峡库区草地畜牧业发展前景分析 . 四川草原，3：57 ~ 59
张凌洪 . 2012. 浅谈紫花苜蓿的种植及利用技术 . 中国畜禽种业，8 (1)：28 ~ 29
张秋芝，潘金豹，南张杰，等 . 2007. 不同种植密度对青贮玉米品质的影响 . 北京农学院学报，(2)：10 ~ 12
张晓佩，高承芳，刘远，等 . 2013. 氮肥对两个品种多花黑麦草生长和生理的影响 . 家畜生态学报，34 (7)：35 ~ 38
张晓庆，穆怀彬，侯向阳，等 . 2013. 我国青贮玉米种植及其产量与品质研究进展 . 畜牧与饲料科学，(1)：54 ~ 57，59
张增欣，邵涛 . 2006. 青贮添加剂研究进展 . 草业科学，(9)：56 ~ 63
赵万庆，岳尧海，张志军，等 . 2009. 青贮玉米栽培和发展前景的探讨 . 畜牧与饲料科学，30 (3)：54 ~ 55
甄莉，陈勇 . 2003. 从产量和品质的角度筛选云南奶牛青饲料轮供的饲草品种 . 草食家畜，121 (4)：

42～44

周佳萍，杨在宾，王景成，等. 2007. 饲料加工处理与营养物质利用率关系的研究和应用技术. 饲料工业，(21)：8～10

左应梅，黄必志. 2006. 云南牧草引种概况及草业发展建议. 四川草原，127 (6)：33～35，39

Balázs J，Németh I，Hoffmann S. 2004. Effect of nitrogen fertilization on the yield of winter wheat and N-leaching. Archives of Agronomy and Soil Science，50：85～90

Fensham R J，Holmar J E，Cox M J. 1999. Plant species responses along a grazing disturbance gradient in Australian grassland. Journal of Vegetation Science，10：77～86

第五章 肉牛养殖

肉牛产业是我国畜牧业的重要组成部分，自20世纪80年代以来我国肉牛生产得到了快速的发展，目前我国肉牛产量已跃居世界第三位。肉牛生产可以增加农民收入，提高节粮型畜种比重，保证国家粮食安全，还可以调整居民膳食结构，改善人民生活。随着经济社会的高速发展，人民生活水平的提高，肉牛产业逐渐成为我国畜牧业中极为重要的产业之一。

第一节 肉牛养殖场建设

肉牛养殖场（简称牛场）的建设与环境质量控制是肉牛绿色养殖中重点控制的主要环节之一。生产优质牛肉需要良好的环境，了解肉牛需求的适宜环境条件，掌握牛场场址选择的原则和依据，进行科学规划与合理设计和布局，并根据各地区环境条件及生产目的，采用适宜的建设形式，合理配置辅助性设施，有效防止环境污染等因素的影响，是生产优质牛肉所必需的。为防止养牛生产造成的环境污染，设计与防治应同时施工、同时投产，以保证养牛场建成后，各种排放标准的要求达到发展生产和环境保护的双赢目标。本节主要介绍牛场场址选择与科学布局、肉牛舍建设和辅助设施建设，重点介绍肉牛舍的建设。

一、牛场场址选择与科学布局

（一）肉牛场的环境要求

1. 场址要求

肉牛的生产性能（即表型值）受遗传因素（即基因型值）与环境效应（包括营养因素、饲养管理因素和牛舍内环境因素等）的影响。基因型值是肉牛群的遗传品质，即品种效应，它能否表达完全与环境因素（常包括土壤质量、水质要求和空气质量等）有关，理想而有利的环境，有利于肉牛的生长发育，可使基因型值得到充分表达。场址选择、牛舍设计、场区布局等都必须符合牛对环境的要求。

为了确保牛场不污染周围环境，周围环境也不污染牛场环境，牛场应建在地势高、干燥、通风、排水良好和易于组织防疫的地方，场区周围1000m以内无大型化工厂、采石场、皮革厂、屠宰场、畜禽及其产品交易市场，距离干线公路、铁路、城镇、居民区、公共场所及其他养殖场应在500m以上。

2. 土壤质量

土壤环境质量应符合《土壤环境质量标准 农用地土壤污染风险管控标准（试行）》（GB 15618—2008）的规定。

3. 水质要求

水源充足，水质符合《畜禽饮水用水水质》（NY 5027—2001）的规定。

4. 空气质量

场区环境空气质量符合《环境空气质量标准》（GB 3095—2012）的规定。

（二）肉牛场场址的选择

肉牛场是集中饲养肉牛的场所，是肉牛生活的小环境，也是牛肉生产场所和生产无公害牛肉的基础。健康牛群的培育依赖于防疫设备和措施完善的肉牛场。

1. 场址选择的原则

场址选择的原则包括如下几个方面：符合肉牛的生物学特性和生理特点，有利于保持牛体健康，能充分发挥其生产潜力，最大限度地发挥当地资源和人力优势，有利于环境保护，能保障安全环境。根据上述原则，最大限度地满足上述要求进行选址是关系肉牛场经济效益的首要条件。需合理地、多层次地利用现代科学技术，充分发挥可更新自然资源优势，使肉牛生产最终少投入、多产出、无污染，形成经济、社会和生态效益等良性循环的产业。

2. 场址选择的依据

（1）地理位置与交通条件

牛场的位置应选在离饲料生产基地和放牧地较近，交通、供电、供水方便的地方；但不要靠近城镇、工矿企业、畜产品加工厂和居民住宅区，以防止相互造成污染；也不要靠近居民生活水源地，以防止污染水源。因此，牛场应选择在居民点的下风向下方，距离居民点 500m 以上，其海拔不得高于居民点。为避免居民区与肉牛场的相互干扰，可在两者之间建立树林隔离区。

便利的交通是牛场对外进行物质交流的必要条件，但在距公路、铁路、飞机跑道过近处建场，交通工具所产生的噪声会影响牛的休息与消化，人流和物流过往频繁也易传染疾病，所以牛场应选择距离主要交通干线 500m 以上、一般交通线 200m 以上、便于病原防疫的地方。

（2）地形地势

牛场的场址，地形要开阔、不过于狭长和不宜边角太多。地形过于狭长，会影响场内建筑物的布局，拉长了作业线的距离，给生产管理和机械设备的使用均带来不便。边角太多，场界拉长，不利于防疫。此外，场地应充分利用自然地形地貌，如利用原有林带、树木、山岭、沟谷、河川等作为场界的天然屏障。

牛场场址应选在地势高、干燥、背风向阳、空气流通、土质坚实、地下水位低、排水良好、具有缓坡的地方。这样的地形地势可防潮湿，有利于排水，便于牛体生长发育，防止疾病的发生。牛场应与河岸保持一定距离，特别是在水流湍急的河道旁建场时更要注意，场址一般要高于河岸，最低应高出当地历史洪水线以上。场址地下水位应在2m以下，即最高地下水位需在青贮窖底部0.5m以下，这样可以避免雨季洪水的威胁，减少土壤毛细管水上升而造成的地面潮湿。场址要向阳背风，以保证场区小气候湿热状况能够相对稳定，减少冬春季风雪的侵袭，特别是要避开西北方向的风口和长形谷地。如果是坡地，则应选择向阳坡（向南或东南），地面坡度1%~3%较为理想，最大坡度不得超过25%，总坡度应与水流方向相同。

丘陵山区的峡谷则光照不足，空气流通不畅，不利于牛体健康和正常生产作业，且会缩短建筑物的使用年限；高山山顶虽然地势高，相对湿度较低，但风势大，气温变化剧烈，交通运输也不方便。这类地方都不宜选作牛场场址和修建牛舍。

3. 土壤条件

牛场场区应选择清洁、未被污染的地段。在选址时，首先要了解当地是否有地方性氟病（氟骨症与氟斑牙）、地方性甲状腺肿、缺硒症或地方性硒中毒等情况，应避免在这类地区建场。牧场场地的土质以沙壤土最为理想。沙壤土介于沙土和黏土之间，透气性和透水性好，毛细管作用弱，蒸发慢，导热性小，这样可以保证场内较干燥，地温较恒定，是较理想的肉牛场场址土壤。肉牛场土壤环境质量要求见表5-1。

表5-1 肉牛场土壤环境质量要求 （单位：mg/kg）

项目	pH<6.5	6.5≤pH≤7.5	pH>7.5
镉	≤0.30	≤0.60	≤1.0
汞	≤0.30	≤0.50	≤1.0
砷（水田）	≤30	≤25	≤20
砷（旱地）	≤40	≤30	≤25
铜（农田等）	≤50	≤100	≤100
铜（果园）	≤150	≤200	≤200
铅	≤250	≤300	≤350
铬（水田）	≤250	≤300	≤350
铬（旱地）	≤150	≤20	≤250
锌	≤200	≤250	≤300
镍	≤40	≤50	≤60

4. 水源

场址水量应充足，能满足牛场内的人畜饮用及其他生产生活用水，并应考虑防火和未来发展的需要。肉牛场需水量按成年牛需要量计算，每头成年肉牛每日耗水量为45～60kg。

可供肉牛场选择的水源有3类，即地表水（江、河、湖、水库等）、地下水和雨水。地下水最为理想，地表水次之，雨水易被污染，最好不用。无论哪种类型，水质要良好，不经处理即能符合饮用标准的水最为理想。如果利用地下水，需在建场之前先打井，并了解水质和水量等情况。如果利用地表水，需了解水量和水源卫生状况，必要时进行水质分析，并合理选择取水位置（表5-2～表5-6）。

表5-2 绿色食品产地农田灌溉水中各项污染物的浓度限值

项目	指标	项目	指标
pH	5.5～8.5	总铅（mg/L）	0.1
总汞（mg/L）	0.001	六价铬（mg/L）	0.1
总镉（mg/L）	0.005	氟化物（以F^-计，mg/L）	2.0
总砷（mg/L）	0.05		

表5-3 畜禽饮用水中农药限量指标 （单位：mg/L）

项目	限值	项目	限值
马拉硫磷	0.25	林丹	0.004
内吸磷	0.03	百菌清	0.01
甲基对硫磷	0.02	甲萘威	0.05
对硫磷	0.03	2,4-D	0.1
乐果	0.08		

表5-4 绿色食品产地畜禽养殖用水各项污染物的浓度限值

项目	限值	项目	限值
色度	15度，无异色	总汞（mg/L）	0.001
浑浊度	3度	总镉（mg/L）	0.01
臭和气味	无异臭、异味	六价铬（mg/L）	0.05
肉眼可见物	不得含有	总铅（mg/L）	0.05
总大肠杆菌（个/L）	3	细菌总数（个/ml）	100
氰化物（mg/L）	0.05	氟化物（以F^-计，mg/L）	1.0
总砷（mg/L）	0.05	pH	6.5～8.5

表 5-5 畜禽饮用水水质标准

项目		标准值
感官性状及一般化学指标	色度（度）	色度不超过 30
	浑浊度（度）	不超过 20
	臭和气味	不得有异臭、异味
	肉眼可见物	不得含有
	总硬度（以 $CaCO_3$ 计，mg/L）	≤1500
	pH	5.5～9
	溶解性总固体（mg/L）	≤4000
	氯化物（Cl^-，g/L）	≤1000
	硫酸盐（SO_4^{2-}，mg/L）	≤500
细菌学指标	总大肠杆菌（个/L）	成年畜 100，幼畜 10
毒理学指标	氟化物（以 F^- 计，mg/L）	≤2.0
	氰化物（mg/L）	≤0.2
	总砷（mg/L）	≤0.2
	总汞（mg/L）	≤0.01
	总铅（mg/L）	≤0.1
	六价铬（mg/L）	≤0.1
	总镉（mg/L）	≤0.05
	硝酸盐（以 N 计，mg/L）	≤30

表 5-6 畜禽产品加工用水

项目		卫生要求
感官性状及一般化学指标	色度	色度不超过 20 度，不得呈现其他异色
	浑浊度	不得超过 3 度，特殊情况不超过 5 度
	臭和味	不得有异臭、异味
	肉眼可见物	不得含有
	总硬度（以 $CaCO_3$ 计，mg/L）	≤550
毒理学指标	氟化物（以 F^- 计，mg/L）	≤1.2
	氰化物（mg/L）	≤0.05
	总砷（mg/L）	≤0.05
	总汞（mg/L）	≤0.001
	总铅（mg/L）	≤0.05
	六价铬（mg/L）	≤0.05
	总镉（mg/L）	≤0.01
	硝酸盐（以 N 计，mg/L）	≤20

续表

项目		卫生要求
微生物指标	总大肠杆菌（个/100ml）	≤1
	粪大肠杆菌（个/100ml）	0

5. 饲草饲料资源

饲草饲料的来源，尤其是粗饲料的来源，决定着牛场的规模，一般应考虑半径5km内的饲草饲料资源。距离太远经济成本太高，根据有效范围内年产各种饲草、秸秆总量，减去原有草食家畜消耗量，剩余的富裕量便可决定牛场规模（表5-7、表5-8）。

表5-7　粗饲料年产量（风干物）　　（单位：kg/km^2）

种类	籽实产量	秸秆产量
玉米	9 000	10 500 ~ 13 500
谷子	4 500	6 000 ~ 6 750
麦类	4 500	4 500 ~ 5 250
水稻	6 000	6 000 ~ 6 750
豆类	3 000	3 000 ~ 3 750

表5-8　中等体型各年龄段牛用草/料计算（风干物）　　[单位：kg/(年・头)]

种类	精饲料	粗饲料	备注
育肥成年牛	1500	3000 ~ 3500	以平均日增重1.2kg计算
育肥育成牛	700	2000 ~ 2300	6 ~ 18月龄平均
犊牛	400	400 ~ 500	0 ~ 6月龄平均
母牛	700	3200 ~ 3700	包括哺乳犊牛与妊娠母牛平均

6. 其他

牛场场地的大小可根据最大存栏牛数和饲养牛群的类别，结合长远规划来确定。各种用地每头牛按20 ~ 40m^2计算，繁育场大些，育肥场小些。

牛场场址必须符合兽医卫生要求，一般不宜在其他养殖场建场，以避免毁灭性传染病的发生。牛场周围不应有污染严重的化工、屠宰、制革和制药等厂址，也不能有牲畜贸易市场，其距离应大于3km；以放牧为主的肉牛场，其牧道不得与主要交通线、铁路等交叉，以确保行走安全。

二、牛场建设和辅助设施建设

（一）场地规划与布局

1. 牛场规划原则

牛场的规划和布局应本着因地制宜和科学管理的原则，以整齐、紧凑、提高土地利用率、节约基建投资、经济耐用、有利于生产管理和便于防疫、安全为目标，做到各类建筑合理布局，协调一致，符合发展远景规划；符合牛的饲养和管理技术要求，配置牛舍及其他房舍，要考虑放牧与交通方便，便于给料给草、运输牛和粪，适应机械化工作的要求；符合防疫卫生和防火的要求。宿舍距离牛舍50m以上，牛舍之间应有隔离带，场区应有良好的供水、排水设备及绿化区，舍内配置应考虑兽医卫生要求，牛舍内的运粪口应通运动场，或设在牛舍的一端，不可与运草料共用一个出口，贮粪池离牛舍不少于50m。兽医室及病牛隔离室应建在下风向、距离牛舍300m外的地方，并有围墙隔开。运动场距离牛舍6～8m，四周应植树绿化，以防风、防暑，面积可按每头成年牛20m^{2}和幼牛15m^{2}计算。人工授精室设在牛场的一侧，距离牛舍50m以上。

2. 平面布局

场地选定之后，需根据地形、地势和当地主风向，计划和安排牛场不同功能区、道路、排水、绿化等地段的位置。分区规划首先从人畜保健的角度出发，使区间建立最佳生产联系和环境卫生防疫条件来合理安排各区位置，考虑地势和主风方向进行合理分区。肉牛场根据功能可划分为生产管理区、生活区、消毒池、精料加工库、干草库、育肥牛区、隔离牛区、堆肥场、硬化晒草集氨化场、青贮池和绿化区（图5-1）。

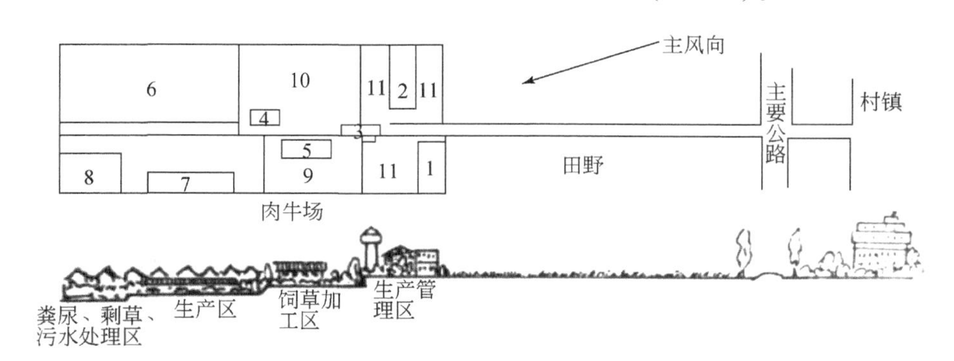

图5-1 牛场育肥场布局示意图

1. 生产管理区；2. 生活区；3. 消毒池；4. 精料加工库；5. 干草库；6. 育肥牛区；7. 隔离牛区；8. 堆肥场；9. 硬化晒草集氨化场；10. 青贮池；11. 绿化区

（1）职工生活区

职工生活区（包括居民点），应在全场上风和地势较高的地段，以下依次为生产管理区、饲养生产区。这样配置不会导致肉牛场产生的不良气味、噪声、粪尿和污水污染居民生活环境，以及人畜共患疫病的相互影响，也不会因为无关人员随意进入而影响防疫。

（2）辅助生产区

牛场的经营活动与社会有着密切的联系。规划时，充分考虑饲料和生产资料的供应、产品的销售便捷等因素，辅助生产区的位置应有效利用原有道路和输电线路，并与生产区加以隔离。除饲料以外，其他仓库应设在本区。例如，为了防止疫病传播，场外运输车辆（包括牲畜）严禁进入生产区，汽车库应设在本区；外来人员也只能在本区活动，不得进入生产区，应通过规划布局和采用相应的措施加以保证。

（3）肉牛饲养区

肉牛饲养区是牛群活动区。其中对牛舍、青贮窖、饲草堆放场、饲料加工调制间、仓库及育肥牛出场通道和出粪通道等应进行合理布局。一般可把牛舍集中分几排建在本区的主要位置，一侧为饲料场地，包括青贮窖、饲料场及饲料仓库等，有饲料通道与牛舍相通。在育肥牛舍有通道与外界相通，建有可供运输车辆上牛的专用台和消毒池，平时通道关闭。牛舍的另一侧是出粪的专用通道，供专用粪车输出牛舍或运动场清理的粪便，严禁外部车辆进场运粪。另建有紫外线消毒间、更衣室、淋浴室、消毒液水池和专用通道，供职工进出肉牛饲养区。

（4）粪尿处理区

这是消除污染区。饲养区排水与生活区排水连在一起，然后通入本区污水池，进行无害化处理后排出场外。牛粪运到本区后堆放成厩肥或干燥生产复合肥。另外，沼气池也建在本区，可利用粪尿制沼气供职工使用。

（5）综合利用区

本区靠近粪尿处理区，利用牛粪和废弃残草，依据食物链关系，增加利用环节，如利用牛粪养蚯蚓等，既可增加经济效益，也有利于环境保护。

（6）病牛隔离治疗区

这是防止疫病传播区，包括病牛舍、康复牛观察室、兽医室、粪尿消毒坑、病尸处理间等。本区应建高围墙与其他各区隔离，相距100m以上，处在下风向和低处；需设有消毒池的专用通道，便于消毒。本区要有专人管理，进出严格消毒，对病牛粪尿和尸体必须彻底消毒后方可运出或深埋。

（二）牛舍建设

1. 设计原则

修建牛舍的目的是给牛创造适宜的生活环境，保障牛的健康和生产的正常运行，以较少的资金、饲料、能源和劳力，获得更多的畜产品和较高的经济效益。为此，设计牛舍应掌握以下原则。

（1）要符合牛舍环境质量要求

一个适宜的环境可以充分发挥牛的生产潜力，提高饲料利用率。一般来说，20%～30%的家畜生产力取决于环境。不适宜的环境温度可以使牛的生产力下降10%～30%。如果没有适宜的环境，即使喂给全价饲料，也不能最大限度地转化为畜产品，从而降低了饲料利用率。修建牛舍时，需符合牛对各种环境条件的要求。无公害肉牛生产牛舍生态环境和空气环境质量要求分别见表5-9和表5-10。

表5-9 牛舍生态环境质量要求

项目	温度（℃）	湿度（%）	风速（m/s）	光照（lx）	细菌（个/m^3）	噪声（dB）	粪便含水率（%）	粪便清理频率
要求	10～20	55～75	≤1.0	≥50	≤20 000	≤75	65～75	日清理

表5-10 牛场空气环境质量要求

项目	氨气（mg/m^3）	硫化氢（mg/m^3）	二氧化碳（mg/m^3）	PM_{10}（mg/m^3）	TSP（mg/m^3）	恶臭（稀释倍数）
要求	<20	<8	<1500	<2	<4	<70

注：PM_{10}为直径≤10mm的可吸入颗粒物；TSP为总悬浮颗粒物。

（2）要符合生产工艺要求

肉牛生产工艺包括牛群的组成和周转方式，运送草料、饲喂、饮水、清粪等，也包括测量、称重、采精输精、疾病防治、生产护理等技术措施。修建牛舍必须与本场生产工艺相结合，否则将给生产带来不便，甚至使生产无法进行。

（3）要符合卫生防疫要求

流行性疫病对牛场会形成威胁，造成经济损失。修建规范牛舍，为牛创造适宜环境，应特别注意卫生要求，要根据利于兽医防疫制度执行的防疫要求合理进行场地规划和建筑物布局，确定牛舍的朝向和间距，设置消毒设施，合理安置污物处理设施等，这将会减少或防止疫病发生。

为做到经济合理，牛舍修建还应尽量利用自然界的有利条件（如自然通风和自然光照等），就地取材，配合当地建筑施工习惯，适当减少附属用房面积，以降低工程造价、设备投资和生产成本。

2. 牛舍建筑形式

按牛舍的使用要求和围护结构，可分为封闭式、半开放式和开放式等。按牛床在舍内的排列可分为单列、双列对头和对尾式，20头以下一般采用单列式，20头以上宜采用双列或多列式。肥牛舍可以采用双列开放式，一栋牛舍可饲养100～200头牛。种公牛舍多为半开放式。

（1）按屋顶结构分类

1）钟楼式（图5-2）：钟楼式屋顶可使牛舍通风透光良好，夏季防暑效果好，但不利于冬季防寒保温，构造复杂，造价高。此种形式适合于高温高湿地区。

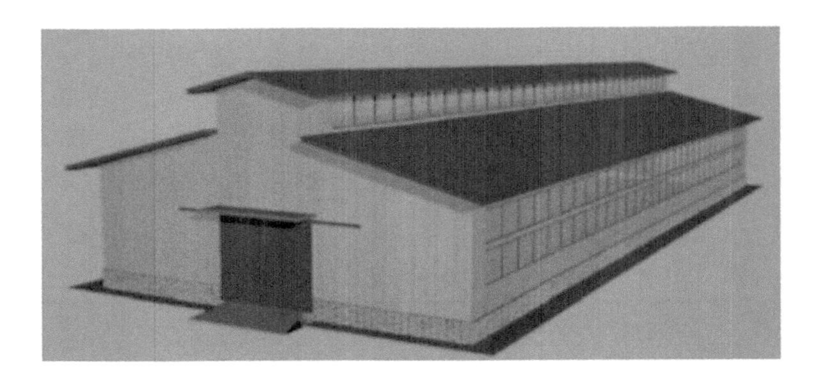

图 5-2　钟楼式牛舍

2）半钟楼式（图 5-3）：一般背光阳面坡较长，坡度较大；向阳面坡短，坡度较小，因此在屋顶向阳面设有“天窗”。这样舍内采光、防暑优于双坡式牛舍，夏天通风较好，但寒冷地区冬季不易保温。其采光面积取决于天窗的高矮、窗的材料和窗的倾斜角度。

图 5-3　半钟楼式牛舍

3）圆拱式（图 5-4）：圆拱式牛舍两侧为敞开式，采光较好；空气流通较好，有利于散热和夏季防暑；但不易控制室温，室内环境受外界影响较大，不适合冬季寒冷的北方地区。

图 5-4　圆拱式牛舍

4）单坡式（图5-5）：牛舍通常多为单列开敞式饲养舍，由三面围墙组成，南面打开，设有料槽和走廊，在北面墙上设有小窗；采光、空气流通好，造价低；但温度和湿度不易控制，常随外界环境温度和湿度变化而变化；适于冬天不冷的区域。

图5-5　单坡式牛舍

5）双坡式（图5-6）：牛舍设计、建造简单，相同规模下较单坡式节省投资和占地面积，适用性强。南方地区多建为敞篷式双坡式牛舍，在北方地区多建为封闭式或半封闭式双坡式牛舍。

图5-6　双坡式牛舍

（2）按四周墙壁封闭程度分类

1）封闭式牛舍（图5-7）：牛舍四面有墙和窗户，顶棚全部覆盖，保温性能好，但通风换气能力、采光性能不及棚舍式，适宜于气温在−18～26℃的北方。封闭式牛舍适用于高纬度、高原等气温低的地方。封闭式牛舍多采用栓系饲养。

2）半开放式牛舍（图5-8）：半开放式牛舍三面有墙，向阳一面敞开，设有围栏，有顶棚，在冬季可以遮挡，形成封闭状态，从而做到夏季利于通风，冬季能够保暖，使舍内气候得到改善。这类牛舍相对封闭式牛舍来讲，造价低，节省劳动力，适宜冬季最低温度在−15℃以上的地区。

3）开放式牛舍（图5-9）：牛舍四边无墙，造价最低，但只适宜热带和亚热带地区，或北温带育成牛饲养，或散放式成年牛的饲养。在气候温暖地区，还可采用围栏圈养架子

图 5-7　封闭式牛舍

图 5-8　半开放式牛舍

牛或育肥牛，仅在围栏外设简易饲槽和水槽。若饲养架子牛或育肥牛，则连牛棚也可免去。若饲养母牛，则必须搭简易敞棚，让犊牛有躲雨的地方。此种牛舍造价极低，也可作为放牧牛的临时牛圈。长期养牛时，需在周围植树绿化，让牛在烈日当空时有阴凉处休息，避免中暑。

图 5-9　开放式牛舍

4）塑膜牛舍（图5-10）：塑料暖棚牛舍属于半开放式，是近年来北方寒冷地区推出的一种较保温的牛舍。冬季将半开放式或开放式肉牛舍，用塑料封闭敞开部分，利用太阳能和牛体散发的热量，使舍温升高，同时塑料薄膜也避免了热量散失。阳光是暖棚的主要热源，设计建设暖棚时首先要解决采光问题，特别是冬季，阳光弱、气温低，应最大限度地使阳光透射到牛棚内部。

图5-10　塑膜牛舍

5）棚舍式：适宜气候较温和的地区，四边无墙只有房顶，形如凉棚，通风良好。多雨地区食槽可设在棚舍内。冬季北风较大的地区可在北面、东面、西面装活动挡板墙，以防寒风侵袭；夏季将挡风装置撤除，以利于通风。寒冷地区也可在北面及两侧设有门窗，冬季关上，夏季打开。

（3）按牛床列数分类

1）单列式（图5-11）：适宜于小型肉牛养殖场，通风性能好，便于防疫；但占地面积相对于双列式要大，且不利于连续机械化操作。

图5-11　单列式牛舍

2）双列式（图5-12）：可节省建筑费用，也便于机械化操作，适宜于大型肉牛场、肥牛舍、成年母牛舍等；但通风性能不及单列式，也不便于预防传染病的传播。

图 5-12　双列式牛舍

(4) 按牛生理阶段分类

根据牛生理阶段又可分为成年母牛舍、产房、犊牛舍一、育成牛舍、育肥牛舍等。

3. 牛舍建筑设计原则

牛舍建筑设计原则可根据各地区全年的气温变化和牛的品种、用途、性别、年龄确定；因陋就简，就地取材，经济实用；符合兽医卫生要求，保持舍内干燥温暖、地面不湿不滑；保证供水充足，能排净污水及粪尿，使舍内清洁卫生；应有一定数量和大小的窗户，保证阳光能照人。不同牛舍的具体要求如下所述。

(1) 母牛舍

采食位和卧栏的比例以 1∶1 为宜，每头牛占牛舍面积 8～$10m^2$，运动场面积 20～$25m^2$。畜舍单列式跨度建议为 7m，双列式为 12m；长度以实际情况决定，不要超过 100m。排污沟向沉淀池方向有 1%～1.5% 的坡度。

(2) 产房

每头犊牛占牛舍面积 $2m^2$，每头母牛占牛舍面积 8～$10m^2$，运动场面积 20～$25m^2$。可选用 3.6×3.6m 产栏。地面铺设稻草类垫料，以加强保温和提高牛只舒适度。

(3) 犊牛舍

每头犊牛占牛舍面积 3～$4m^2$，运动场面积 5～$10m^2$。牛舍地面应干燥，易排水。

(4) 育成牛舍

卧栏尺寸和母牛舍不同，其他设计基本与母牛舍一致，占牛舍面积 4～$6m^2$，运动场面积 10～$15m^2$。

(5) 育肥牛舍

根据育肥目的不同，可分为普通育肥和高档育肥。拴系饲养牛位宽 1.0～1.2m，小群饲养每头牛占地面积 6～$8m^2$，运动场面积 1～$20m^2$。

(6) 隔离牛舍

隔离牛舍为对新购入牛只或已经生病的牛只进行隔离观察、诊断、治疗的牛舍。建筑与普通牛舍基本一致，通常采用拴系饲养，舍内不设专门卧栏，以便清理消毒。

总之，牛舍内地面通常高于舍外地面20～30mm。地面要求坚实、足以承受其上动物与设备的载荷和摩擦力，既不会磨伤牛蹄，又不会打滑。根据用途不同，牛行走区域地面多采用混凝土拉毛、凹槽或立砖地面，躺卧区域多采用沙土或橡胶垫地面，运动场多选用沙土或立砖地面。牛场常用混凝土地面，底层粗土夯实，中间层为300mm厚粗砂石垫层，表层为100mm厚c20混凝土，表层采凹槽防滑，深度1cm，间距3～5cm。

运动场设围栏，包括横栏与栏柱，栏杆高1.2～1.5m，栏柱间隔1.5～2.0m，柱脚水泥包裹，运动场地面最好是沙土或三合土地面，向外有一定坡度用于排水。运动场边设饮水槽，日照强烈地区应在运动场内设凉棚。

（三）辅助设施建设

1. 饲料饲草加工与贮存设施

（1）饲料库

饲料库建在饲养区靠近大门处，以便于来料卸货。根据牛群数量可建一幢或几幢，分为饲料间、加工间和成品间。若是购进成品料，仅建成品饲料房即可。一般情况下，切碎玉米秸的容重为5kg/m^3，在已知容重情况下，结合饲养规模、采食量大小，做出对草库大小的粗略估计。用于贮存切碎饲草的草库应建得较高，为5～6m，草库的窗户离地面也应高，至少4m。新鲜草要经过晾晒后再切碎，用切草机切碎后直接堆草入库，不然会引起草的发霉。草库应设防火门，外墙有消防用具，其距下风向建筑物应大于50m。

（2）干草库

干草库一般为开放式结构，必要时用帘布进行保护，也可三面设墙一面敞开，其建设规模主要依据牛场的饲养量和年采购次数决定。干草重为30kg/捆，首信重量为20kg/捆，干草垛高度可达4m，据此确定草棚的长宽高。

（3）精料库

精料库正面开放，内设多个隔间，隔间数量由精料种类确定；料库大小由肉牛存栏量、精料采食量和原料储备时间等决定。精料库一般不低于3.6m，挑檐1.2～1.8m，以方便装卸料，防止雨雪打湿精料。料库前设计6.5～7.5m宽、向外坡度为2%的水泥路面，供料车进入。设计时还应当注意防潮防鼠。

2. 饲料调制室

可设在成品饲料库房内，也可设在各栋牛舍的一端，以方便饲料调和、有利于调制饲料上槽为原则，包括原料库、成品库、饲料加工间等。原料库的大小应能贮存肉牛场10～30天所需的各种原料，成品库可略小于原料库，库房内应宽敞、干燥、通风良好。室内地面应高出室外30～50cm，地面以水泥地面为宜，屋顶要具有良好的隔热、防水性能，窗户要高，门和窗注意防鼠，整体建筑注意防火。

3. 草垛棚

草垛棚的大小根据牛群数而定，设在饲养区的下风向，以离开牛舍和饲料间，便于防火；修建条式透风地基，以防草垛受潮霉变。

4. 青贮窖或青贮塔

建在饲养区，选择既便于运进原料，又靠近牛舍的地方，根据地势和土质情况，可建成地下式或半底下式长方形或方形的青贮窖，也可建成青贮塔。窖或塔的墙壁坚固结实，内壁光滑、不漏水。长方形青贮窖的宽、深之比以1∶（1.5～2）为宜，长度以饲料需要量决定。青贮塔建成圆形，塔顶要防漏雨，在塔身一侧每隔2m高开一个0.6m×0.6m的窗，便于进料和取料。青贮塔高和直径由饲用需要量决定，分别为10～14m和3.5～6.0m。青贮料贮备量按每头牛每天20kg计算，应满足10～12个月需要，青贮窖池按500～600kg/m^3设计容量。

5. 晾晒场

在夏秋季节，一些多余的天然或人工牧草、农物秸秆，必须晒干后才可贮存。晾晒场一般由草棚和前面的晾晒场组成。晾晒场的地面应洁净、平坦，上面可设活动草架，便于晒制干草，草棚为棚舍式。

（四）防疫与粪污无害处理设施

1. 防疫设施

（1）隔离墙

牛场周围应设隔离墙，以控制闲杂人员随意进入生产区。一般墙高不低于3m，把生产区、办公生活区、饲料存放加区、粪场等隔离开，避免相互干扰。

（2）消毒池及消毒室

外来车辆进入生产区必须经过消毒池，严防把病原微生物带入场内。消毒池宽度应大于一般卡车的宽度，为2.5m以上，长度为4.5m，深度为15cm，池沿采用15°的斜坡，并设排水口。

消毒室是为外来人员进入生产区消毒用的，消毒室大小根据可能的外来人员数量设置。一般为列车式串联2个小间，各5～8m^2，其中一个为消毒室，内设小型消毒池和紫外线灯。紫外线灯悬挂高度2.5m，悬挂2盏，每平方米功率不少于1W；另一个为更衣室。外来人员在更衣室换上罩衣、长筒雨鞋后方可进入生产区。

（3）隔离牛舍

隔离牛舍用来隔离外购牛或本场已发现的疑似传染病的病牛。以上两种牛应在隔离牛舍观测10～15天或更长时间。隔离牛舍位数是用存栏周期的2倍（以月计）除以年均存栏头数得到的。例如，计划3个月出栏，存栏牛数为200头，则隔离牛舍牛床位数应为33个；若计划8个月出栏，则隔离牛舍牛床位数为13个。

（4）场内道路的硬化

场内主要道路应用砖石或水泥硬化，主道宽6m，其应能承重10t以上；岔道宽为

3～4m。

(5) 隔离沟

在疫情严重的地区，大型育肥场周围应设隔离沟，沟宽不少于6m，沟深不低于3m，水深不少于1m，最好为有源水，以防病原微生物的传播。

2. 粪污无害处理设施

(1) 粪便贮存场面积

粪便贮存场面积应能够满足堆存该场100天产生的粪尿量，每头牛不小于1.5m^2。

(2) 贮存池

贮存池的位置选择应满足《畜禽养殖业污染防治技术规范》(HJ/T 81—2001) 第5.2条的规定。贮存池的总有效容积应根据贮存期确定。贮存池的贮存期不得低于当地农作物生产用肥的最大间隔时间和冬季封冻期或雨季最长降雨期，一般不得小于30天的排放总量。贮存池的结构应符合《给水排水工程构筑物结构设计规范》(GB 50069—2002) 的有关规定，具有防渗漏功能，不得污染地下水。对易侵蚀的部位，应按照《工业建筑防腐蚀设计规范》(GB/T 50046—2018) 的规定采取相应的防腐蚀措施。贮存池应配备防止降雨(水) 进入的措施，宜配置排污泵。

(3) 复合肥料的加工生产

牛粪经过堆放后入发酵池发酵，再经翻抛晾干、过筛，然后根据不同作物（如果树、蔬菜、花卉等）对肥力的不同要求，添加相应的氮磷钾等成分，可制成相应的专用复合肥。

(4) 沼气池

沼气池是人工利用有机物质通过微生物厌氧消化作用制取沼气的装置。牛粪、牛尿、剩草、废草等被投入沼气池封闭发酵后，产生的沼气（主要为甲烷）作为燃料供牧场生活或饲料加工用；经过发酵的残渣和废水中已无活的寄生虫或寄生虫卵，是良好的肥料。有条件和投资能力的肉牛场，可根据实际情况修建沼气池或沼气站。

(五) 其他设施

1. 牛场绿化规划

牛场植树绿化，不仅美化了环境，树木的蒸腾作用和光合作用还能降低环境温度，缓和太阳辐射，可以改善小气候，对净化空气和防风也起着一定作用。

绿色植物对牛场空气污染也有明显的改善作用。绿色植物不仅吸收二氧化碳制造氧气，而且具有吸收有害气体、吸附尘粒、杀菌、防噪声等许多方面的长期的综合效果。在进行场区规划与布局时，要同时进行绿化带的设计。

(1) 牛场分区绿化带

牛场在进行分区规划后，对生活区、管理区、肉牛饲养区、多种经营区、粪尿处理区和病牛隔离治疗区除用围墙分离外，可在围墙两侧各种植乔木、灌木2～3排，形成混合隔离林带。

（2）牛场内道路两侧的绿化

在场区车道和人行道两侧，选择树干直立、树冠适中的树种，种植 1 ~2 排，树荫可降低路面太阳辐射，同时在路旁种植绿篱美化环境。

（3）营造运动场遮阳林

在运动场南侧和东西两侧围栏外种植 1 ~2 排遮阳林，一般可选择枝叶开阔的树种，使运动场有较多的树阴供牛休息。

这些绿化措施，不仅可以优化养牛场本身的生态条件，减少污染，有利于防疫；而且可以明显地改善场区的温度、湿度、风力和环境空气质量。另外，在牛舍周围、运动场和道路旁种植快速生长林木，遮阳降温，减少阳光的直射，能降低高温的应激危害；同时，使人们在场区内能够舒适地工作，对人体健康也有好处。

2. 水井和水塔

水井是牛场的水源，应选设在污染最少的地方。若井水已被污染，可采取过滤法去掉悬浮物，用凝结剂去掉有机物，用紫外线净水器杀灭微生物，采用离子交换法或吸附法除去过量的矿物微量元素。值得注意的是，氯和初生态氧杀灭微生物对牛瘤胃消化不利，应慎用。

水塔应建在牛场中心，与其他地方相比，高度可适当高些，供水效能也高。牛场用水半径为 100m 时，水塔高度应不低于 5m；用水半径为 200m 时，水塔高度应不低于 8m。水塔的容积不少于全场 12 小时的用水量。高寒地区水塔应做防冻处理，牛场也可以配备相应功率的无塔送水器，供水主管道的直径由满足全场同时用水的需要而定。

第二节　肉牛养殖

肉牛产业是中国畜牧业的重要组成部分。肉牛生产对增加农民收入、调整居民膳食结构、改善人民生活以及提高节粮型畜种比重均具有非常重要的意义。目前，我国是世界第三大肉牛生产国，肉牛产业逐渐成为我国畜牧业中极为重要的产业之一，然而，与其他畜牧业相比，肉牛产业具有生长周期长、覆盖面积广以及资金回报率低等特点，导致我国肉牛产业的供需矛盾日益突出，使得我国肉牛产业的可持续发展受到一定程度的限制。目前，怎样使产业稳定、健康以及可持续发展是我国肉牛产业发展所面临的关键问题。国际农业产业链管理的理论与实践已经证明，农业产业链管理对农业产业升级具有重要意义，有利于农业产业快速有效地应对市场需求的变化，是传统农业向现代农业转变的重要途径之一。

规范肉牛养殖流程对提高肉牛养殖业生产水平、规范肉牛饲养管理、实现优质肉牛的规范化生产、提高市场竞争力、维护生态环境和保障人民健康具有重要意义。肉牛养殖主要包括牛舍建设、肉牛繁育、犊牛培育、肉牛育肥、饲料加工调制与饲料安全、卫生防疫、粪尿无害化处理等流程，本节主要介绍肉用犊牛培育、肉牛育肥、饲料加工调制与饲料安全、卫生防疫、粪尿无害化处理等相关技术。

一、肉用犊牛培育

肉用犊牛是指牛犊从母体产出到断奶成为后备牛这一时期的幼龄犊牛。肉用犊牛幼龄阶段的生长发育与成年后的肉牛生产性能有直接的关系。犊牛培育是现代养牛业成功与否的关键环节之一。它不仅是提高肉牛生产力的基础，更是解决肉牛生产中现实问题的有效途径。它是肉牛育种、肉牛生产中后备牛的来源，它的好坏直接关系到肉牛生产种质材料的优劣、肉牛生产的规模和肉牛业起点的高低。利用犊牛培育新技术，降低犊牛死亡率、提高成活率和增加健康犊牛供给率，已成为肉牛养殖者的共识。

（一）犊牛护理

初生牛犊的护理对提高犊牛存活率非常重要。为保持初生犊牛呼吸畅通，犊牛出生离开母体后，应立即用消毒干净毛巾去除犊牛口鼻腔中和身体上的黏液。如果发现犊牛已将黏液吸入鼻、口内，造成呼吸不畅或困难，可抓住犊牛后肢向上抬，并拍打其胸部，使其吐出黏液，或直接用手抠出黏液，以保证其呼吸正常。此外，犊牛出生后，还要尽快剪断脐带，将脐带与带盘分离，并将脐带内的血液顺着脐带挤回犊牛腹腔内，在距离腹部6～8cm处结扎，用5%～10%碘酊对结扎处消毒，防治脐带处感染。然后，用手剥去犊牛蹄子上附着的软组织，即蹄部包被的软组织，避免犊牛蹄部发炎，再将犊牛扶起，使其站立。

（二）犊牛初乳饲喂

犊牛初生后1小时内要吃上初乳。如果某些因素造成犊牛吃不到初乳或母牛乳汁不足，则需要人工配制初乳代用品，即将鲜牛乳1kg、鲜鸡蛋3个、鱼肝油30g、食盐10g、土霉素250ml充分混匀，加温到37～38℃喂给初生犊牛。人工配制初乳代用品饲喂犊牛应每天4～5次，至少应连喂7天。当母牛、犊牛分离，人工哺乳犊牛时，第一次饲喂犊牛初乳的量应在1kg以上，随后每日的初乳喂量按犊牛体重的1/6供给，分3～5次喂给；初乳最好是现挤现喂，但当挤出的初乳时间较长、温度较低时，应在喂之前将冷凉的初乳加热至38～40℃饲喂。犊牛出生7～10天后，每天可随母牛牵至室外或运动场内自由运动半小时，一个月后增加至1～2小时，以后逐渐延长。犊牛舍要保持清洁、干燥、卫生；夏季要保持通风，冬季注意保暖。

（三）犊牛早期补料

随着哺乳犊牛的生长发育、日龄增加，其所需要的营养物质量也不断增加，而肉用母牛产后2～3个月产奶量逐渐下降，单纯靠哺乳获得的营养不能满足犊牛的营养需要，所以，提早训练犊牛采食饲料或饲草是非常必要的。犊牛哺饲不仅能满足犊牛营养需要，而且可以促进犊牛瘤胃的发育和消化机能的形成。

犊牛出生一周后开始诱食或补饲麦麸。如果犊牛不吃，可将麦麸抹在犊牛嘴边的四周，一般经过2~3天反复，犊牛便可适应采食。10日龄左右供给犊牛精料补充料，其参考配方为玉米50%、豆饼30%、麦麸11%、酵母粉5%、碳酸钙1%、食盐1%、磷酸氢钙1%、牛用微量元素和维生素添加剂1%。补料时在母牛圈外单独设置犊牛补料栏或料槽，每天补喂1~2次，补喂1次时在下午或黄昏进行，补喂2次时即早晚各喂1次；饲喂时将混合精料与水按1∶2.5比例混合成湿稠状。一般2月龄时开始饲喂混合料，3月龄、4月龄、5月龄和6月龄每头牛日喂混合料分别为0.2~0.3kg、0.3~0.8kg、0.8~1.2kg和1.2~1.5kg。补料期间应同时供给犊牛柔软、质量好的粗料，也可添加适量优质青贮饲料，让其自由采食。

（四）犊牛的管理

通过对犊牛编号、称重，建立犊牛档案，了解犊牛出生重以及每月的体重，从而掌握犊牛生长发育情况，并根据生长发育情况采取相应的促进生长的措施。为防止犊牛成年后牛群顶架而造成伤牛、伤人和妊娠母牛流产等牛场意外伤害事故的发生，犊牛在7~21日龄应进行去角。为了便于犊牛管理，哺乳期犊牛适宜单栏饲养，避免多头集中饲养形成舔癖，即使在保姆牛哺乳多头犊牛时，也要尽量避免犊牛舔癖的形成。此外，为了促进犊牛骨骼发育，运动对锻炼犊牛的筋骨很重要，拴饲犊牛应保证犊牛每天自由运动1小时，最好是在舍外运动。舍外运动能接受阳光照射，促使犊牛皮肤中的胆固醇转变为维生素D，从而促进钙、磷的吸收和沉淀，保证犊牛健康。此外，犊牛舍环境要干净和卫生，注意防疫，料槽和水槽要保持清洁。

二、肉牛育肥

（一）选择适宜品种

我国没有专用肉牛品种，但近年来各地引进外国优良肉牛品种，通过人工授精产生杂交后代，其优势是使生长速度和肉的品质都得到了很大提高，如利杂牛、夏杂牛和西杂牛等。本地牛可选择鲁西黄牛、秦川牛、湘中黑牛等。

（二）育肥牛的年龄

一般幼龄牛的增重以肌肉、内脏、骨骼为主，而成年牛的增重除增长肌肉外，主要是沉积脂肪。年龄对牛的增重影响很大，一般规律是肉牛在出生第一年增重最快，第二年增重速度仅为第一年的70%，第三年的增重又仅为第二年的50%。饲料利用率随年龄增长和体重增大而呈下降趋势。在同一品种内，牛肉品质与出栏体重有非常密切的关系，出栏体重小的往往不如体重大的，但其变化不如年龄的影响大。按年龄与大理石花纹形成的规律是：12月龄以前花纹很少，12~24月龄花纹迅速增加，30月龄以后花纹变化很微小。由此可见，要获得经济效益高的高档牛肉，肉牛需在18~24月龄时出栏。

（三）性别

性别影响牛的育肥速度，在相同饲养条件下，以公牛生长最快，阉牛次之，母牛最慢，这是因为公牛体内性激素——睾酮含量高。因此，如果在24月龄以内肥育出栏的公牛，以不去势为好。

（四）饲料配制

1. 精粗饲料比例

在肉牛的育肥阶段，精饲料可以提高牛胴体脂肪含量，提高牛肉的等级，改善牛肉风味。粗饲料在育肥前期可锻炼胃肠机能，预防疾病的发生。一般肉牛育肥阶段日粮的精、粗比例为：前期粗料为55%~65%、精料为45%~35%，中期粗料为45%、精料为55%，后期粗料为15%~25%、精料为85%~75%。

2. 营养水平

采用不同的营养水平，增重效果不同。在育肥全期使用高营养水平，虽然前期日增重提高，但后期日增重反而下降。从日增重和育肥天数综合考虑发现全期日增重反而下降，这样不利于全期育肥。因此，育肥前期营养水平不宜过高，营养类型以中高型为好。

3. 饲料形状

饲料的形状不同，饲喂肉牛的效果不同。一般来说颗粒料的效果优于粉状料，使日增重明显增加。精料粉碎不宜过细，粗饲料以切短利用效果最好，以3~5cm为宜。

（五）环境温度

环境温度影响肉牛的育肥速度，最适宜气温为10~21℃。环境温度低于7℃，牛体产热量增加，维持基本代谢活动所需要的能量需要增加，要消耗较多的饲料；环境温度高于27℃，牛的采食量下降，增重降低。因此，在冬、夏季节要注意保暖和降温，为肉牛创造良好的生活环境。

（六）饲养管理

1. 饲养管理“五定”

1）定时饲养：每天上午7~9时、下午5~7时各喂1次，每次喂2小时，间隔8小时，不能忽早忽晚。

2）定精粗饲料搭配：平均每头牛每天喂精饲料6kg、粗料7kg，按不同阶段比例配制，不可随意增减。喂料应先粗后精，麦秸、玉米秸等粉碎后的干粉料与精料一起拌湿混喂。加喂优质青饲草效果更好，不仅可节约精料，牛膘情也好。

3）定位：喂饮完毕后牵到室外运动场上用牛桩拴系固定，缰绳以牛能卧下为度，减少肉牛的运动量，进而减少能量消耗，提高育肥效率，降低肉牛育肥过程中的料肉比。

4）定饮：清明节以后至10月底以前，每次上槽时，往槽里加一些水，使牛边吃边喝，中午12时再由专人给饮水1次。从11月底至次年清明节，每次喂料后，由专人给饮水1次，中午12时再饮1次。冬饮温水，夏饮凉水。一般情况下因季节不同每头牛每天需水量9.5～45kg。

5）定刷：每天饲喂后，将牛拴系在背风向阳处，刷拭牛体1次，以促进血液循环，增进食欲。

2. 饲养管理“六净”

1）料净：不含砂石、金属及塑料等异物，不发霉腐败，没有有毒农药污染。

2）草净：无泥土块、铁钉、短截铁丝、电线等，亦不受有毒农药污染。

3）圈净：勤除粪和换垫，保持圈舍内空气清洁。

4）槽净：每天清扫，防止草料残渣在槽内发酵或霉变。

5）水净：育肥肉牛饮水要干净，不能饮用有毒有害、被污染的水。

6）牛体净：每天刷拭牛体，经常保持牛体清洁卫生，特别是夏秋要防止体外生寄生虫。

三、卫生防疫

肉牛场管理水平与疾病发生率关系密切。病毒、细菌、寄生虫等可通过空气、水、动物、人、用具、车辆等传播疾病。牛场一旦发生疫情，不仅会对自身造成损失，严重的会对邻县、邻省造成不良影响。因此做好牛场防疫工作，对肉牛健康养殖、食品安全以及社会经济都具有极其重要的意义。现从以下几个方面对牛场防疫工作进行简单介绍。

（一）牛场卫生防疫措施

建立合理的消毒程序和消毒制度。牛舍每天清理粪便3～4次，保持牛舍内清洁。舍内一般1～2周用10%～20%漂白粉或其他的消毒液喷洒消毒1次。当牛舍空栏后，用3%的温热碱水彻底消毒牛舍及用具，24小时后将地面和用具用清水冲洗干净；在调入新牛前，再用其他消毒液进行全舍喷雾消毒，同时用生石灰对牛舍角落以及潮湿地区进行消毒杀菌。日光能杀灭大多数微生物（细菌、病毒），对有些细菌（如结核杆菌），太阳直射1小时就能将其杀死。在天气晴好时，经常开门窗，让阳光进入畜舍，对家畜健康十分有益。牛场大门口应设立消毒池，消毒液用干石灰或烧碱水，雨后或时间长就要更换消毒水。本场人员要经过生活区与生产区之间的消毒室或消毒池后方可进场。外来人员未经许可不得进入生产区，同意入场者必须经过消毒、更换隔离衣和胶鞋后方可进入。杀虫主要是杀灭牛的体外寄生虫和蚊、蝇等。利用各种工具以及电子捕鼠器等方式灭鼠，尽量避免使用灭鼠药，死鼠要立即处理，收集后集中深埋或焚烧。常用消毒药的种类及使用方法：①生石灰，用10%～20%的乳剂涂刷墙壁和地面，要现用现配。②来苏尔（煤酚皂溶液），对芽胞无效，常用1%～2%的溶液消毒手和器械，4%～5%的溶液消毒厩舍、运输车辆等。③氢氧化钠，也叫苛性钠或烧碱，对细菌和病毒的杀灭力很强，增加浓度可杀灭芽孢，0.5%～1.0%的浓度可用于畜体消毒和室内喷雾，一般消毒用2%～3%的浓度。④新洁尔灭，用0.1%~0.2%的浓度消毒手、皮肤和手术器械等。⑤农乐（菌毒敌），对细菌和病毒有效，1%~2%的浓度用于消毒被污染的畜舍、场地及运输工具。⑥酒精（乙醇），70%~75%的溶液用于手、器械、皮肤、注射部位的涂抹消毒。⑦碘酒（碘酊），杀菌作用很强，用70%~75%的酒精配制成2%~5%的碘酊，能杀灭细菌、病毒、霉菌和芽孢，一般用于手术部位、伤口的涂抹消毒，动物多用5%的浓度。

（二）肉牛防疫

新购牛要经过检疫，不要到疫区购牛。购入牛后先隔离观察，有条件的单位需进行相关疾病（如布鲁氏菌病、牛结核病等疾病）的检疫，之后再隔离观察20天左右，同时进行驱虫，确认牛体健康并进行消毒后才能并入牛舍。肥育前用0.3%过氧乙酸溶液逐头对牛体喷洒1次，并用0.25%螨净乳剂对牛进行普遍擦拭1次，驱除体外寄生虫。体内驱虫可在牛购回1周后以每千克体重5~7mg抗蠕敏或6~8mg左旋咪唑投药驱除，驱虫3天后，用“人工盐”健胃。牛场内发现病牛或疑似病牛，要及时隔离观察、治疗或淘汰，治愈的牛经消毒后方可并入牛群。如果牛群出现一定比例的患病牛，诸如拉稀、肺炎、流产、真胃移位等现象异常高频率出现或者短期内绝对数量增多，这都显示出牛群在生产管理、营养、疾病预防等环节中存在问题。当遇到可疑传染病群发病时，首先一律将可疑牛当作传染病群发病对待，尽早采取隔离、增加消毒频率等预防传染病的措施。

（三）牛场检疫管理

检查牛群健康状况，检测各类疫情和防疫效果，预报预测疫病疫情，即定期对牛群进行系统检疫，制定防疫措施。对非正常死亡牛逐一剖检，判定病因，采取针对性防止措施。收集与分析病疫统计资料，对疫病进行预测预报。怀疑或已确诊的多发性传染病，应立即组织进行治疗和控制，防止扩散。烈性传染病进行捕杀、封锁、消毒，同时上报疫情。主要疾病检疫为结核病、布氏杆菌病、牛传染性鼻气管炎和牛病毒性腹泻等。主要疾病免疫接种为牛传染性鼻气管炎疫苗、牛病毒性腹泻疫苗、布氏杆菌疫苗、炭疽芽孢疫苗、大肠杆菌病、口蹄疫油佐。预防肉牛寄生虫病用药参考程序：3月丙硫苯咪唑口服，5月氨丙啉和磺胺类药物口服，6月定期用敌杀死等药液喷雾以驱杀蚊、蝇，进行环境消毒，7月丙硫苯咪唑口服，9月伊维菌素注射或瘤胃投控释丸。

（四）肉牛常见疾病及治疗方法

1. 口蹄疫

口蹄疫的主要症状是牛的口腔黏膜、蹄部及乳房产生水疱和烂斑，并且传播速度快、传染性强、危害性大。

防治措施：接种口蹄疫疫苗，发现口蹄疫立即上报，划定疫区，严格封锁，就地扑灭，严防蔓延，污染的牛舍、饲槽、工具和粪便用氢氧化钠溶液消毒。

2. 牛病毒性腹泻

牛病毒性腹泻又称牛黏膜病，主要症状是发热，口腔及消化道黏膜糜烂或者溃疡，腹泻。

防治措施：购入或出栏时加强检疫，发病时进行隔离或扑杀，选用抗生素治疗，防止继发感染。

3. 疥癣病

疥癣病是一种由疥螨引起的牛皮肤病，主要症状是发痒，皮肤部分脱毛或者全部脱落，脱毛部位和健康组织间往往有明显的界线。

防治措施：搞好牛舍卫生，勤刷牛体，保持皮肤清洁；对患部及周围剪毛，除去污垢和痂皮，用温水刷洗晾干，涂抹阿维菌素透皮剂，收集并销毁患处清除下来的毛和痂皮等，进行阿维菌素注射，进行 2 次杀虫，隔 7 ~ 10 天，再注射第 2 次。

4. 创伤性网胃心包炎

本病多是由牛不慎吞下铁钉、铁丝等尖锐的金属物，刺破网胃伤及心包膜而引起的；典型特征是牛行走和站立异常，多采取前高后低的姿势，起立躺下非常小心，排粪尿表现痛苦。

防治措施：防止饲料中混入金属异物，将牛放在前高后低的台上，使异物从瘤胃退回；必要时手术治疗，使用抗生素或磺胺类药物，控制炎症发展。

5. 传染性胸膜肺炎

本病主要发生于肉牛舍饲期间、饲喂环境差的情况下以及运输途中；急性表现呈腹式呼吸，呼吸困难易发出“吭”声，有典型的胸膜炎症状，高热，流浆液或脓性鼻液，触诊肋间有疼痛感；慢性表现为食欲时好时坏，常发干咳，胸前、腹下颈部有浮肿。

治疗方法：用氟苯尼考注射液治疗。

6. 牛病毒性腹泻

本病主要发生于 4 ~ 24 月龄，以冬季和春季交会间多发；急性表现为突然发病，体温升高达 40 ~ 42℃，鼻镜口腔黏膜溃烂，舌上皮坏死，呼吸恶臭，断而发生亚重腹泻，呈水样，有纤维性伪膜和血；慢性表现为以持续性或间歇性腹泻和口腔黏膜发生溃疡，有的皮肤皲裂，出现局限性脱毛和表皮角化。

治疗方法：有条件时，注射疫苗预防，发病时用抗生素和磺胺类药品治疗。

7. 瘤胃积食

致病原因：过多采食容易膨胀的饲料，如豆类、谷物等；采食大量未经铡短的半干不湿的甘薯藤、花生藤、豆秸等；突然更换饲料，特别是由粗饲料换为精饲料又不限量饲喂时，易发该病；瓣胃阻塞、创伤性网胃炎、真胃炎和热性病等也可继发。

临床症状：牛发病初期，食欲、反刍、嗳气减少或停止，鼻镜干燥，表现为拱腰、回头顾腹部、后肢踢腹部、摇尾、卧立不安；触诊时瘤胃胀满而坚实，呈现沙袋样，并有痛感，叩诊呈浊音，听诊瘤胃蠕动音初减弱，以后消失。牛病发严重时呼吸困难、呻吟、吐粪水，有时从鼻腔流出，如不及时治疗，多因脱水、中毒、衰竭或窒息死亡。

防治措施：应加强饲养管理，防止过食，避免突然更换饲料，粗饲料要适当加工软化后再喂。

治疗方法：及时清除瘤胃内溶物，恢复瘤胃蠕动，解除酸中毒。用硫酸镁或硫酸钠500～900g，加水1000ml，液状石蜡油或植物油1000～1500ml，给牛灌服，加速排除瘤胃内溶物，也可用兴奋瘤胃蠕动的药物，肌注，能收到较好的治疗效果。病牛饮食欲废绝、脱水明显时，应静脉补液，同时补碱，如25%葡萄糖500～1000ml，复方氯化钠液或5%糖盐水3～4L，5%碳酸氢钠500～1000ml等，一次静脉注射。

8. 牛前胃弛张

长期饲喂粗硬劣质难以消化的饲料，饲喂缺乏刺激或刺激性小的饲料，饲喂品质不良的草料或突然变换草料等，均可引起该病。

临床症状：食欲减退或废绝，反刍缓慢，次数减少或停止，瘤胃蠕动无力或停止，肠蠕动音减弱，排粪迟滞，便秘或腹泻，鼻镜干燥，体温正常。久病日渐消瘦，触诊瘤胃有痛感，有时瘤胃充满了粥样或半粥样内容物。最后极度衰弱，卧地不起，头置于地面，体温降到正常以下。

防治措施：注意改善饲养管理，合理调配饲料，不喂霉变、冰冻等质量不良的饲料，防止突然变换饲料，加强运动使役。

治疗方法：给病牛静注10%氯化钠300～500ml，维生素B1 30～50ml，10%安钠咖10～20ml，每天1次。同时取党参、白术、陈皮、茯苓、木香各30g，麦芽、山楂、神曲各60g，槟榔20g，煎水内服。

四、粪尿无害化处理技术

大多规模化肉牛养殖场为了运输方便、供应及时、减少成本，选择在大中城市郊区和人口稠密地区建场。由于运输和施用不便，粪肥还田困难，绝大多数肉牛的粪污没有得到及时处理和利用，直接排入或随径流流入江河和湖泊，导致水体水质污染严重。规模化肉牛养殖场的粪便日排泄量与肉牛的品种、体重、生理状态、饲料组成和饲喂方式等均相关。资料表明，一个千头肉牛场，日产粪尿20t；全年可向周围排放100～160t氮和20～33t磷。

在肉牛场中应建设粪尿排污等无害化处理设施及水资源重复利用设施，利用物理、化学、生物等方法对污水进行处理，以控制粪尿排放总量，降低或减少尿中氮、磷的含量和恶臭气体的产生，维护生态环境。

（一）肉牛粪便的危害

1. 对水体的污染

在一些大型养殖场，牛粪堆积如山，粪污随地表径流扩散造成地表水、地下水和土壤污染；如排入附近江河，将导致水体污染。有数据表明，在我国畜禽粪便年产生量中，规模化养殖产生的粪便相当于工业固体废弃物的30%。如果未经任何处理排入环境，会使有机质迅速分解消耗大量的溶解氧，藻类大量繁衍，悬浮固体（SS）、化学需氧量（COD）、生化需氧量（BOD）提高，水体呈现富营养化而变黑变臭；高浓度粪尿污水渗入地下之后，地下水源含氧量减少，水质中有毒成分增多，造成水源持久性的污染并且难以治理。

肉牛生产中高浓度、未经处理的废水和固体粪污被降雨淋洗冲刷进入自然水体后，可使水中固体悬浮物、有机物和微生物含量升高，改变水体的物化特性和生物群落组成，使水质变坏。粪污中大量的病原微生物也会通过水体或水生动植物进行扩散传播，危害人畜健康。此外，粪污中有机物的生物降解和水生生物的繁衍，可大量消耗水体溶解氧，使水体变黑发臭，导致水生生物死亡，从而发生水体富营养化。

2. 对土壤的污染

随着肉牛养殖业规模的不断壮大与发展，养殖地域相对集中，粪污排放量非常大，粪污处理的难度也很大。据了解，目前许多大型肉牛养殖场处理粪污的主要方式是将其直接作为肥料施于农田，集中于露天池或冲入池塘、水沟、江河，甚至直接堆放于田坎路边，导致周围大片农田生态遭到严重破坏，田里已经无法种植农作物，并且杂草丛生、一片污浊，所以这些处理方式并不适于规模化养殖场。

畜禽排泄物中含有丰富的有机物和氮、磷、钾等养分，同时富含作物所需的钙、镁、硫等多种矿物质及微量元素，能满足作物生长过程中对多种养分的需要，对提高土壤肥力、改良土壤性质和增加作物产量都有很好的作用。但是使用粪便过度会危害农作物、土壤、地表水和地下水水质。在某些情况下（通常是鲜禽粪），含有高浓度的氮能烧坏作物，大量地使用粪便也能引起土壤中溶解盐的积累，使土壤盐分增高，使植物生长受影响，特别是在干燥气候下危害更明显。畜禽粪便会传播一些野草种子，影响土壤中正常作物的生长。畜禽粪便常包含有一些有毒金属元素，如砷、钴、铜、铁等，长期施用可能导致这些元素在土壤中的积累，对植物生长产生潜在的危害作用。

3. 对农业生态系统的影响

禽畜粪便由于含有大量有机质及丰富的氮、磷、钾等营养物，自古以来一直被作为农作物宝贵的有机肥而利用。农业科学研究与实践表明，农业生态系统在物质循环过程中，需要从系统外输入一定量的有机质和其他营养元素，这样才能实现系统高而稳定的产出。对于小规模、分散的饲养场产生的禽畜粪便就近还田，既为农田增加了有机肥，也不会对环境产生负面影响。如果大规模、集约化养殖场禽畜粪便未加处理地大量集中排放，导致农业生态系统自身的物质与能量循环功能丧失，同时给环境造成了极大的压力。此外，肉牛粪便还对人体健康、空气质量等造成严重影响。

（二）粪便无害化处理

1. 干燥法

干燥法是指利用太阳能、风能、机械、燃料等减少肉牛粪便中的水分，利用高温灭菌并达到除臭的效果。经过干燥后的肉牛粪便还有大量有机质和氮、磷、钾等植物必需的营养元素，这不仅大大降低了污染环境的概率，还可被加工成各种饲料或肥料，提高经济价值。20 世纪 90 年代，干燥法被广泛用于我国肉牛粪便的处理模式中。日本、荷兰、澳大利亚、加拿大等国将肉牛粪便干燥后作为可再生饲料用于养殖鱼、蚯蚓等。美国西部的养殖公司将脱水除臭的肉牛粪便同饲草及酵母混合发酵制成再生饲料进行出售。干燥法主要有以下几种分类：日光干燥法、高温干燥法、烘干法和微波干燥法。

2. 分解法

首先将肉牛粪便与玉米秸秆残渣或其他植物秸秆混合后堆沤腐熟，按照适当的厚度平铺后，使其达到蛆、蚯蚓和蜗牛等低等动物产卵、孵化、生长所需的理化指标，然后放入蚯蚓、蜗牛或蛆等使其繁殖，从而达到既能处理粪便又能生产动物蛋白质的目的。经过该法处理后的肉牛粪便残渣富含无机养分，是种植的好肥料。

蚯蚓处理肉牛粪便是一项古老而新的生物技术，肉牛粪便经过发酵过程，利用蚯蚓的消化系统和新陈代谢作用，可以迅速分解粪便，转化成肥沃的甚至可以培育其他动物蛋白的有机肥。蚯蚓的加入使得肉牛粪便中有机物质的发酵分解速度提高了 3～4 倍，并获得了稳定的低 C/N 的产品。因此，利用蚯蚓对肉牛粪便进行分解被公认为是一种行之有效的方法。这项技术工艺简便，费用低廉，能获得优质有机肥和高蛋白质饲料，不产生二次废物，不会形成二次环境污染。牛粪可以经过简单的堆肥发酵或直接利用鲜牛粪进行蚯蚓养殖。蚯蚓的养殖品种以赤子爱胜蚓属“大平 2 号”为主，其特点是适应性强、繁殖率高、适于人工养殖。牛粪养殖蚯蚓的关键因素是牛粪的 pH、温度和湿度等。

利用分解法处理肉牛粪便经济效益巨大。试验表明，肉牛粪便若是经过简单化处理后用来育蛆，然后再用蛆喂鸡，这既可提高鸡的产量，也可满足产蛋鸡所需的动物饲料蛋白。育蛆后的肉牛粪便仍可作肥料施用，其肥效也不减。但由于前期粪便灭菌、脱水处理和后期收蝇蛆、饲喂蚯蚓、蜗牛的技术难度较大，加上所需温度较苛刻，蚯蚓生长的最佳温度在 20～25℃，温度过低蚯蚓活动减少并向土壤里钻，而且难以全年生产，故尚未得到大范围的推广。

3. 堆肥法

堆肥法是我国和印度等东方国家处理垃圾、粪便，制取农肥的古老技术。该技术采用传统的手工操作和自然堆积方式，并依靠自发的生物转化作用，发酵周期长，处理量小。

其原理是好氧条件下，微生物利用禽畜粪便中的营养物质在适宜的C/N比、温度、通气量和pH等条件下大量生长繁殖，通过微生物的发酵作用，高温杀死粪尿中的疫源微生物和寄生虫及卵，将对环境有潜在危害的有机质转变为无害的有机肥料，同时达到脱水、灭菌的目的。在这种过程中，有机物由不稳定状态转化为稳定的富含氮、磷、钾及其他微量元素的腐殖质物质。其中温度是决定堆肥质量的重要因素，堆粪场位置要相对远离牛舍，底面、侧面密封，以防粪尿渗漏污染地下水，顶部设有遮雨棚，防止雨淋。将牛粪与垫草（稻草、麦秸、玉米秸等）等按1∶1.5混合，混合物水分含量控制在40%左右。在向阳、干燥地面上挖纵横交叉的小沟，用树枝或竹板铺垫，用玉米秸竖立于堆底，然后将混匀的粪便与垫料逐层向上堆砌；堆好后用泥密封，待泥稍干后将玉米秸抽出形成通风口，15～20天后发酵腐熟完毕。

4. 人工湿地法

这是一种“氧化塘+人工湿地”的处理模式，在国外有不少应用，国内还处在试验阶段。湿地经过人工精心设计和建造，种有多种水生植物。植物根系发达，为微生物提供了良好的生产场所。微生物以有机物质为食物，它们排泄的物质又成为水生植物的养料，收获的水生植物可再作为沼气原料、庄稼绿肥或草鱼等的饵料。水生动物及菌藻，随水流入鱼塘作为鱼的饵料。微生物与水生小动物的互利共生作用，使污水得以净化。这种净化后的水再经过消毒净化后，可作为冲洗牛舍的水。该处理模式与其他粪尿处理设施相比较具有投资少、维护保养简单的优点。

5. 沼气发酵法

将牛粪尿送入沼气池内进行发酵处理，产生的沼气可供烧菜做饭，这样可以节约生活能源。粪尿经厌氧发酵后，含有丰富的氮、磷、钾及维生素，是种植业的优质有机肥，沼气液还可用于养鱼或牧草地的灌溉等。这样把种植业与养殖业有机结合起来，可形成一个多次利用、多层次增值的生态系统。但是，沼气池或沼气罐的造价较大，一次性投资较高。

第三节 肉牛繁殖

一、母牛性成熟与体成熟

犊牛出生后，随着身体不断地发育，各个器官也在不断地发育，生殖系统的结构与功能也日趋完善，当卵巢有成熟的卵细胞发育并排卵，则说明母牛性功能已经成熟；伴随着发情表现，如发情母牛出现外阴部充血、肿胀、阴道黏液分泌增加，其行为也出现明显的变化，表现为发出“哞哞”的兴奋的叫声，有爬跨和接受爬跨行为。但是在母牛的初情期发情症状还是不完全、规律性不明显，尤其是在前几次发情周期还不具备生育能力。

母牛的初情期一般出现在7月龄，而性成熟一般要到10～12月龄。性成熟是牛的正常生理现象，但是具体的性成熟时间，往往受到营养水平、管理水平、气候因素、环境因素等影响。性成熟的母牛在发情过程中，食欲下降，运动量增加，严重影响了母牛的生长速度。通过营养调控，降低饲料中的能量和蛋白水平，提高优质粗饲料的饲喂，可以延缓母牛初情期的出现时间，促进母牛的身体发育。

母牛的骨骼、肌肉及内脏器官尤其是生殖系统基本发育成熟，具备了成年母牛的固有形态和结构，此时为体成熟，该时期的母牛称为育成牛。在生长发育过程中，母牛的体成熟较性成熟晚，在性成熟时期性腺已经发育成熟，有成熟卵泡，但是身体骨架及器官发育还不完善；如果在此时过早交配或人工授精，使其怀孕，会影响其自身的正常发育，容易在分娩过程中出现难产，导致产道拉伤，出现繁殖障碍，还会影响新生犊牛的活力及健康。所以，在繁殖过程中应严禁母牛在体成熟前交配或人工授精。在饲养管理上，应在初情期到来之前，肉母牛应和肉公牛分群饲养，以免出现过早交配的情况。

如何确定母牛是否达到体成熟，对于提高牛群的繁殖效率有非常重要的生产意义。判断母牛是否达到繁殖要求，不能仅仅从育龄上考虑，更重要的是考虑其体格的发育程度。一般来说，后备母牛应以成年母牛的体重、体高为参照，如达到成年母牛体重的70%、体高的90%，才能参加繁殖。

在后备牛的饲养管理过程中，如何提高生长速度、加快母牛的体成熟、缩短育成牛的培育时间、加快牛群的繁殖速度、提高肉牛养殖的经济效益，就显得尤为重要。那么在后备牛的饲养管理中应注意以下几点。

1）注重犊牛初乳的灌服：应在产后1小时内，灌服3kg左右初乳，提高犊牛抵抗力，减少疾病的发生。

2）犊牛的步入期，可以使用代乳粉，按照要求规范饲喂，有利于加快犊牛的生长速度；注意卫生要求，减少犊牛腹泻的发病率，这对提高犊牛的生长速度至关重要。

3）犊牛饲养，投入较大，0～6月龄应当坚持饲喂犊牛饲料，并配合优质牧草，促进犊牛的骨骼发育。

4）对于7月及以上月龄的后备牛饲养应控制饲料中的能量和蛋白水平，以延缓初情期的到来，加快体成熟，节约饲料成本。

二、母牛的发情规律和表现

（一）母牛正常的发情周期

在初情期后，后备母牛的发情规律及发情症状逐步明显。由于存在个体差异、营养水平、管理水平及年龄的影响，年龄较大和营养水平较差的母牛发情较长，一般来说，母牛发情周期在18～24天，平均为21天。

肉牛属于全年多次周期发情。在温暖季节里，发情周期正常，发情表现显著。但是在寒冷地区，特别是粗放饲养情况下，发情周期会停止；在炎热的夏季，受到环境温度的影响，母牛的发情也会受到抑制，如发情症状不明显，发情周期异常等。因此，牛的发情周期虽然不像马、羊及其他野生动物那样有明显的季节性，但还是受季节影响。发情的季节性在很大程度上受气候、牧草及母牛营养状况的影响，都是在当地自然气候及草场条件最好的时期，可以说良好的营养状况和气候是正常发情的基础。

发情周期是由卵巢周期变化而引起的变化，卵巢周期受复杂的内分泌机理控制，涉及丘脑下部、垂体、卵巢和子宫等所分泌激素的相互作用。根据动物的性欲表现和相应的机体及生殖器官变化，可将发情周期分为发情前期、发情期、发情后期和发情间情期四个阶段。

1）发情前期：这是发情期的准备阶段，随着上一个发情周期黄体的逐渐萎缩退化，新的卵泡开始发育，并稍增大，雌性激素在血液中的浓度也开始增加，生殖器官开始充血，黏膜增生，子宫颈口稍有开放，但尚无性欲表现。此期持续 1 ~3 天。

2）发情期：是指母牛从发情开始到发情结束所延续的时间，也就是发情持续期。母牛有性欲表现，外阴部充血肿胀，子宫颈和子宫呈充血状态，腺体分泌活动增强，流出黏液，子宫颈管松弛，卵巢上卵泡发育很快，血液中的雌激素水平不断增长，出现爬跨和接受爬跨的行为。母牛发情持续时间比较短，其长短除受品种因素影响外，还受气候、营养状况等因素的影响。气温高的季节，母牛发情持续期要比其他季节短。在炎热的夏季，母牛除卵巢黄体正常地分泌孕酮外，还从肾上腺皮质部分泌孕酮以缩短发情持续期。草原母牛饲料不足时，发情持续期要比舍养饲养的母牛短。

3）发情后期：母牛从性兴奋状态转变为安静，没有发情表现。血液中的雌激素水平降低，子宫颈管逐渐收缩，腺体分泌活动逐渐减弱，子宫内膜逐渐增厚，排卵后的卵巢上形成血红体，后转变为黄体并不断分泌孕酮，导致血液中的孕酮水平不断增加。在该时期内，约有 80% 育成母牛和 40% 成年母牛从阴道流出少量的血。

4）发情间情期：也称为休情期，是母牛发情结束后的相对生理静止时期。主要特点是黄体由逐渐发育转为略有萎缩，血液中的孕酮水平也由增长到逐渐下降；无发情症状表现，精神状态正常，食欲也恢复正常，运动量明显下降，子宫内膜增厚、腺体高度发育、大而变曲，分支多，分泌活动旺盛。在发情间情期后期，子宫内膜回缩，腺体变小，分泌活动停止，卵巢上黄体从发育完全到开始出现消退。间情期的长短，常常决定发情周期的长短，此期为 12 ~15 天。

根据卵巢上卵泡发育、成熟及排卵，与黄体的形成和退化两个阶段，也可以将发情周期分为卵泡期和黄体期。卵泡期指卵泡从开始发育到排卵，相当于发情前期和发情期；而黄体期是指在卵泡破裂排卵后形成黄体，直至黄体开始退化为止，相当于发情后期和间情期。

（二）母牛的发情症状

1）发情期母牛的行为变化：处于发情期母牛比较兴奋，食欲下降，排粪、排尿的频率增加，有些不发情的母牛喜欢嗅发情母牛的阴户，但发情母牛却不去嗅其他母牛的阴户，伴有哞哞的叫声，站立时间及运动量明显增加。发情母牛在发情早期出现爬跨现象，到了发情中后期出现接受爬跨的现象。

2）发情母牛外阴部变化：发情母牛外阴部肿胀、充血，时常排出清亮的黏液，并悬挂于阴门下方。

3）发情母牛生殖器官的变化：子宫及子宫颈呈充血状态，子宫黏膜腺体分泌量增加，子宫颈松弛。卵巢体积增大，出现成熟卵泡，其卵泡液不断增加，卵泡壁逐渐变薄，直至破裂排除卵细胞，最后在排卵处形成黄体。

（三）母牛发情特点

发情母牛的发情持续时间短，主要是因为母牛分泌的促卵泡素是家畜中最低的，而分泌的促黄体生成素又是最高的，导致母牛发情持续时间短而且排卵快。正常情况下，青年育成牛发情持续时间平均为 15 小时，其范围为 10～21 小时；成年母牛发情持续时间平均为 18 小时，其范围为 6～36 小时。同样，母牛发情持续期也受到环境气候和营养管理水平的影响。炎热的夏季，母牛的肾上腺皮质部分泌孕酮与卵巢黄体分泌的孕酮一起作用，促使发情持续期缩短，而营养水平较低也会使发情持续期缩短，因为母牛的发情是一个非常消耗能量的过程。

排卵是成熟的卵子从破裂的卵泡中排出的生理过程。母牛排卵的具体时间是在发情结束后 12 小时，并受母牛个体情况、季节、气温等因素的影响。一般来说，4～8 时排卵的母牛占 50% 以上，8～14 时排卵的母牛约占 10%，14～21 时排卵的母牛占 30%，21 时至第二天早上 4 时排卵的母牛占 10%。可见发情母牛半数以上在早上 4～8 时排卵。排卵后，卵子在输卵管内保持有授精能力的时间为 8～12 小时。

三、母牛发情的鉴定方法

（一）外部观察法

根据母牛爬跨的情况来发现发情牛，这是最常用的鉴定方法。一般将母牛放入运动场中，早晚各观察一次，如发现爬跨情况，表示发情，记录牛号；再进行详细观察，有母牛接受爬跨，则说明该母牛发情。

具体观察方法如下：如果是母牛不接受其他牛的爬跨，则兴奋不安，常常叫几声，此时阴道和子宫颈呈轻微的充血肿胀，流透明黏液且量少。以后母牛黏液与日俱增，会不安静地发出哞哞的叫声；母牛尚不接受公牛或其他母牛跟随，子宫颈充血肿胀开口较大，流透明黏液，量多，储留在子宫颈附近，黏性较强，此时应记录该母牛的牛号，需进一步观察。到了发情盛期，经常有公牛爬跨，母牛很安静地接受爬跨，并经常由阴道流出透明黏液，拉丝性强，子宫颈呈鲜红色，明显肿胀发亮，开口较大。过了发情盛期之后，虽仍有公牛想爬跨，但此时母牛已拒绝接受其他牛的爬跨行为，而流出的黏液呈透明颜色，量较少，黏性减退，不像发情盛期呈玻璃棒状，此时可以确定该母牛为发情母牛。对于卧地休息的母牛，如果其阴部有大量的清亮黏液流出，则说明该母牛可能发情，可通过直肠检查进行确定。

（二）试情方法

将结扎输精管的公牛在白天放入母牛群中，根据公牛追逐爬跨情况以及母牛接受爬跨的情况来判断发情情况，也可以在试情公牛的胸前安装带有颜料的额标记装置，将其放入母牛群中，如果有母牛发情并接受爬跨，则可以在发情母牛的尾根部留下印记。尤其是在放牧养殖肉牛的过程中，既可以减少人员观察发情母牛的劳动强度，也可以提高发情母牛的检测效率。

（三）直肠检查法

这是目前最广泛且较为准确判断母牛发情的方法。直接用手经直肠壁，触摸卵巢上卵泡的发育程度，根据卵泡大小及其卵泡质地判断母牛是否发情。

具体操作方法如下：首先检查者将指甲剪短，手臂上涂抹润滑剂或使用一次性长臂手套，将手合拢呈锥形，以缓慢旋转的动作伸入母牛肛门，将手掌向下展开，并按压骨盆腔，可以触摸到一个长圆棒状结构，即子宫颈；手轻轻向前滑动可以触摸到一沟状结构，即角间沟，两侧为子宫角；再顺着子宫角向下滑动，可以触摸到一鸽子蛋大小的结构，即为卵巢；用中指和无名指夹住卵巢基部，卵巢置于手指中间，用拇指轻轻地触摸卵巢表面，探查卵巢表面是否有突出部分并具有弹力的泡状结构，此结构为卵泡。由此可以判断母牛是否处于发情状态。同时还可以触摸子宫，发情母牛子宫颈较大而软，由于子宫黏膜水肿，子宫角也增大，触摸时能感觉到子宫角出现明显收缩，好像绵羊角的形状，其质地坚实。不发情的母牛，子宫颈比较细而硬，子宫角比较松弛，触摸时收缩不明显。

（四）B 超检查法

这是利用超声波的物理学特性和动物体组织结构的声学特点而建立的一种物理学检查方法，能够准确地探测机体不同组织器官。这项技术在家畜繁殖学中的应用始于 20 世纪 80 年代，其最大优点在于非损伤性，即可在未损伤动物繁殖性能的情况下重复检查动物生殖道。这也使其在奶牛繁殖领域中成为一种出色的临床诊断和研究手段。在肉牛上的应用主要集中在妊娠诊断、卵巢及子宫变化观测、胎儿及胎膜发育观测、胚胎早期死亡及生产性能测定等方面。

采用直肠检查的 B 超检查方法，应该确保扫描仪处于可感距离内，并处于操作者未伸入直肠的手臂一侧；在插入探头前应排空直肠内的所有粪便，并用润滑剂润滑探头，做好预防工作；在探查过程中用手将短小的直肠探头带入直肠内，隔着直肠壁将探头晶片面紧贴在子宫或卵巢上方进行探查。

对确定和测量奶牛卵泡而言，直肠超声扫描是一种有效方法。母牛的腔卵泡为无反射结构，可根据其血管的伸展特征加以区别。卵泡超声影像显示牛卵泡以一种明晰的、非常规则的模式发育。每个卵泡波由同时出现的一系列 5mm 或更大的卵泡组成，几天内会出现优势卵泡。在青年母牛的每个发情周期中存在 2 ~ 3 个卵泡波。优势卵泡具有生长期和静止期，持续 5 ~ 6 天。第一波的优势卵泡保持 4 ~ 5 天优势，至发情周期的 11 ~ 12 天时丧失优势并退化，持续 5 ~ 7 天。同时第二波发生，选择出其优势卵泡并发育至排卵。然而在三波周期中，第二波被第三波代替，并有第三个优势卵泡的排卵发生。优势卵泡保持形态优势（两卵巢中最大卵泡）比保持功能优势（抑制其他卵泡生长）的时间更长。优势卵泡的直径为1.5～2cm，由此可以判断母牛是否处于发情状态。

四、人工授精技术

（一）人工授精技术在肉牛上的应用价值

人工授精技术是采用假阴道人工采集种公牛的精液，经过检查并稀释处理，再灌入细管中并存放于液氮罐中冷冻保存，在对发情母牛人工授精过程中，使用输精枪将细管中的精液注射到母牛的子宫体或有优势卵泡一侧的子宫角浅部，从而使母牛受孕的过程。使用人工授精技术有以下几点优势：①种公牛的精液通过冷冻保存有利于扩大公牛配种的范围，便于优质种公牛的遗传物质大量长时间保存。②提高种公牛的利用效率，有利于配种效率的提高，扩大了与配母牛的头数，加快了种群的改良。③降低了种公牛的饲养成本和数量。④减少了配种过程中的繁殖疾病的传播与扩散。

人工授精技术已经成为养牛业的现代化科学繁殖技术，目前已经广泛应用于奶牛养殖中，并成为奶牛繁殖技术的主要手段，有效提高了奶牛牛群的数量并实现了品种改良，但是在肉牛养殖中的应用还有待加强。

（二）种公牛冻精的保存

目前全国各地的种公牛站制作并贮存的大量优质种公牛精液，肉牛养殖者可以通过到家畜改良站购买得到。一般来说，种公牛的冷冻精液存放于添加了液氮的液氮罐中进行保存。由于液氮的温度为-195.8℃，无色无味，性质稳定，但是与空气接触过程中形成白雾，扩散在空气中，容易导致液氮罐中的液氮减少。所以在长期保存的过程中应注意密封保存，尤其是在每次使用冻精后应及时将液氮罐口盖紧密封。

精液在液氮罐中的保存，要及时注意罐中液氮的消耗量，当液氮量减少到只有60%时，就应当及时补充液氮。为了减少液氮的消耗量，在液氮罐中提取冻精过程中，动作应当迅速，存有冻精的提桶不能提出液氮罐的瓶口基部，以免暴露于空气中影响其他冻精的冷冻保存；冻精取出后应立即盖上容器塞，减少冻精的散发和异物进入。

（三）种公牛冻精的解冻

目前，肉牛的冻精主要是细管冷冻精液。按照要求取出冻精，应将冻精及时放入39～40℃的水浴锅中，使之快速解冻，剪去前端的细管封口，装入输精枪中，立即使用。

（四）配种时机的选择

1. 后备育成牛的配种时机选择

后备母牛一般在7～8月龄就可能有发情表现，10～12月龄性成熟，但是此时母牛发育还不够全面，尤其是骨盆发育；如果为了盲目追求而缩短配种月龄可能导致母牛难产，小犊牛存活力低下，将严重影响牛群的健康发展。因此，后备育成牛的配种时机应选择母牛体成熟以后，大约是在15月龄。如果肉牛养殖过程中不注重犊牛期的饲养，导致母牛生长速度缓慢，那么正常情况下的体成熟时间就没有参考意义了。一般来说，后备母牛应以成年母牛的体重、体高为参照，如达到成年母牛体重的70%、体高的90%，才可以参加繁殖。

2. 母牛产后配种时机的选择

母牛在怀孕过程中，子宫的体积变大，在分娩后，子宫的体积变小，但是还需要一个较长的时间才能恢复，正常情况下，在产后40～45天，子宫才能复旧，而产后30天左右母牛便可能出现发情。但是适宜的配种时机应选择在母牛子宫复旧后的正常发情期配种，一般来说母牛在产后60～70天可能出现发情，若母牛85天后还没有出现发情，应当进行产科方面的检查。

3. 母牛发情期中的配种时机选择

一般情况下，母牛发情结束后5～15小时排卵，卵子在排卵后的12小时内均有授精能力，精子在母牛的产道内能够保持24小时的授精时间。但是在实际生产过程中，想要准确掌握以上母牛生理规律比较困难。配种人员通过经验发现，当母牛出现接受爬跨现象后5～8小时可以选择配种。通过直肠检查，感觉到卵巢上的卵泡有指甲盖大小，卵泡壁厚而充盈，便可以在5～8小时配种。如果发现卵巢上的卵泡由充盈、饱满、有弹性而变薄，好似快要破裂，触摸有明显的液体波动，则可以选择立刻配种。如果发现母牛阴门挂有黏液，用手指触摸进行拉丝可以达到10次以上，则可以在5～8小时配种，此方法对一些隐形发情的母牛比较有效果。有经验的配种员常说的“早上发情晚上配，晚上发情早上配”，是有一定道理的，即早上发现有牛刚刚出现发情症状（爬跨），晚上可以配种，晚上发现母牛刚刚出现发情（爬跨），第二天早上可以配种。有时为了提高配种率，可以在第一次配种后的8～12小时，再进行一次人工输精。

五、母牛的人工授精方法

母牛的人工授精方法主要分为阴道开张器输精法和直肠把握输精法两种。随着牛养殖的发展，直肠把握输精法的使用越来越多。具体操作如下：

1）首先检查者将指甲剪短，手臂上涂抹润滑剂或使用一次性长臂手套，将手合拢呈锥形，以缓慢旋转的动作伸入母牛肛门；将手握成拳头，向下按压，使阴门张开；另一手把输精枪由斜下方，自下而上斜插入母牛的阴门，注意避开母牛的尿道口；然后将输精枪由水平方向轻轻地缓慢插入，直至子宫颈外口。

2）通过直肠把握，用手握住子宫颈，将手向肛门处缓慢滑动，并轻轻地用一只手握住阴道与子宫颈的连接处，另一只手轻微地摆动输精枪，此时直肠中的手能够感觉到输精枪的位置。

3）两只手相互配合，使输精枪慢慢向子宫颈外口移动，然后轻轻插动输精枪，当插入子宫颈口后，可以感觉到插枪特别滑顺；如果再次感觉到枪头有阻力，很可能是输精枪头碰到了子宫颈中的褶皱结构；此时，需要将输精枪慢慢向外拔，然后再次向子宫颈内插入即可。

4）在输精前，需要直肠检查确定那一侧的卵巢是否有优势卵泡，以便在输精的过程中，将输精枪轻轻插入子宫角的浅部，注射精液，同时还可以在子宫体内注射一部分精液，以便提高受胎率。

5）输精完成以后，可以用手轻轻按住母牛的腰椎，使其腰部凹陷下去，然后轻轻拔出输精枪。

6）人工输精过程中的注意事项：①在人工授精的整个过程中，应当注意输精枪的卫生情况，不要让牛粪或牛尿污染。②在插入输精枪的过程中应当注意动作轻柔，不能强行硬插，以免伤到子宫颈外口。③如果母牛在直肠把握的过程当中出现努责，此时动作一定要轻柔，并耐心等待努责消失，或轻轻按压母牛的腰椎，以便缓解努责。④对于使用过后的输精枪要经常消毒处理，保持其卫生。

六、母牛的妊娠与分娩

（一）母牛妊娠期

通过人工授精后的母牛，精子与卵子在输卵管壶腹部结合形成授精卵，然后在子宫内膜上着床，并不断进行细胞分化成胎儿，直到分娩，这一段时期称为妊娠期。母牛的妊娠期一般在 280 天，不同品种的可能有一定的差异，同时也受到营养水平和管理水平的影响。

母牛较预产期提前或延迟 15 天均属于正常情况。

对于怀孕母牛预产期的把握可以通过以下方法进行推算：

配种时间的月份减 3 或加 9，日数加 6，可以得母牛分娩时间。

例 1，一母牛 4 月 20 日配种，则预产期计算如下：

月份 = 4 − 3 = 1

日数 = 20 + 6 = 26

则预产期为第二年的 1 月 26 日。

例 2，一母牛 1 月 29 日配种，则预产期计算如下：

月份 = 1 + 9 = 10

日数 = 29 + 6 = 4（次月）

则预产期为当年的 11 月 4 日。

（二）配种母牛的妊娠检查

在一个发情周期后，配种母牛没有出现发情表现，说明其可能怀孕。但是，此种情况往往受到很多因素的影响而变得复杂，如母牛患卵巢疾病、激素分泌紊乱、胚胎早期死亡等，都会影响母牛的再次发情，影响我们的判断，从而延误了母牛的再次配种时机，造成经济损失。因此，对配种母牛进行妊娠检查就变得非常有意义。

1. 直肠检查法

直肠检查法是目前判断母牛妊娠与否的常用方法，还可以粗略判断妊娠的月份和胎儿的状态。首先应当检查母牛的子宫角，其次是检查母牛的子宫中动脉。直肠检查的时间应当选择在经产母牛配种后45～50天，后备配种母牛应选择在配种后35～40天。

经产母牛配种后45～50天的妊娠检查：孕角一侧明显变粗，接近另一侧子宫角的1倍粗，轻轻触摸有波动感。

后备母牛配种后35～40天的妊娠检查：怀孕一侧子宫角明显比未怀孕一侧子宫角粗，触摸有波动感。

在第一次妊娠检查7个月后，再次进行妊娠检查，防止中途有母牛流产，以便及时发现并进行人工授精。怀孕7个月的母牛子宫已经沉入腹腔，很难触摸到。但是可以通过检查子宫中动脉来确定母牛是否怀孕。如果能触摸到子宫中动脉，感觉到好像一股一股的液体在血管中流动，则说明该母牛的确怀孕。

2. 子宫颈、阴道黏液煮沸法

怀孕母牛子宫颈和阴道的黏液黏性大，凝固成块状，加热水煮沸时，在很短时间内黏液不溶解，依然保持云雾状；而在碱性水溶液中煮沸，液体呈褐色。该法具体操作如下：

配种后35天，用阴道开张器，开张怀孕母牛的阴道，以收集母牛的阴道黏液少许，加蒸馏水5ml，混合并煮沸1min，进行观察；如果分泌物在清亮液体中呈白色的云雾状，则说明母牛怀孕；煮沸后呈清亮液体则为发情母牛的黏液，如果液体浑浊，并有小泡沫状和絮状物，则说明该牛可能有子宫内膜炎。

使用同样的方法采集子宫颈黏液少许，加入10%氢氧化钠溶液3滴，煮沸，如果黏液完全分解，并呈褐色，表示该母牛怀孕。

3. B超检测法

B超检测法是先排空直肠内的所有粪便，用手将润滑过的短小的直肠探头带入直肠内，隔着直肠壁将探头晶片面紧贴在子宫上方进行探查，然后直接通过显示屏观察子宫内是否有胚胎来判断母牛是否怀孕。

（三）母牛分娩

1. 分娩征兆

1）母牛乳房在产前15～20天逐渐膨胀，到产前5天左右肿胀、发红。乳头口有淡黄色的分泌物，甚至有部分母牛乳头还会出现流奶现象。

2）产前1周，母牛外阴部肿胀，阴道黏膜潮红，黏液量增加，阴唇开始逐渐柔软、肿胀、增大，阴唇皮肤上的皱褶展平，皮肤稍变红。

3）分娩前7～15天，骨盆韧带开始软化；产前12～36小时，尾根两旁只能摸到一堆松软组织，且荐骨两旁组织塌陷。

4）临分娩前，母牛表现出不安，频频翘尾和起卧，食欲下降，排泄量少而次数增多。

2. 助产时机

1）正常情况下，母牛第一次破水是尿囊膜中的液体，第二次排出的是羊膜中的羊水，大约2小时后可以生出犊牛。

2）对于2小时还未完成分娩的，需要人工助产。

3）如果母牛胎位不正，也就是当羊水破后，只出现犊牛的双蹄，而未发现犊牛的头部，此时需要检查犊牛的胎位是否异常，如果是两个后蹄，且2小时未完成分娩，则需要人工助产；如果是犊牛的两前蹄，则需要立即校正胎位，待子宫颈开张完全后，进行助产。

3. 助产

1）母牛离预产期还有10～15天时，应转入产房；产房要求宽敞、清洁、安静，铺有柔软的垫草，夏季通风，冬季保暖。

2）助产器械应当提前做好消毒准备，并备好常用的药物及产道润滑剂。

3）助产前，操作者应当做好手臂的消毒工作，或者使用长臂手套。

4）生产时，助产人员使用产科绳，套住犊牛的前肢，正常情况下，只需要3～4人即可；按照母牛努责的节律，用力沿斜下方拉犊牛，如果感觉到犊牛好像被向子宫方向吸入时，只需要用力不让犊牛吸回去即可，严禁用力向外拉，防止拉伤产道。

5）如果母牛产程过长，需要使用产科润滑液，如石蜡油5000～8000ml，灌入子宫，以便起到润滑作用。

4. 产后护理

1）母牛产出犊牛后，应当检查产道是否有拉伤，或是双胎。

2）及时对分娩母牛的外阴部进行消毒处理，保持阴门和尾根部内侧卫生。

3）及时提供母牛产后汤，即15～20kg热水，加入1kg麸皮、0.5kg口服补液盐、红糖1kg、葡萄糖酸钙0.5kg。

4）分娩后1小时内，挤母牛初乳，灌服犊牛，初乳温度应当保持39℃左右。

5）清除犊牛口腔中的羊水，用10%碘酊处理犊牛的脐带，而脐带的长度应为5～10cm。

6）应尽量让母牛舔犊牛身上的羊水，有助于母牛胎衣的排落，也有利于犊牛身体干燥，如果是寒冷的冬季，可以使用红外灯保持温度。

参考文献

春迎，白希林. 2014. 肉牛育肥的技术要点. 畜牧与饲料科学，35（10）：83

冯志云. 2014. 肉牛传染病与常发病的防治. 黑龙江科学，5（8）：73

高金树 . 2010. 肉牛养殖中常见几种疫病的防与治 . 现代畜牧兽医，(4)：57 ~ 58
胡辉忠 . 2007. 肉牛育肥的综合措施 . 现代农业科技，17：187
黄靖 . 2014. 肉牛的遗传育种与繁殖技术 . 当代畜禽养殖业，11：16
江晓军，张金川 . 2008. 犊牛养殖关键技术措施 . 农业科技与信息，21：55
李文彬，李三禄，闫晓波，等 . 2010. 集成配套技术普及应用对肉牛繁殖性能的影响 . 中国牛业科学，36 (4)：80 ~ 81
刘鑫，袁宜浓，马欢庆 . 2013. 肉牛养殖场卫生防疫管理及群发病的防治 . 畜牧与饲料科学，34 (1)：112 ~ 113
麻文安，李福荣 . 2012. 提高肉牛育肥效果的技术措施 . 中国畜禽种业，12：74 ~ 75
穆杨，朱洛毅，杨傲 . 2017. 肉牛繁殖和生长性状遗传参数的研究进展 . 武汉轻工大学学报，36 (1)：9 ~ 15
彭宇辉，张伟宏 . 2016. 提高肉牛繁殖能力的关键技术 . 现代畜牧科技，3：58
曲芳菲 . 2017. 肉牛的规范化养殖技术 . 草食动物，7：60 ~ 61
佟艳妍 . 2017. 规模化肉牛养殖场的合理布局与建设 . 现代畜牧科技，4：156
魏万梅 . 2016. 肉牛遗传育种与繁殖技术发展趋势 . 畜牧兽医，26：115
岳宏 . 2011. 中国肉牛产业可持续发展研究 . 长春：吉林农业大学
张扬，周振勇，张金山，等 . 2014. 肉牛遗传育种与繁殖技术应用现状 . 中国草食动物科学，34 (1)：54 ~ 58

第六章　养牛场废弃物肥料化利用

随着畜禽养殖业向规模化和集约化发展，畜禽养殖的粪污总量呈逐年增长的态势，导致农业生态系统的环境污染负荷加重、养殖废弃物资源化利用的难度加大。当前，国内外养殖场畜禽粪便循环利用途径主要有肥料还田、制成饲料、转变成能源，而畜禽粪便肥料化还田利用是目前国内外规模化养殖场处理畜禽粪便的主要途径，不仅能消除畜禽粪便对环境的污染，而且还能提高资源的利用效率。目前国内外学者虽然针对有机肥的生产工艺，并且在有机肥替代部分化肥对作物养分吸收利用、产量品质及土壤理化性状的影响等方面开展了大量研究，但是针对规模化养殖场固体废弃物的有机肥生产与液体废弃物的肥料化还田利用整体解决方案尚较少报道。环境保育型循环农业系统设计的养殖废弃物无害化处理系统由废弃物固液分离系统、固体废弃物有机肥生产系统、液体有机肥智能灌溉系统三部分组成，通过可操作性强、投入成本低、资源化利用效率高的综合技术体系系统解决养殖废弃物资源的肥料化利用问题。

第一节　养牛场废弃物固液分离

养牛场废弃物主要由粪便、尿液、冲洗污水、残余饲料、垫料等组成。如果采用传统方式直接还田利用，既不适应现代农业发展的需求，又可能对农作物生长及土壤、环境等造成负面的影响。好氧发酵生产有机肥和厌氧发酵产生沼气是当今世界畜禽粪便处理比较普遍且行之有效的方法。但是从规模化养殖场排出的粪便和污水不仅量大，而且干物质浓度较低，好氧堆肥和厌氧发酵都会严重影响处理过程，处理效率较低，必须先采用固液分离处理，为后续粪污高效资源化、无害化提供更为适宜的条件。

一、固液分离处理畜禽粪便的优点

鲜牛粪含水率为80%～85%，其粗纤维含量大（约占干物质的40%），如直接堆肥，需要使用调理剂将含水量调节至65%左右。由于当地的调理剂资源有限，或因价格较高、运输成本不合算，许多堆肥厂（场）难以承受。若用鲜牛粪进行厌氧发酵，其中的纤维素难以降解，致使发酵设备利用率低。与其他动物粪便相比，牛粪厌氧发酵总固体（total solid，TS）含量的甲烷产率低，粗纤维含量多，在中温发酵过程中，粗纤维在30d内几乎不降解。为了保证湿法发酵料液的流动性，牛粪加水比例为1∶1以上，TS在8%左右，碳氮比过高，微生物生长所需的氮源不足，产气效率较低，发酵设备利用率差，并且容易产生附渣，影响厌氧发酵产气效果及养牛场沼气工程建设的积极性。

固液分离在提高畜禽粪便厌氧发酵效果和臭味控制方面作用显著。日本北海道大学的岩淵和則等（1987）研究了牛粪固液分离机特性及分离液沼气发酵试验，分离液容积产气率远高于未分离原牛粪，其原因可能是经过固液分离后，分离液中微小的易分解的固形物含量增加，液体黏度降低且颗粒小，有利于微生物的活动。与稀牛粪相比，分离液在发酵过程中产气高峰明显提前，高产气周期在第13天基本结束。而稀牛粪发酵时间较长，后期产气较分离液多，发酵时间长。试验结果还表明，原料挥发性固形物（volatile solid）很接近的条件下，无论是总产气量和气体中甲烷含量，还是甲烷得率，分离液都有显著的提高。

此外，利用牛粪固液分离后的固形物压块为成型燃料，为分离液厌氧发酵系统增温保温提供热源，减少了利用农作物秸秆原料粉碎和运输费用。研究发现，牛粪经过固液分离后，固形物中木质素、纤维素和半纤维素占干物质的比例达到82.7%，介于麦秸与玉米秸之间，表观形态蓬松，很容易实现自然脱水，较易生产为成型燃料，且燃料密度达到1220kg/m^3，低位发热量达到16 847kJ/kg，均不低于采用麦秸、稻秸、玉米秸和豆秆成型块的热量指标值。

牛粪通过固液分离机进行分离后，半干牛粪可用于农作物施肥、食用菌栽培、有机肥生产和饲养蚯蚓等。分离的液体经厌氧发酵、絮凝沉淀、生化处理三段曲流式厌氧发酵产生沼气，用于热源或发电；沼液经好氧、絮凝沉淀、生化三级处理后，清液回抽用于牛舍冲洗，沼渣用于堆肥或农作物施肥，从而实现变废为宝和资源循环利用的目的。因此，牛粪固液分离已成为提高牛粪资源化综合利用效率的重要途径。在我国许多地区的规模化养牛场，应用固液分离技术对养殖粪污进行前处理已形成一种共识，能大大减少牛粪处理的难度和成本。

牛粪固液分离具有以下优点：①通过固液分离方法分离出的固体物，可制成优质有机肥或有机无机复合肥，不仅可以改善养殖场环境，减少臭气，防止致病微生物扩散，还可以为农田提供有机肥，有利于农作物增产和改良土壤，也给养殖场带来经济效益。有些规模化养牛场仅依靠有机肥的收益就能在较短时间内收回设备投资成本。②粪便经固液分离后，降低了污水中COD、生化耗氧量（biochemical oxygen demand，BOD）、TS的含量，有利于减轻厌氧处理的负荷，缩小了厌氧处理装置的容积和占地面积，减少工程造价，并使厌氧消化后沼液的COD浓度降到1000mg/L以下，便于后处理和达标排放。据研究，采用固液分离，污水中COD浓度可下降40%左右，为高效的厌氧工艺创造了条件。若COD浓度过高，可能堵塞高效过滤器或污泥床，不能充分发挥高效工艺的作用。

二、固液分离工艺流程

畜禽粪便脱水国内外采用的方法主要有高温快速干燥、生物脱水和机械脱水等。其中，机械脱水被广泛应用于固液分离。国外对畜禽粪便进行固液分离，主要采用三种工艺，即不经任何处理，直接分离；对于浓度较低的粪便污水，先经过预沉降，再分离；对于含毛较多的粪便污水，经过去毛处理，再进行分离。有时上述三种工艺方法混合使用，其工艺流程如图6-1所示。

1）粪污水经粗格栅进入贮粪池。由于污水中有一定的杂质（如塑料袋等），粗格栅将杂物阻挡在贮粪池外，可以防止进料泵堵塞。贮粪池底部为倾斜式，将进料泵置于倾斜

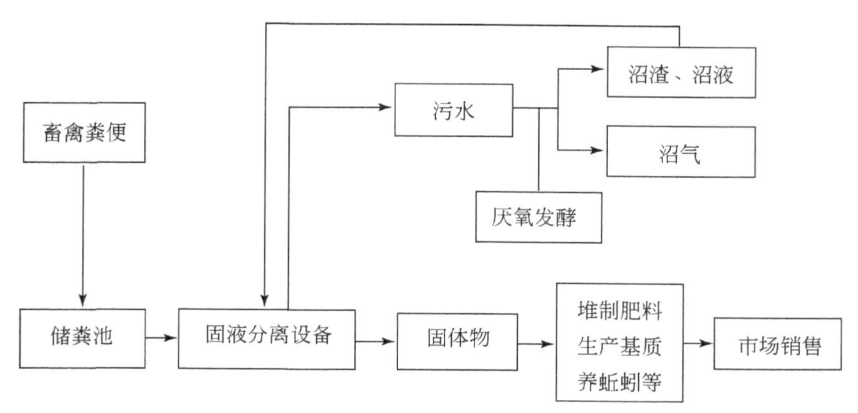

图 6-1　畜禽粪便固液分离工艺流程

端，有利于池中沉淀物流动，可基本处理完池内污泥。

2）由于粪污水的流动状态直接影响分离机的分离效果，故进料泵的输送量大于分离机的处理量，进料管上必须设计溢流管，溢流管直径大于或等于进料管。进料泵、进料管、溢流管与振动电机的振幅和频率相匹配，才能使分离机效率最高。

3）粪污水用泵送入分离机进行固液分离。每台分离机每小时排出的干物质量为 1200 ~ 1800kg。为确保分离机的正常工作，要及时清除分离粪渣，即在分离机出料口下部，设置流动推车或输送带，尤其是采用多台分离机同时进行工作时，输送带的配备是必要的，它有利于减轻劳动强度。然后将分离粪渣进行深加工，制成有机肥或直接出售。

4）固液分离得到的分离液通过管道送至沉淀池进行沉淀，然后进行厌氧、好氧处理，最终达到排放标准排放。分离液排放管道应有足够的坡度，管径必须大于 100mm。

我国固液分离机的研究起步较晚，在理论研究和制造方面与国外的差距都比较大，严重影响了畜禽粪污综合处理和利用的产业化进程。如今，欧美发达国家在畜禽粪污处理工艺、技术水平等方面已经日趋成熟，达到可进行规模化生产的水平。近年来，我国大力引进一些国外先进技术和设备，对其进行借鉴、消化、吸收和创新，初步形成了规模化的以机械脱水为主的固液分离-发酵成有机肥料的粪便处理方式。但现有技术仍存在缺陷，主要表现在：生产规模较小，关键工艺技术水平较低，核心工艺和技术及发酵水平有待进一步完善和提高。

三、固液分离的原理与技术

固液分离的主要目标是移除溶液中的悬浮固体和部分溶解固体。常用的固液分离方法有：①沉降法。由固体重力产生沉降进行分离。②机械分离。该方法目前应用广泛。③蒸发池法。这种方法在干旱地区效果较好，蒸发出来的水分经冷凝回收可以用于灌溉，但分离效率受蒸发池的规模、配套设备和环境变化等影响。④絮凝分离。这是一种新型的固液分离技术，应用化学试剂使微小的悬浮固体迅速聚集成较大的颗粒，再进行沉淀分离。⑤脱水分离。即应用加热来除去污水中水分，由于该方法具有高成本、高维修费用和高耗能等缺点，并未广泛采用。

上述分离方法中，分离效果最好的是机械分离。与脱水分离方式相比，机械分离的能量消耗相对较低。机械分离设备可分为筛分分离、离心分离和压滤分离三种类型。对不同类型固液分离机的分离效率试验发现，分离性能差异很大，粪水中干物质去除率在3% ~67%。

20世纪70年代国外已有固液分离设备定型产品，且种类繁多。从分离原理来看，主要采用机械物理分离，而化学方法和生物方法很少采用。总体上将固液分离设备分为三类，即筛分、过滤和离心分离。每一类又有不同的形式和结构，其优缺点各异，共同点都是简单、实用和节能。

国内从事固液分离研究的人不多，到20世纪80年代，才从国外引进了几种分离设备，如斜板筛、转动筛、挤出式分离机和带式压滤机等。“七五”期间，农业部规划设计研究院研制成功了一种经济实用的斜板筛，具有成本低、运行费用低、结构简单、维修方便等优点。畜禽粪便中含有纤维，试验还发现，纤维长度及粪便含水量对固液分离机的分离性能影响较大，目前的固液分离设备只能对一部分畜禽粪便达到较好的效果。因此，要借鉴其他行业的经验，研发出应用范围广、适应性强的固液分离设备，并提高材料的使用寿命和可靠性，尽可能降低设备成本。

（一）筛分

筛分分离是根据粪水中固体物颗粒的大小进行固液分离的一种方法。固体物的去除率取决于筛孔大小，筛孔大则去除率低，但不易堵塞，清洗次数少；反之，筛孔小则去除率高，但易堵塞，清洗次数多。筛分机有很多类型，最常用的是斜板筛和振动筛。

1. 斜板筛

利用固体物自身的重力把粪水的固体物分离，其主要特点是筛板固定不动，如图6-2所示。斜板筛具有成本低、运行费用少、结构简单和维修方便等优点。但斜板筛固体物去除率低，分离后固形物含水量高达90%左右，不便于运输和深加工。同时斜板筛筛孔易堵塞，需要经常清洗，否则分离性能就会下降，且对于放置30天以上的粪水几乎没有效果。

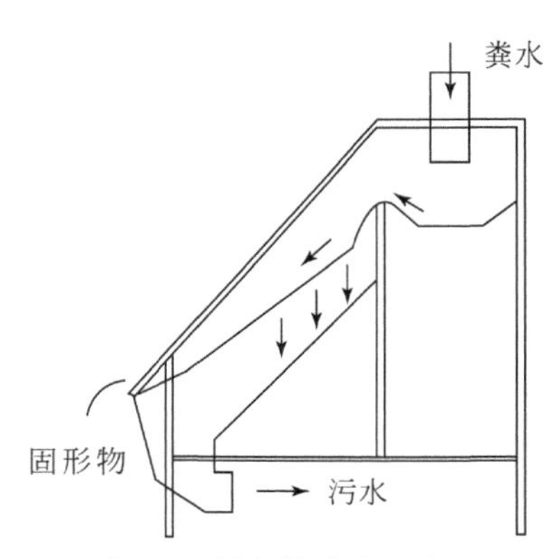

图6-2　斜板筛分离示意图

2. 振动筛

振动筛的工作原理与斜板筛相同，如图 6-3 所示，分离机装有高速震动的筛板，可以有效地防止筛孔堵塞。分离机的效率与筛孔直径有关，实验表明，当筛孔直径为 0.75 ~ 1.5cm 时，固体物的去除率为 6% ~27% 。但对于固体物含量大于 10% 的粪水，振动筛的分离性能会下降。

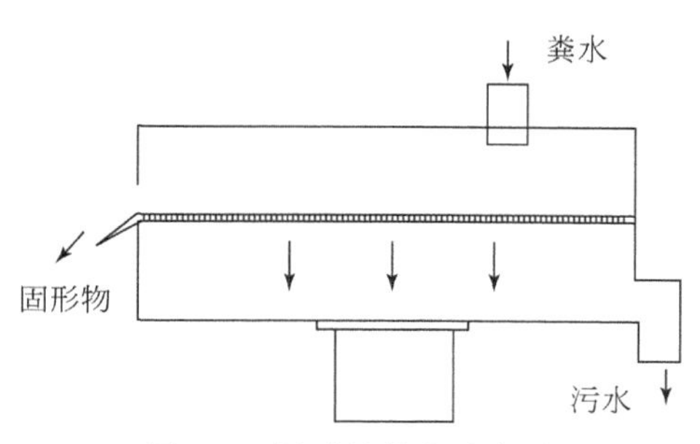

图 6-3　振动筛分离示意图

筛分式分离设备的分离性能取决于筛孔尺寸、粪水输送流量和粪水物理特性（固体含量、颗粒分布等）。研究表明，当粪水的固体含量少于 5% 时，筛分效果明显。大输送量和大浓度往往堵塞筛孔，致使水分留在固体物内，分离效率降低。

（二）离心分离

离心分离机是利用固体悬浮物在高速旋转下产生离心力达到固液分离目的的一种设备，在食品和化工行业应用较为广泛，并取得了较好的效果。近年来，在畜禽粪便分离中也得到一定规模的应用。卧式离心分离机结构比较复杂，如图 6-4 所示。离心分离的效率要高于筛分，且分离后固体物含水率相对较低。在美国得克萨斯州的一个奶牛场，应用离心分离机进行粪便污水处理，固体物去除率可达到 34% 。当粪水固形物浓度为 8% 时，固体去除率可达 61% 。但离心分离设备昂贵、能耗大，而且维修困难，因此推广应用受到限制。

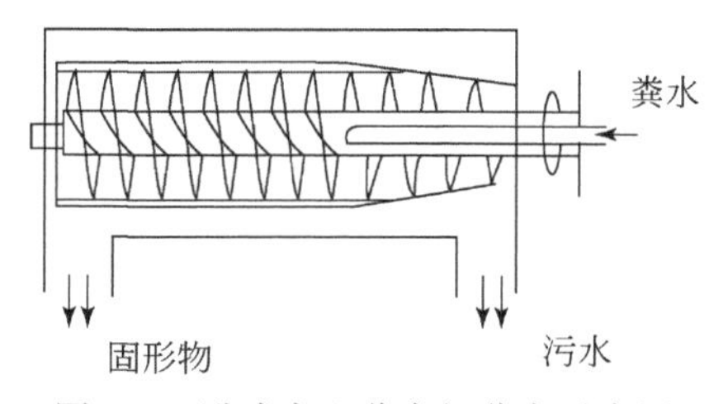

图 6-4　卧式离心分离机分离示意图

（三）压滤分离

经筛分或离心分离后的固体物含水率一般在 85% ~95% ，干物质含量仅为 5% ~

15%，通过压滤分离可以除去更多的水分。依据工作原理不同，压滤分离机分为带式压滤机和螺旋挤压机。

1. 带式压滤机

带式压滤机相对于传统固液分离机是一种革命，最早由联邦德国1964年研制成功，如图6-5所示。20世纪70年代初，美国已开始使用这种设备分离畜禽粪便。带式压滤机是全球发展较快的固液分离设备，具有结构简单、操作方便、能耗低、噪声小和可连续作业等特点，在常规条件下运行，得到的滤饼含水率低，仅为14%～18%。在实际运行中发现，滤带再生效果的好坏将影响到滤饼剥离和分离效率。带式压滤机的缺点是设备费用高，且需要用高压水喷洗滤带，用水量大，增加了水处理系统的负荷。

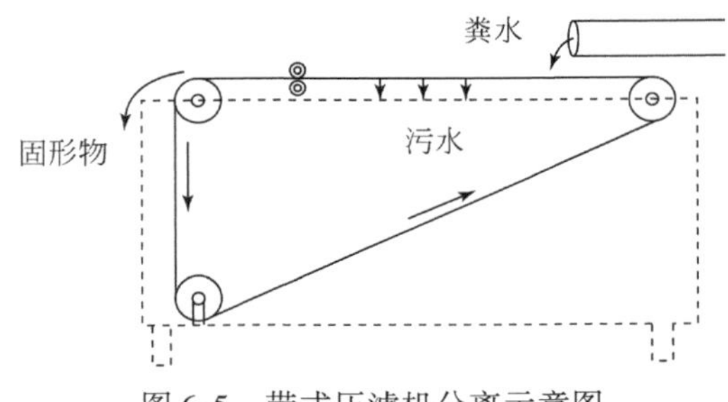

图6-5 带式压滤机分离示意图

2. 螺旋挤压机

螺旋挤压机是将重力过滤、挤压过滤及高压压榨融为一体的新型固液分离装置。畜禽粪便的种类及处理量决定了传输螺杆的直径和驱动马达的功率，如图6-6所示。螺旋挤压机整个运行过程是密封的，降低了噪声干扰，减少了臭气排出。螺旋压滤机的螺旋轴在低转速下工作（一般在0.1～0.5r/min），几乎不产生一般机械运动的振动和噪声问题。

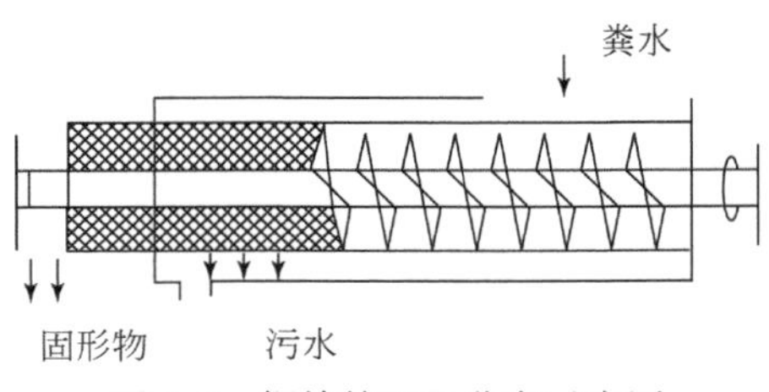

图6-6 螺旋挤压机分离示意图

螺旋挤压机作为一种结构新颖的固液分离设备，引起了人们的广泛注意。与带式过滤机相比，它结构简单、操作方便、运行费用低、耗能低。同时，它不采用滤布，维修管理费用降低，更为经济，更适合于需要密闭处理的物料。研究表明，这种分离机分离出的固体物含水率为60%左右，不会出现堵塞，而且使用寿命长。因此，许多国家都装配该类设备来处理牛粪。

（四）化学处理

在固液分离前，利用化学方法对物料进行预处理，使物料中的微小悬浮物絮凝或聚沉，改变粪水中固体颗粒的聚集状态和几何尺寸，可以有效地提高固液分离设备的分离效率。在畜禽粪便固液分离中，较普遍用于絮凝的化学药剂有聚乙醛（$C_8H_{16}O_4$）、氯化铁（$FeCl_3$）、明矾［$KAl(SO_4)_2 \cdot 12H_2O$］和石灰［$Ca(OH)_2$］。研究表明，用氯化铁和明矾处理粪便污水后，絮凝现象明显，分离速率和质量都显著提高，有效提高了分离效率。人们正在研究絮凝剂的最佳剂量，确保较高的分离效率。但到目前为止，还没有统一的使用标准，且絮凝剂大部分是无机物，常常带有有毒化学元素，需进一步进行中和处理，这也成为制约絮凝剂广泛应用的主要因素。

四、固液分离设备

（一）螺旋挤压分离机

前面提到，常用的固液分离方法效果最好的是机械分离。其中，我国以螺旋挤压技术应用最为广泛，如 LGJ-1 型固液分离机和 XY 型固液分离机（吴军伟等，2009）。1996 年农业部规划设计研究院消化吸收国外技术，结合国内规模化养殖场情况及固液分离工艺要求，研制了 LGJ-1 型螺旋挤压式固液分离机（图 6-7）。主要特点是：①连续自动进料、出料；②由配重调节分离后的干物质含水率和生产能力；③进料泵的进料口带有切割刀头，可以将小的杂物切碎，保护分离机筛网和搅拢；④筛网为浮动式，使物料在机体内布料均匀，减少搅拢磨损；⑤接触物料的部件均由不锈钢材料制成。

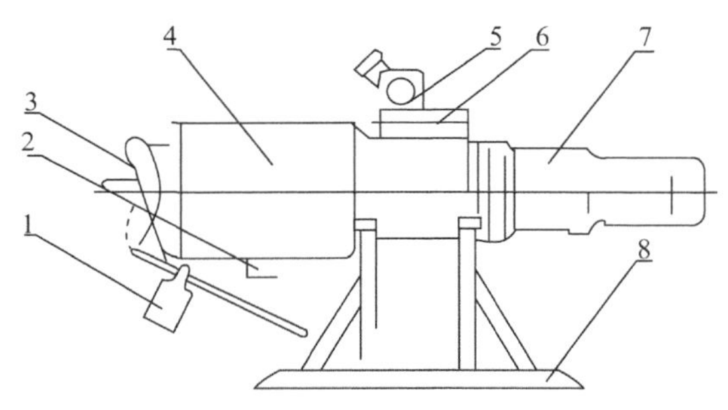

图 6-7 LGJ-1 型螺旋挤压式固液分离机示意图

1. 配重块；2. 出水口；3. 卸料装置；4. 机体；5. 振动电机；6. 进料口；7. 传动电机及减速器；8. 支架

LGJ-1 型螺旋挤压固液分离机，每小时处理量为 10 ~ 18m^3，挤压后干物质含水率为 65% ~ 73%，TS 去除率达 40% 左右，完全可以达到用上流式厌氧污泥床（up-flow anaerobic sludge bed/blanket，UASB）发酵工艺处理污水和生产有机肥的工艺要求。不过，当前国内的螺旋压榨固液分离机大多采用等轴径和等螺距结构，影响了固液分离机的工作效率，少数采用变轴径和变螺距结构也是凭借经验。

XY 型固液分离机的结构及工作原理与 LGJ-1 型相同。但可以通过改变网筛孔径、力矩和进料浓度来改变固液分离效果。

1. 网筛孔径、力矩与进料浓度对粪便固液分离效率的影响

对于 0.3mm 孔径筛，短力矩下，不同进料浓度的单位时间处理物料量为 176～226kg/h（以干物质计算），平均约 201kg/h；长力矩下，单位时间处理物料量为 142～172kg/h，平均约 160kg/h。相同力矩条件下，进料浓度对固液分离效率影响不大。对孔径为 0.5mm 的网筛而言，无论是长力矩还是短力矩条件，进料浓度均影响单位时间处理效率，短力矩、进料含水率为 88.2% 时，固液分离机的单位时间处理物料量最大，为 563.6kg/h，同时出料量也最大，为 122.9kg/h；而长力矩、进料含水率为 79.6% 时，单位时间处理物料最大为 473.5kg/h，出料量为 102.6kg/h。对孔径为 1.0mm 的网筛而言，无论是长力矩还是短力矩，随进料含水率增大，单位时间处理物料量和出料量均呈现先增大后减少趋势。进料含水率为 89.4% 时，长力矩或短力矩条件，单位时间处理物料量和出料量都达到峰值，分别为 1934.3kg/h 和 2046.7kg/h，单位时间出料量分别为 413.3kg/h 和 436.2kg/h。

比较不同孔径网筛处理效率，相同进料浓度下，各孔径网筛短力矩下单位时间处理量和出料量均好于长力矩。不同孔径网筛之间，单位时间处理物料量和出料量均达到极显著差异。且随网筛孔径增大，不同网筛之间处理效率相差更显著。不同网筛间，随网筛孔径逐渐增大，每处理 100kg 原料和产出 100kg 粪渣所耗能量亦逐渐减少。

2. 网筛孔径对处理不同浓度粪便的影响

（1）出料含水率与出水含固率

不论进料浓度高低、网筛孔径大小和力矩长短，出料含水率大多在 55% 左右，均可达到高温堆肥要求的含水率。其中，出料最高含水率为 60.9%，最低为 49.7%，相同进料浓度下，无论网筛孔径大小，总的趋势为短力矩下出料含水率高于长力矩的出料含水率，随着进料浓度降低，长、短力矩下，出水含固率也逐渐降低。

（2）不同孔径网筛运行下的氮和磷回收率

进料浓度基本相同时，比较不同孔径网筛和不同力矩运行时，氮、磷在分离后固、液中的分配情况，结果显示（表 6-1），无论哪种筛网，短力矩下氮磷分配在固体中的比例均高于长力矩。无论是短力矩还是长力矩，小孔径网筛的氮磷分配在固体中的比例均高于大孔径网筛。

表 6-1 网筛孔径与出料固体氮磷分配的关系

网筛孔径（mm）	进料含水率（%）	氮平均回收率（%）	磷平均回收率（%）
1.0	80.95	7.14	7.38
0.5	81.01	10.98	8.01
0.3	80.87	19.15	20.65

（3）网筛孔径与固体回收率的关系

0.3mm 孔径筛、短力矩工作条件下，固体回收率最高，达 24.95%，而 1.0mm 孔径筛、长力矩工作条件下，固体回收率最低，为 19.02%。同一孔径筛下，短力矩固体回收率高于长力矩固体回收率，主要是因为长力矩对网筛里的粪便压力更大，使粪便中更多小颗粒挤出筛网。但对不同孔径网筛而言，无论在长或短力矩工作下，小孔径网筛固体回收率都高于大孔径网筛，主要是网筛孔径越小，越容易拦截小颗粒固体。因此，筛网孔径大小是影响固液分离机固体回收率的主要因素（图 6-8）。

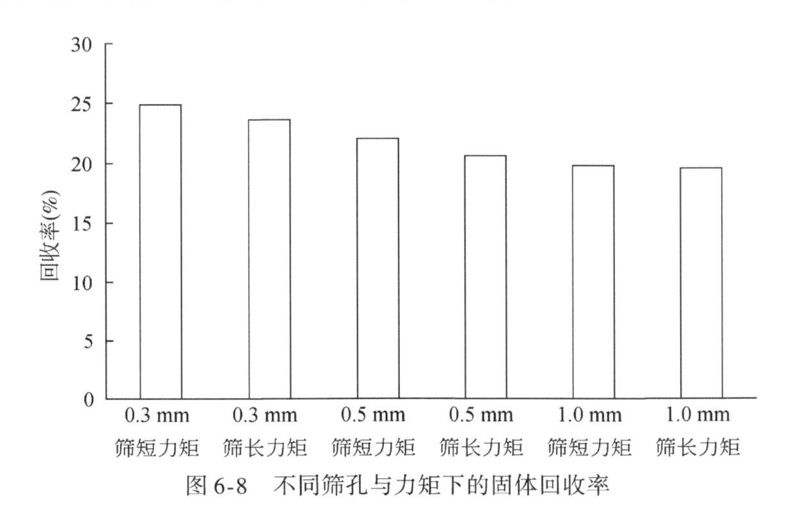

图 6-8　不同筛孔与力矩下的固体回收率

（二）FZ-12 固液分离机

FZ-12 固液分离机的技术设计汲取了斜板筛分离、挤压分离、离心分离及板框压滤分离等众多厂家生产的分离机性能技术参数（林代炎等，2005），并依据 GB/T 8733—2000《铸造铝合金金属》，GB/T 1243—1997《短节距传动用精密滚子链和链轮》，GB/T 3280—1992《不锈钢冷轧钢板》及 GB 5226 1—2002《机械安全机械电气设备第 1 部分》等国家相关标准规定要求研制而成，整体设计原则为：①处理能力强，去除率高。经过固液分离后，猪场污水 COD 浓度降到 5000mg/L 以下，有利于厌氧微生物正常发酵。②分离出的粪渣含水率低，不产生渗漏液。③功能齐全、自动化程度高，且适合腐蚀性强、湿度大的猪场污水处理环境使用。④整机结构紧凑，占地面积小，外观整齐美观。

1. FZ-12 固液分离机结构

FZ-12 固液分离机主要由三个系统组成（图 6-9）：①振动分离系统。粪便污水由污泥泵抽到振动筛时，筛网通过振动能有效将粪渣与污水分开。②送料挤压系统。由振动筛分离出的粪渣，通过螺旋送料机送到机体外，并在送料的同时将水分进一步挤干分离，降低粪渣含水率，使粪渣便于直接堆肥利用或直接装袋出售。③自动清洗系统。当集污池的污水处理结束后，设备会自动启动清洗系统，对振动筛网进行冲洗，以防筛网堵塞而无法正常工作。该机的主要特点是：①处理系统布局合理、紧凑、功能齐全、体积和平面占地小，重心低，运行安全平稳。②选材考虑到分离机的工作环境、腐蚀性强、湿度大，振动筛架选用较耐腐蚀的铸铝；支撑架选用橡胶柱，耐腐蚀，噪声小；振动电机选用密封性好、耐腐蚀的铝材外壳电机。

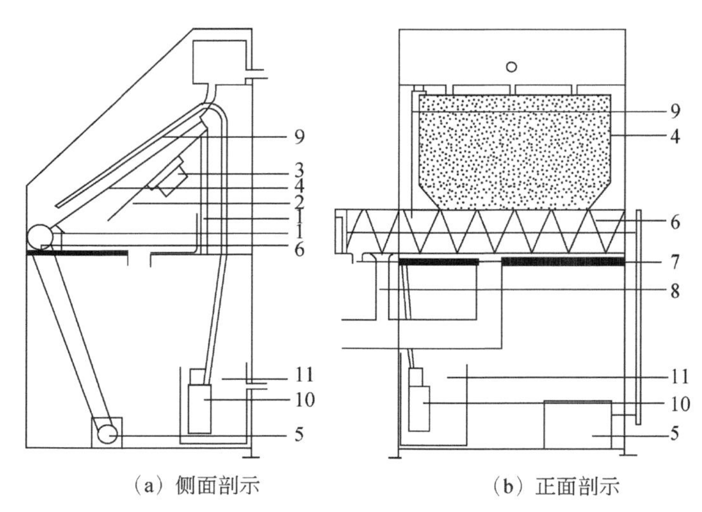

（a）侧面剖示　　（b）正面剖示

图 6-9　FZ-12 固液分离机结构示意图

1. 振动筛支架；2. 振动筛接水盘；3. 震动电机；4. 震动筛网；5. 螺旋输送电机；6. 螺旋输送机；7. 出渣口；8. 挤压水出口；9. 冲洗喷枪；10. 潜水泵；11. 清水水箱

2. FZ-12 固液分离机的工艺及应用效果

（1）粗格栅沉砂池

因畜舍排出的污水可能含有塑料袋、树枝、药瓶等杂物，因此，在进行固液分离处理前，要设置格栅沉砂池，经过粗格栅时基本可以拦载，去除粗杂物，沉砂池让水的流速减缓，砂子即可沉淀，杂物和砂石去除后有助于设备正常运行。

（2）集污池设置搅拌机

粪便污水进入集污池后，在搅拌机的作用下，粪便均匀分散，防止污水泵堵塞，便于分离机正常运行。

（3）污水泵入分离机

粪便污水用无堵塞污水泵送入分离机进行固液分离，分离机对粪便污水的处理能力为 12 ~ 20t/h，还可根据粪便污水的产生量调整筛网数目（30 ~ 60 目）实现配套，干物质收集量为 250 ~ 400kg/h。

（4）污水与粪渣利用

分离机分离后的污水通过管道引到酸化调节池、沼气发酵池、跌水氧化及植物净化达标排放或灌溉利用。分离机分离出的粪渣进行堆肥处理制成有机肥。

如 FZ-12 分离机选用 60 目的筛网对猪场粪污水进行试运行检验，结果表明，处理能力达 14.8m^3/h，对 TS、COD_{Cr}和 BOD_5的去除率分别达 78.6% ~85.8%、73.8% ~79.2% 和 70.9% ~96.4%，污水中有机物浓度明显降低，且分离出的粪渣含水率低于 60%，便于集中运输。还可以根据养猪场的不同规模，通过调整筛网密度来协调粪污处理能力。

三个规模化养猪场的 FZ-12 固液分离机应用效果分析发现，该分离机能有效地收集粪渣，为 2.9t/h 左右，且粪渣含水率少于 55%，符合堆肥发酵的水分要求，可直接进行堆肥。这种粪渣在运输过程中不会滴水，不污染环境，有利于直接装袋销售运输，并减轻了污水后处理的压力。污水通过固液分离后，去除了粪渣中大部分的粗纤维等污染物，在同样处理水平下与传统工艺相比，水压式厌氧发酵池水力停留时间可缩短 5 天以上，并能克服以往因粗纤维过多无法彻底消化造成的沉渣堵塞等问题。而且厌氧发酵后污水浓度更低，能减轻曝氧运行费用。应用该机处理猪场污水，虽然增加相关投资 5 万多元，但投资回报率达 84.9%，即 1.2 年就可收回设备投资。因此，该分离机在规模化猪场上具有较好的实用价值，同样该分离机也可应用于牛场粪污水的固液分离。

第二节　养牛场固体废弃物连续增氧高温发酵制有机肥

目前，畜禽粪便肥料化方法主要包括条垛式堆肥发酵法、槽式堆肥发酵法、罐式（立式和卧式）堆肥发酵法，条垛式和槽式堆肥发酵法的优点是设备相对简单、投资较少，但是其问题是，发酵时 1 ~2 天需要翻堆 1 次，消耗人力和翻堆机设备，且发酵升温慢、高温保持时间短，最大的问题是大多数时间堆料处于厌氧环境中，产生严重的恶臭排放，污染有机肥厂和周边甚至几百米范围的空气。罐式堆肥发酵法的问题是，设备投资多，发酵量少，发酵罐散热快，发酵增温耗能高，生产成本高，罐内通气性导致较严重的恶臭污染物排放。本节主要介绍新创建的牛场固体废弃物连续增氧高温发酵制有机肥的设备和方法，其具有升温快、发酵期间没有厌氧情况发生、堆肥发酵期间没有恶臭产生，且成本低、操作简单、适应性广等优点，可为养牛场固体废弃物生产优质有机肥提供技术支撑。

一、堆肥的概念和分类

堆肥是目前处理牛粪等畜禽粪便最常用、有效的方法，能够实现畜禽粪便无害化处理和资源化利用。所谓堆肥是指利用自然界广泛存在的细菌、放线菌、真菌等微生物，通过人为的调节和控制，促进可被微生物降解的有机物转化为稳定的腐殖质的生物化学过程（柴晓利等，2005）。堆肥过程的实质是以微生物为主导的物理化学和生物学过程，是由群落结构演替迅速的多个微生物群落共同作用而实现的动态过程（王伟东，2005）。

一般的堆肥系统分类方法有多种：①按堆肥方式可分为间歇堆积法和连续堆积法。②按原料发酵所处状态可分为静态发酵法和动态发酵法。③按堆肥过程的需氧程度可分为好氧堆肥和厌氧堆肥。其中高温好氧堆肥技术是一种被世界各国普遍应用的处理畜禽粪便的方法，是目前应用最广泛、研究最多且最有前景的牛粪处理方法之一，同时也是一种集处理和资源循环再生利用于一体的生物方法（单德臣等，2007）。高温好氧堆肥发酵时间短、发酵温度高、脱水速度快，可有效地杀灭病菌、杂草种子和寄生虫卵。

二、高温好氧堆肥的影响因素

高温好氧堆肥是指在有氧的条件下，借助于好氧微生物的生理活动最终使粪便有机废弃物达到稳定化，转变为有利于作物吸收利用的方法。高温好氧堆肥过程是一个复杂、动态的过程，要达到较好的堆制发酵效果，需要对一些因素进行控制和调节，这些因素主要包括水分、通风供氧量、温度、pH、碳氮比、有机物含量和微生物接种剂等，它们影响微生物的活动强度，从而对堆肥速度和质量产生深刻的影响。高温好氧堆肥在畜禽粪便的无害化处理方面越来越受到人们的重视，并已在实际生产中大面积推广应用。高温好氧堆肥的关键是如何促进微生物的生长繁殖。

（一）水分含量

水分是微生物生长所必需的，水分的多少直接影响牛粪好氧堆肥速度的快慢及堆肥质量。集约化养牛场清除地面牛粪的方法主要有机械刮除法和水冲法。采用机械刮除法收集到的新鲜牛粪含水量在80%～85%。采用水冲粪的清粪方式，粪污含水率常高达82.6%～95.7%，远高于通常适宜堆肥的含水率55%～65%，因此需要预先进行脱水处理。堆肥初期初始水分过多会影响微生物的代谢，产生恶臭，水分过少，对微生物的生长不利，从而降低反应速率。一般情况下，在牛粪堆肥过程中需要加入其他有机固体废弃物，如稻草秸秆、玉米秸秆、食用菌渣、猪粪、沼渣、鸡粪等，起到调节堆肥混合原料含水量、碳氮比及通气性等作用。

（二）碳氮比

碳氮比为总碳与总氮的比值。微生物在分解利用含碳有机物的同时，必须利用一定量的氮素来繁殖合成自身细胞物质。因此，碳氮比参数常常被作为堆肥的重要考察指标。一般认为，堆肥起始混合物的碳氮比为（20～30）：1比较理想。碳氮比过高，微生物生长发育受到限制，对有机物的分解速度缓慢，使发酵过程延长；碳氮比过低，会使氮素相对过剩，从而转化为铵态氮而挥发掉，最终使得堆肥的氮素养分大量损失而降低有机肥的肥效。

（三）有机物含量

有机物含量和微生物的生长与繁殖密切相关，因此，堆肥过程需要一个合适的有机物范围。研究表明，高温好氧堆肥中，适合堆肥的有机物含量范围为20%～80%（陈世和和诺建宇，1992）。当有机物含量低于20%时，微生物的生长繁殖受到限制，堆肥过程产生的热量不足以达到高温堆肥所要求的温度条件，或者能达到所需的温度条件但维持时间不够长等，堆肥过程进行缓慢甚至难以完成，无法杀灭原料中病原微生物、杂草种籽等有害成分。当有机物含量高于80%时，有机物含量高，堆肥过程对氧气需求很大，往往使堆体达不到一定的氧气含量而产生厌氧和发臭，好氧堆肥也不能顺利进行。堆制初期，有机物含量对微生物的生长起主导作用，随着微生物代谢产物的积累，温度、pH等因素变化又反过来影响微生物的生长活动，此时有机物含量逐渐变为次要因子（丁文川等，2002）。

（四）pH

pH 是影响微生物生长的重要因素之一，一般微生物最适宜的 pH 为中性或弱碱性，pH 太高或太低都会使堆肥进程遇到困难。在整个堆肥过程中，pH 随堆肥时间和温度的变化而变化。堆肥化初始阶段，微生物繁殖很快，有机物分解产生有机酸的积累，及 NH_3、含氮气体的挥发损失及硝化细菌活性的增强，铵态氮经过硝化作用转化成硝态氮，同时释放出的 H^+不断增多，会使堆物 pH 降低。但随着堆肥过程的进行和温度的升高，有机酸逐渐分解或挥发，含氮有机物质分解产生的氨会使物料 pH 上升，最后稳定在较高水平。因此，腐熟的有机肥一般呈弱碱性至碱性，pH 在 8.0～9.0。

（五）温度

温度是堆肥过程中微生物活动的反映，亦是堆肥得以顺利进行的重要因素。一个完整的堆肥过程由四个阶段组成，即升温阶段、高温阶段、降温阶段和腐熟（稳定）阶段。如图 6-10 所示（鲁耀雄等，2016），由于受翻堆的影响，温度随翻堆呈现周期性变化，每个周期大致分为三个阶段，即升温阶段、高温阶段和降温阶段，并且随着翻堆次数的增加，温度维持稳定的时间越来越短，随后其温度下降也越来越快。根据我国的相关规定，一般认为堆体温度在 50℃以上并维持 5～10 天，就可以杀灭堆体的寄生虫卵、病原菌和杂草种子等，达到我国的粪便无害化卫生标准。一般而言，嗜温菌最适温度为 30～40℃，嗜热菌最适温度为 45～60℃。温度超过 65℃即进入孢子形成阶段，这个温度范围内孢子呈现不活动状态，且孢子再发芽繁殖的可能性也很小。堆体温度长期低于 45℃，则堆肥腐熟缓慢。堆体温度长期高于 65℃，则堆肥过程中氮素损失较多，因此要控制不同物料混合比例，尽量使堆肥过程的温度保持在 45～65℃。

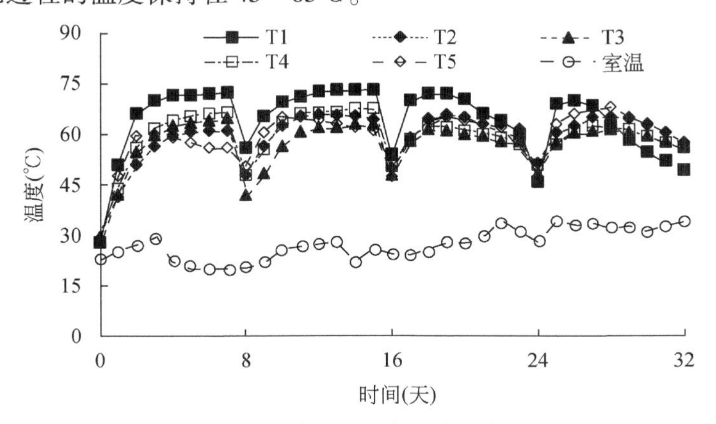

图 6-10　堆肥过程中温度的变化

T1：60%牛粪，20%鸡粪，20%谷壳；T2：40%猪粪，40%食用菌渣，20%鸡粪；T3：60%牛粪，40%食用菌渣；T4：50%牛粪，20%沼渣，20%鸡粪，10%稻草，T5：30%鸡粪，60%食用菌渣，10%谷壳。原料按干基进行配比，每堆原料干重为 1000kg，每 1000kg 用 1L/瓶百益宝 EM 菌液适量兑水后均匀加入有机物料中，控制物料含水量为 60%左右（用手捏成团并有水滴渗出但不滴下，松手掉下即散开为宜），每堆设 1.2m 高的圆堆进行堆沤，采用铲车和人工配合翻堆，分别在 8 天、16 天和 24 天进行翻堆

（六）通风供氧量

好氧堆肥是指利用好氧微生物在有氧状态下对有机质进行快速降解，因此，通气是好氧堆肥成功的重要因素之一。研究表明，堆肥过程中最适的氧气浓度在15%～20%，这样既能使堆体温度控制在55～65℃，而且还可以为微生物的生长提供足够的氧气，不至于造成厌氧发酵，影响堆肥质量。翻堆是堆肥过程中常用的供氧方式，通过氧气供应可以加速微生物的生长和有机物的分解转化，还可以调节堆体温度，去除微生物代谢所产生的CO_2和水分。如图6-10所示，每次翻堆后的温度变化趋势都基本一致，翻堆后热量散失温度降低，然后供氧增强，微生物生长加速，温度再缓慢升高。

（七）微生物接种剂

微生物是好氧高温堆肥过程的主体，对有机物质的降解起主导作用。因此，如何向堆肥添加外源微生物，调节堆肥的菌群结构和数量，促进升温和有机物质分解转化，已成为国内外堆肥研究的重点。研究表明，单一的细菌、真菌、放线菌群体，无论其活性多高，在加快堆肥进程方面的作用都比不上多种微生物群体的共同作用。牛粪含有较多的纤维素、木质素和胶质，养分含量较低，降解、腐熟速度缓慢，是一类较难处理的畜禽粪便。牛粪传统堆肥法通常是利用堆肥原料中的土著微生物来分解有机物质，但由于堆肥初期有益微生物数量少，需要一定时间才能达到堆肥快速升温需要的微生物数量，传统堆肥存在发酵时间长、容易产生臭味、养分流失严重、无害化程度差等问题。所以目前通过人工加入接微生物接种剂来提高堆肥微生物数量，缩短发酵周期，加速堆肥的腐熟速度，提高堆肥产品质量，实现牛粪无害化和资源化处理。常见的腐熟菌剂有EM菌剂、HM菌剂、CM腐熟剂、VT菌剂和酵素菌等。

三、养牛场固体废弃物连续增氧高温发酵制有机肥

（一）设备

牛粪连续增氧高温发酵制有机肥的设备（图6-11），包括：自动控制系统、继电器、三相异步电动机、三叶罗茨鼓风机、进口消音器、出口消音器、塑胶碟阀、PVC钢丝螺旋增强软管、PPR塑料管、喷头、通风槽、发酵坪、温度仪、铲车和旋耕机等。其连接关系是：进口消音器与三叶罗茨鼓风机进风口相连，出口消音器与三叶罗茨鼓风机出风口相连，三相异步电动机通过皮带与三叶罗茨鼓风机相连，继电器分别与自动控制系统、三相异步电动机相连，出口消音器与第一塑胶碟阀相连，第一塑胶碟阀与PVC钢丝螺旋增强软管相连，PVC钢丝螺旋增强软管与PPR塑料管，PPR塑料管与喷头相连，PPR塑料管与第二塑胶碟阀相连，在发酵坪下装有PPR塑料管，在发酵坪上开有通风槽，温度仪与自动控制系统相连，温度仪插入发酵坪上的堆料中。此外，制备有机肥时还需要铲车和旋耕机，铲车可在发酵坪上运行，拖拉机与旋耕机连接，铲车和旋耕机用于堆肥时铲料和原料混合。

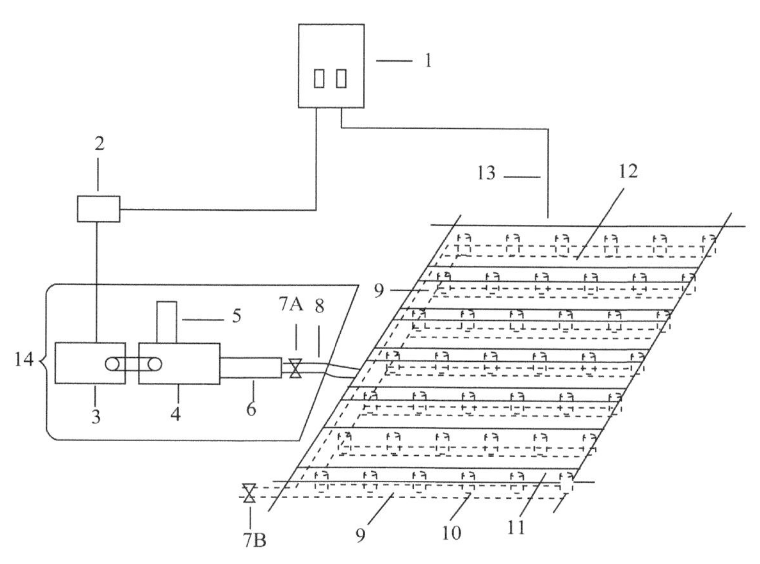

图 6-11　牛粪连续增氧高温发酵制有机肥设备示图

1. 自动控制系统，2. 继电器，3. 三相异步电动机，4. 三叶罗茨鼓风机，5. 进口消音器，6. 出口消音器，7A. 第一塑胶碟阀，7B. 第二塑胶碟阀，8. PVC 钢丝螺旋增强软管，9. PPR 塑料管，10. 喷头，11. 通风槽，12. 发酵坪，13. 温度仪，14. 通风系统

1）PPR 塑料管布设：首先在堆肥发酵车间的室内布设直径为 110mm 的 PPR 塑料管，两排塑料管之间的距离为 1.2 ~ 1.5m，PPR 塑料管之间采用热熔连接，在 PPR 塑料管排水出口安装塑料碟阀（型号 D71X-10S、直径 110mm）。沿 PPR 塑料管每隔 1 ~ 1.2m 在 PPR 塑料管边上安装打入地面的直径为 12mm、长度为 20 ~ 40cm 的钢筋，用 2mm 的铁丝将塑料管固定在钢筋上，防止后续浇灌混凝土时 PPR 塑料管移位。

2）喷头安装：在 PPR 塑料管上每隔 9 ~ 11cm 处钻 1 个直径为 4mm 的孔，在每个孔中安装一个喷头（德国产，型号 COMP-D4、直径 4mm），沿 PPR 塑料管方向在喷头上安装厚 2 ~ 2.5cm、宽 3 ~ 3.5cm 的杉木条，用 6 ~ 8cm 长的铁钉穿过衫木条钉在 PPR 塑料管上，使衫木条压住喷头固定 PPR 塑料管上。

3）浇注混凝土：在 PPR 塑料管和喷头周围浇注混凝土，混凝土的高度与衫木条同高，但不要盖过衫木条，以便于混凝土凝固后将衫木条取出。

4）取出衫木条：浇注混凝土 10 ~ 20 天后，小心地慢慢将衫木条取出，即得到通风槽。注意在取出衫木条时不要造成喷头移位和松动。

5）去喷头上塑料膜：清理取去衫木条后形成通风槽，再用电烙铁将覆盖在喷头上的塑料膜熔去，这样即可得到堆肥发酵坪。

6）鼓风系统：将内径为 110mm 或者 114mm 的 PVC 钢丝螺旋增强软管（时代牌）的一端与 PPR 塑料管相连，另一端与第一塑料蝶阀（型号 D71X-10S、直径 110mm）相连，第一塑料蝶阀与出口消音器（型号 KM-125）相连，出口消音器与三叶罗茨鼓风机（型号 LSR-125、功率 7.5kW、流量 $12m^3$/min、压力 15KPa，山东鲁铭风机有限公司产）相连，三叶罗茨鼓风机进风口连接进口消音器（型号 KF-125），三叶罗茨鼓风机还通过皮带与三相异步电动机（型号 YX3-132M-4、功率 7.5kW、频率 50hz、电压 380V、转速 1440r/min，荣成市华宇电机有限公司产）相连（图 6-12）。

图 6-12　鼓风系统

7）自动控制系统：自动控制系统（德国艾格斯曼公司的软件）通过继电器与三相异步电动机相连，使自动控制系统通过继电器控制三相异步电动机运行或停止，进而控制三叶罗茨鼓风机运行或停止。自动控制系统还通过导线与温度仪（北京昆仑中大传感器技术有限公司产）连接，温度仪插入发酵坪上的堆料中，在自动控制系统的显示屏中可以显示堆料的温度，从而可以根据堆料温度通过自动控制系统来设定三叶罗茨鼓风机的通风和停止时间（图 6-13）。

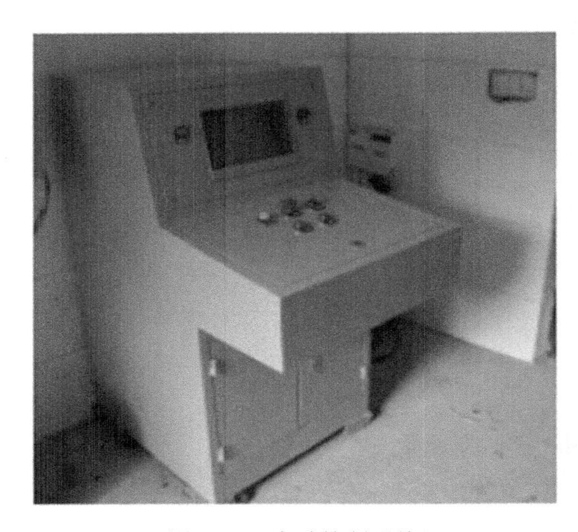

图 6-13　自动控制系统

（二）方法

1）堆肥配料及混合：将新鲜牛粪与谷壳按 1∶（1.8～2.2）(V/V，体积比）的比例混合，先用铲车（型号：鲁工 LG930，山东鲁工机械集团产）铺一层谷壳，再用铲车铺一层牛粪，然后再用铲车铺一层谷壳，之后用连接了旋耕机（型号：1GQN-200H，河南豪丰机械制造有限公司产）的拖拉机（型号：雷沃 M1100DA1，雷沃重工股份有限公司产）将牛粪与谷壳混合均匀。

2）发酵：先在通风槽内填放谷壳，使其略高于发酵坪的水泥地面，并在发酵坪内铺一层谷壳，有利于保持喷嘴不被发酵料堵塞，同时发酵坪上铺设的谷壳可以吸收发酵时产生的水分，再将混合好的堆肥原料用铲车铲起，轻轻地均匀堆放到上述堆肥发酵坪上，堆料高度 1.6～1.8m。通过自动控制系统设定堆肥发酵的通风时间为 3～5 分钟，停止通风时间为 18～25 分钟，每天记录发酵料的温度，发酵第 4 天堆料温度即可到 70℃以上，此后也可以保持在 62℃以上，发酵至第 15～20 天，即可完成发酵，得到发酵后的有机肥。

3）翻抛、过筛、包装：将发酵后的有机肥转移到成化车间后熟，堆料高度为 20～40cm，可采用翻抛机（德国艾格斯曼公司产）将发酵后的有机肥每隔 1～2 天进行翻抛 1 次，使含水量降低到 30%以下，再通过过筛、包装，即可得到成品有机肥。

养牛场固体废弃物连续增氧高温发酵制有机肥的设备与方法的优点是，采用德国产的喷头，其喷头内部采用独特的“鹅颈式”设计，相比普通喷头，同等风量的条件下，压损可降低 30%以上，在恶劣的工况条件下，可以最大限度地避免堵塞的问题；该有机肥发酵设备设有沥出液排出阀，当有机肥发酵过程中有沥出液产生时，可以通过沥出液排出阀排出；该设备和方法由于采用连续增氧的方法进行牛粪发酵，其升温快，发酵期间没有厌氧情况发生，堆肥发酵期间没有恶臭产生，经测定堆肥发酵场的硫化氢和氨气排放达到国家恶臭污染物排放一级标准；该设备和方法发酵有机肥为灰褐色，粉状，均匀，无臭味、略带酵母发酵香气，无机械杂质。

四、堆肥腐熟度评价方法

腐熟度是指堆肥腐熟的程度，即堆肥的有机质经过矿化、腐殖化过程最后达到稳定的程度。腐熟度既是衡量堆肥产品质量的重要指标，也是堆肥产品安全施用的保证。堆肥产品如果未腐熟就施入农田，微生物的活动会导致土壤氧气含量下降，有机物分解产生的大量的中间代谢产物会影响植物正常生长发育。评价堆肥腐熟度的指标比较多，但单独作为评价腐熟度标准时，几乎所有的参数都存在不完善之处。不过，至今国际上仍未有权威的标准，一般结合物理学、化学及生物学指标对堆肥腐熟度做出评价。

（一）物理评价指标

堆肥的物理学指标一般从堆体温度、气味、颜色、体积和含水率这五个方面的变化来描述。当堆体经过一段时间的 55～65℃高温后，其温度下降到与周围环境温度接近一致时，一般不再明显变化，表明堆肥已经达到稳定；堆体物料颗粒变细变小、均匀，不再具有黏性，呈疏松的团粒结构；臭味逐渐消失，不再吸引蚊蝇，带有湿润的泥土气息；腐熟后的物料呈褐色或灰褐色等。堆料体积和含水率较堆肥初期有明显下降。用这些来作为判断堆肥腐熟度的指标比较简单，但主观随意性大，缺乏统一的标准。

（二）化学评价指标

化学指标是通过分析堆肥过程物料的化学成分或性质变化，来确定堆肥腐熟度的一种方法。化学指标主要包括有机质、碳氮比、pH、电导率、氮化合物含量、阳离子交换量、腐殖质含量等。

1. 有机质

堆肥的过程实际上就是有机质被微生物降解利用的过程。在堆肥过程中，堆料中的不稳定有机质被分解转化为二氧化碳、水、矿物质及更为稳定的有机物质，堆料中的有机质含量变化显著。所以一些研究者认为，易降解有机物质可能被微生物作为能源而最终消失，是判断腐熟度最有用的参数。堆肥过程中，糖类首先消失，其次是淀粉，最后才是纤维素。因此可以认为完全腐熟的稳定的堆肥产品，以检不出淀粉为基本条件。但是淀粉只占堆体物料可降解有机物的一小部分，检不出淀粉也并不表示堆肥已经腐熟。当有机质含量高时，堆肥初期微生物可以利用大量的能源，使堆体温度升高，随着有机质含量的减少，堆体温度降低。有机质的测定方法简单、迅速，但是检测的准确性较差，因此有机质含量无法作为堆肥是否腐熟的准确指标。

2. 碳氮比

碳氮比是常用的堆肥腐熟度评价方法之一。在堆肥过程中，碳源不断被消耗，转化成二氧化碳、水和腐殖质物质；而氮素则会以氨气的形式挥发而散失，或转变为 NO_2^- 与 NO_3^-，或是被堆肥微生物同化吸收。因此堆肥结束时，理论上产品的碳氮比应与微生物菌体相近，即为 16 左右（Garcia et al., 1992a）。Garcia 等（1992b）认为，堆肥碳氮比由 30∶1 降到（15～20）∶1，即可认为堆肥达到腐熟标准。Morel 等（1985）建议，采用 T 值（终点碳氮比与起始碳氮比之比）评价城市垃圾堆肥的腐熟程度，提出当堆肥 T 值小于 0.6 时即达到腐熟标准。如果成品有机肥的碳氮比过高，将会在施入土壤后夺取土壤的氮素，使土壤出现“氮饥饿”状态而影响作物生长。

3. pH

pH 可以作为评价堆肥腐熟程度的一个指标。堆肥原料或发酵初期，pH 为弱酸性到中性，一般为 6.5～7.5，随着细菌、放线菌、芽孢杆菌、真菌等微生物的大量繁殖，堆体 pH 呈现先降低后升高的趋势，腐熟的堆肥一般呈现弱碱性，pH 为 8.0～9.0（李艳霞等，1999）。但 pH 易受堆肥原料和堆肥条件的影响，只能作为堆肥腐熟度的一项参考指标，而不是充分条件。

4. 电导率

电导率（EC）反映了堆肥浸提液的可溶性盐含量，在一定范围内，可溶性盐的浓度与 EC 呈正相关。堆肥的可溶性盐主要由有机酸盐类和无机盐等组成，是对作物产生毒害作用的重要因素之一。聂永丰（2000）和鲁如坤（1998）提出，当堆肥 EC 值小于 9.0ms/cm 时，对种子发芽没有抑制作用，并认为电导率也是评价堆肥腐熟程度的一个必要条件。

5. 氮化合物含量

堆肥氮素的转化主要是微生物作用的结果，并决定最终堆肥产品的腐熟度。堆肥中氮素主要以有机氮和无机氮的形态存在。堆肥过程氮素的转化主要包括氨化作用、硝化作用、反硝化作用和固氮作用，堆肥过程伴随着有机氮的矿化，NH_4^+-N 和 NO_3^--N 含量均会发生显著的变化，铵态氮部分会转化为氨气而挥发损失，通过硝化作用部分铵态氮可以转化为硝态氮。因此，铵态氮的减少和硝态氮的增加，也是堆肥腐熟度评价的常用参数。如图 6-14 所示（鲁耀雄等，2016），不同有机物料配比堆肥的铵态氮含量先迅速升高再降低，最后缓慢上升至趋于平稳，硝态氮含量呈现缓慢上升的趋势。由于氮浓度的变化受温度、微生物代谢、pH、通气条件及氮源条件的影响，这类参数通常只能作为堆肥腐熟度的参考，而不能作为堆肥腐熟度评价的绝对指标。

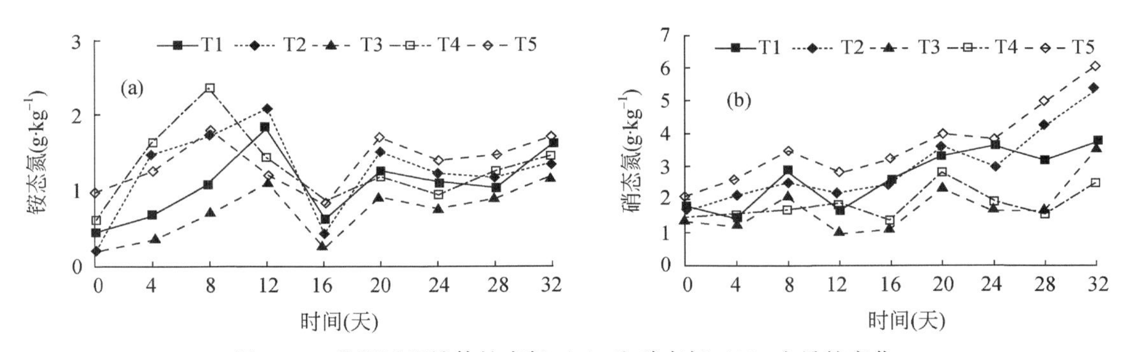

图 6-14　堆肥过程堆体铵态氮（a）和硝态氮（b）含量的变化

T1：60% 牛粪，20% 鸡粪，20% 谷壳；T2：40% 猪粪，40% 食用菌渣，20% 鸡粪；T3：60% 牛粪，40% 食用菌渣；T4：50% 牛粪，20% 沼渣，20% 鸡粪，10% 稻草；T5：30% 鸡粪，60% 食用菌渣，10% 谷壳

6. 腐殖质含量

在堆肥过程中，原料中的有机质经微生物作用，在降解的同时还伴随着腐殖化过程的进行。新鲜的堆肥物料含有较少的胡敏酸（HA）和较多的富里酸（FA），随着堆肥过程的进行，HA 含量显著增加，FA 含量则逐渐降低，这种变化可表征堆肥的腐熟化过程。因此，腐殖酸碳含量是衡量堆肥质量及腐熟度的重要指标之一。根据堆肥在酸碱浸提剂中的溶解性质，可将堆肥的腐殖酸碳划分为腐殖质碳（C_{HS}或 C_{Ex}）、胡敏酸碳（C_{HA}）、富里酸碳（C_{FA}）及胡敏素碳（C_{NH}）。堆肥过程常用来评价物料有机物腐殖化水平的指标有腐殖化指数 HI（humification index，$HI=C_{HA}/C_{FA}$）、腐殖化率 HR（humification ratio，$HR=C_{Ex}/C_{org}\times100\%$）及腐殖酸百分率 PHA（percent of humic acids，$PHA=C_{HA}/C_{Ex}\times100\%$）等。应用各种腐殖化参数都可以评价有机废弃物堆肥的稳定性。有研究表明，原材料对堆肥过程

的腐殖化反应有很大影响，对不同堆肥原料和堆肥技术不易给出统一的定量关系。

7. 阳离子交换量

阳离子交换量（CEC）是堆肥样品吸附的阳离子总量，反映有机质降低的程度，它与堆肥的腐殖化程度有关，因此常被作为堆肥腐熟度的评价指标。随着堆肥过程的进行，堆肥的腐殖化程度越来越高，CEC 则逐渐增加。Harada 和 Inoko 对以城市固体废弃物为原料的堆肥过程进行研究，并且发现当 CEC 高于 60cmol/kg 时，堆肥已经达到腐熟，但是后来的研究表明，这个推荐值并不适合于所有的堆肥样品。

（三）生物学评价指标

1. 呼吸作用

在好氧堆肥过程中，好氧微生物在分解有机物的同时消耗氧气产生二氧化碳，因此可根据堆肥过程微生物吸收氧气和释放二氧化碳的强度来判断堆肥的稳定性及微生物代谢活动的强度。通过测定呼吸强度和溶解氧可计算呼吸作用。但是测定与实际误差大，这个指标使用较少。单位时间内的氧气消耗量反映了微生物的活动强度。堆肥化后期，微生物因营养缺乏活动强度降低，氧气消耗量也随之减少。一般认为，耗氧量下降至 400mg/(kg · h)，可认为堆肥已经腐熟。

2. 微生物活性

反映微生物活性变化的参数包括微生物量、三磷酸腺苷（ATP）、酶活性。堆肥的微生物群落中，某种微生物的数量多少及存在与否并不能指示堆肥的腐熟程度。但整个堆肥过程中微生物群落的演替对堆肥腐熟程度有很好的指示。因此，用微生物来评价堆肥过程是合适的，微生物种群和数量变化可作为评价堆肥腐熟度的合适方法。ATP 与微生物活性有密切关系，随堆肥时间有明显的变化。但测定 ATP 需要的设备和投资较高，测定也比较复杂，同时，原料中如果含有 ATP 抑制成分，会对 ATP 的测定结果产生影响。堆肥过程中，与 C、N、P 等基础物质代谢密切相关的有多种氧化还原酶和水解酶，分析相关酶的活力，能直接或间接反映出微生物的代谢活性及酶特定底物的变化情况，在一定程度上可反映堆肥腐熟度。有研究表明在对污泥堆肥的各种酶活性变化，较高的水解酶活性反映堆肥的降解代谢过程，较低的水解酶活性反应堆肥的腐熟度。因此，水解酶活性降低可以作为堆肥腐熟的特征，但测定过程复杂，对设备要求高。

3. 种子发芽率

种子发芽指数（GI）是检验堆肥腐熟度的一种非常直接和有效的方法（Mathur et al., 1993）。未腐熟的堆肥含有植物毒性物质，对植物的生长产生抑制作用，因此可用堆肥种子发芽指数来评价堆肥腐熟度。发芽指数不仅考虑了浸提液中植物毒性物质对相对发芽率的影响，还考虑了植物毒性物质对相对根长的影响，能有效反映堆肥对植物毒性的大小。当 GI>50% 时，即表明这种堆肥已达到可接受的腐熟度，可认为堆肥基本无毒性；若 GI>80% 则表明堆肥已达到完全腐熟（国洪艳等，2008），就可以认为对植物完全没有毒性。如图 6-15 所示（鲁耀雄等，2016），不同有机物料配比堆肥的种子发芽指数均随堆肥的进行逐渐升高，不同在堆肥进行 20 天后，T2 的发芽指数大于 50%，而 T1、T3、T4 和 T5 发芽指数在堆肥进行 24 天后才大于 50%；堆肥结束后，T2 的发芽指数最大，为 86%，其次是 T3，为 80%。因此，从腐熟度的实用意义出发，种子发芽试验被认为是评价堆肥腐熟度的最具说服力的方法。

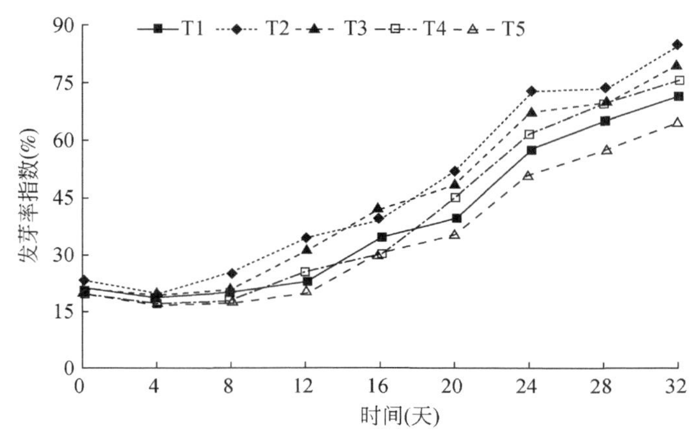

图 6-15　堆肥过程中萝卜种子发芽率指数的变化

T1：60% 牛粪，20% 鸡粪，20% 谷壳；T2：40% 猪粪，40% 食用菌渣，20% 鸡粪；T3：60% 牛粪，40% 食用菌渣；T4：50% 牛粪，20% 沼渣，20% 鸡粪，10% 稻草，T5：30% 鸡粪，60% 食用菌渣，10% 谷壳

4. 安全性评价

根据《粪便无害化卫生标准》（GB 7959—1987）规定，堆肥温度应保持 50～55℃ 5～7 天，即可杀死大量的有害病菌；根据《有机肥料》（NY 525—2012）的标准，蛔虫卵死亡率大于或等于 95%；粪大肠菌群数小于或等于 100 个/g。

研究者普遍认为，单一指标都是仅从某一方面说明堆肥腐熟度，并不能全面说明实践中堆肥的腐熟特征，且各项指标的检测都具有一定的局限性。因此，近年来广大学者的研究重点是采用多个指标从不同侧面来反映堆肥腐熟度。

（四）有机肥料产品的质量要求和标准

我国 2012 年发布实施的《有机肥料》（NY 525—2012）对有机肥料产品的质量要求和无害化卫生标准如表 6-2 所示。

表 6-2 有机肥料产品的质量要求和标准

指标	标准	指标	标准
颜色	褐色或灰褐色	总砷（As）（以干基计）	≤15mg/kg
粒度	颗粒或粉状，均匀	总汞（Hg）（以干基计）	≤2mg/kg
气味	无恶臭	总铅（Pb）（以干基计）	≤50mg/kg
杂质	无机械杂质	总镉（Cd）（以干基计）	≤3mg/kg
有机质（以干基计）	≥45%	总铬（Cr）（以干基计）	≤150mg/kg
总养分（N+P205+K20，以干基计）	≥5.0	蛔虫卵死亡率	≥95%
水分（鲜样）	≥30%	类大肠菌群数	≤100 个/g
pH	5.5～8.5		

（五）堆肥产品的应用

利用牛粪等制成的有机肥含有作物生长发育所需要的 N、P、K、Ca、Mg、S 等大中量元素和多种微量元素，同时含有纤维素、半纤维素、脂肪、蛋白质、氨基酸、胡敏酸类物质及植物生长调节物质等有机物质。连续施用有机肥，可提高土壤有机质和各种养分含量，增加保水性、透气性和渗水性，改善土壤结构，提高土壤供肥和保肥能力，增强微生物活性和酶活力，活化土壤养分，促进农作物高产、优质，降低农产品成本，提高作物的抗逆境胁迫能力等。因此，腐熟好的牛粪堆肥是土壤良好的调节剂。

利用牛粪有机肥可以栽培无公害蔬菜，在有机肥中添加草炭、蛭石、珍珠岩、碳化稻壳等其他的原料还可以生产育苗基质，用于蔬菜瓜果的工厂化育苗。还可以在有机肥中添加活性微生物菌剂生产生物有机肥。有机肥与化肥配施，取有机肥之长，以补无机肥之短。研究表明，在长期施用化肥的稻田中，有机无机肥配施按照 3∶7 施用时，其水稻理论产量和实际产量都最大，并显著高于其他配比（鲁耀雄等，2015）。相比单施化肥处理，其理论产量提高了 27.7%，实际产量提高了 14.7%；通过有机无机肥施用对茄果“经济产量–施肥量”拟合抛物线模型，发现在总施氮量为 135kg/hm^{2}的前提下，25.8%有机氮肥+74.2%无机氮肥配施，可使模型达到最高产量（51 291kg/hm^2）。在仅考虑肥料投入和茄果产出等前提下，基于模型分析获取最大经济收益（100 531 元）时，需 19%有机氮肥+81%无机氮肥配施，此时，理论产量可达到 51 198kg/hm^2，无明显减产（崔新卫等，2014）。有机无机肥料配施，既可将牛粪等畜禽粪便变废为宝，解决了环境污染问题，又可为化肥的正确施用提供指导，培肥土壤（王艳博等，2006），实现耕作土壤可持续利用。

利用腐熟的牛粪作为基料，采用散点投料方式投入新鲜的牛粪养殖蚯蚓，实现蚯蚓养殖与堆肥相结合，生产的蚯蚓用来制作复合饲料，牛粪经过蚯蚓消化道后，不仅能杀死其中的病毒和细菌，产生的蚯蚓粪含有大量养分和腐殖酸类物质，并富含微生物、赤霉素、生长素、细胞分裂素多种植物激素，是一种很好的有机肥和土壤调节剂。施入土壤后能够促进作物生长和提高品质，并且能在一定程度上缓解土壤连作障碍。同时，蚯蚓粪还是很好的育苗基质，具有较好的壮苗健苗作用。

第三节　养牛场液体有机肥智能灌溉系统

养牛场液体有机肥智能灌溉系统将养牛场液体有机肥和水配比后高效安全地输送到灌区。液体有机肥智能灌溉系统包括首部枢纽（泵组、动力机、控制阀、进排气阀、压力表、流量计等）、分离过滤系统、肥液混配系统、管道输送系统、田间滴灌系统以及水肥一体自动化灌溉系统。

液体有机肥智能灌溉系统主要是利用低压管道系统，使水肥成点滴状缓慢、均匀而又定量地浸润作物根系最发达的区域，使作物主要根系活动区的土壤始终保持在最优含水量状态。该系统主要应用于蔬菜、果树、旱地经济作物栽培等领域。

一、液体有机肥智能灌溉系统的优点

（一）节水

传统的灌溉一般采取畦灌和漫灌，水常在输送途中或在非根系区内浪费。而液体有机肥智能灌溉系统使水肥相融合，通过可控管道滴状浸润作物根系，能缩减土壤湿润深度和湿润面积，从而减少水分的下渗和蒸发，提高水分利用率，通常可节水30%～40%，灌水均匀度可提高至80%～90%。

（二）提高肥料利用率

液体有机肥智能灌溉系统根据作物不同生育时期的需肥规律，先将肥料溶解成浓度适宜的水溶液，采取定时、定量、定向的施肥方式，除了减少肥料挥发、流失以及土壤对养分的固定外，还实现了集中施肥和平衡施肥，在同等条件下，一般可节约肥料30%～50%。

（三）提高农药利用率

采用液体有机肥智能灌溉系统在浇水施肥的同时将专用农药随水肥一起集中施到根部，能充分发挥药效，有效抑制作物病虫害的发生，并且可减少农药用量15%～30%。

（四）节省灌水、施肥时间及用工量

液体有机肥智能灌溉系统是依靠压力差或输水管道压力自动进行灌水施肥，可节省人工开沟灌水和人工撒施肥料的时间，同时干燥的田间地头也控制了杂草的产生，从而节约清除杂草的用工量。

（五）保护耕层，改善土壤微环境

传统灌溉采用的漫灌方式，灌水量较大，使土壤受到较多的冲刷、压实和侵蚀，导致土壤板结，土壤结构遭到一定的破坏。液体有机肥智能灌溉系统实现了水分微量灌溉，水分缓慢均匀地渗入土壤，一方面使土壤容重降低、孔隙度增加，对土壤结构起到保护作用；另一方面增强了土壤微生物的活性，减少了养分淋失，从而降低了土壤次生盐渍化发生以及施肥对地下水资源污染的概率。长期采用该技术，可以使耕地综合生产能力大幅度提高，有利于作物的生长发育。

二、系统施工及选型

（一）系统规划布置原则

1. 输送管道布置

一般输送管道沿地势较高位置布置，支管垂直于作物种植行布置，毛管平行于作物种植行布置。在平原地区可采用环状管网或树状管网，各级管道应尽量采取两侧分水的布置形式；在山区丘陵地区宜采用树状管网，主要管道应尽量沿山脊布置，以减少管道起伏（袁恒太，2003；康权，2001；张彦芬，2006）。如遇复杂地形需要改变管道纵坡布置时，管道最大纵坡不宜超过 1∶1.5，而且应小于或等于土壤的内摩擦角，并在其拐弯处或直管段超过 30m 时设置镇墩。固定管道的转弯角度应大于 90°。管道埋设深度一般应在冻土层深度以下，若入冬前能保证放空管内积水，则可适当浅埋。

2. 管道布置基础选择

地埋固定管道应尽可能布设在坚实的基础上，尽量避开填方区以及可能发生滑坡或受山洪威胁的地带。若管道因地形条件限制，必须铺设在松软地基或有可能发生不均匀沉陷的地段，则应对管道基地进行加固处理。

3. 管网布置

管网布置要尽量平行于沟、渠、路、林带，顺田间生产路（田埂）和地边布置，以便管理。同时，应充分利用已有的水利工程，如涵管等，提前考虑管路中计量、控制和保护等装置的适宜位置。

（二）施工流程图

施工流程如图 6-16 所示。首先要确立施工技术人员，让施工技术人员熟悉设计，并进行现场查勘；然后现场施工，完成施工后应试运行；试运行成功后组织验收，验收后交付使用。

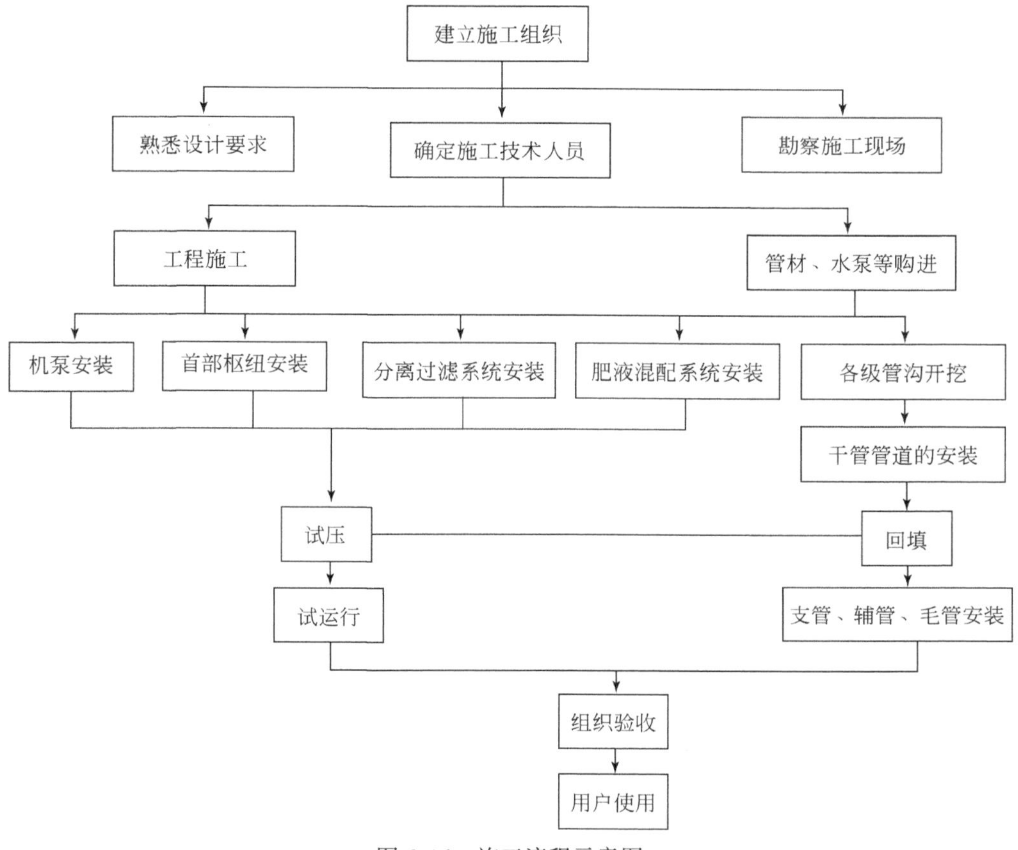

图6-16　施工流程示意图

（三）管槽施工

1. 管槽开挖要求

1）应按施工放样轴线和槽底设计高程开挖，使槽底坡度均匀，确保管道排空无积水，地埋管管槽设计开挖深1.0m，干管槽宽不宜小于80cm。

2）应清除槽底部石块杂物，并一次整平。

3）管槽经过卵石等硬基础处时，槽底深度应多挖深10cm，清除砾石后用细土回填夯实至设计高程。

4）开挖土料应堆置在管槽一侧。

5）固定墩坑、阀门井开挖宜与管槽开挖同时进行。

2. 管槽回填要求

1）管及管件安装过程中应在管段无接缝处先覆土固定，待安装完毕经冲洗试压，全面检查合格后管段有接缝处方可回填。

2）回填前应清除槽内杂物，排净积水，管壁四周20cm内的覆土不应有直径大于2.5cm的砾石以及直径大于5cm的土块，回填应高于原地面10cm以上，并应分层轻夯或踩实，每层厚20cm。

3）回填必须在管道两侧同时进行，严禁单侧回填。

3. 管线施工

1）入冬前能保证干管不存水的条件下，顶端埋深应大于70cm，管沟开挖宽度不宜小于80cm，基槽应平整顺直，并按规定放坡，管沟纵坡应大于0.002，以便将管中余水排入排水井或排水渠。

2）干管转弯、三通、分岔和阀门处应设固定墩。当地面坡度大于20°或管径大于65mm时，宜每隔200m长度增设固定墩。

3）干管及管件安装过程中，应在管段无接缝处先覆土固定，待安装完毕经冲洗试压，全面检查合格后管段有接缝处方可回填。

4. 干管的设计及安装

（1）干管的设计

干管需要埋入地下，因此要求其具备耐腐蚀、寿命长、重量轻、施工安装方便、水力性能好等特点，宜选用硬聚氯乙烯塑料管，工作压力为0.4Mpa，出地管采用0.6Mpa的PVC管。干管的经济管径以运行费和一次性费用投资之和最小为依据来确定，同时要便于操作，即水锤不易破坏管道安全。因此干管的设计任务主要就是确定干管的最经济管径。

（2）干管的安装

1）对塑料管规格和尺寸进行复查，确保管内清洁。

2）承插管安装轴线应对直重合，承插深度应为管外径的1.0～1.5倍，黏合剂应与管材匹配。插头与承插口均涂抹黏合剂后，应适时承插，并转动管端使黏合剂填满空隙，黏结后24小时内不得移动管道。

3）塑料管套接时，其套管与密封胶圈规格应匹配，密封圈装入套管槽内不得扭曲和卷边。

4）插头外缘应加工成斜口，并涂抹润滑剂，正对密封胶圈，另一端用木锤轻轻打入套管内至要求深度。

5. 支管、辅管的设计及安装

1）支管设计的任务及原则：支管是用于连接干管和毛管的管道，它从干管取水分配到毛管中。

2）支管的选型：根据实际地形以及支管过水能力选择。

3）支管沿程水头损失的计算：

$$h_{支} = \frac{fQ^m}{d^b}L$$

式中，Q 为流量；d 为管道内径。在系统分析的基础上，用线性规划或动态规划方法确定支管的水头损失 $h_{支}$，然后反推算出管长 L。f、m、b 的值可由表 6-3 查得。

表 6-3　管道沿程水头损失计算系数和指数表

管材			f	m	b
硬塑料管			0. 464	1. 77	4. 77
微灌用聚乙烯管	d>8mm		0. 505	1. 75	4. 75
	d≤8mm	Re >2320	0. 595	1. 69	4. 69
		Re ≤2320	1. 75	1	4

$Re = \rho Vd/\mu$，其中 V、ρ、μ 分别为流体的流速、密度与黏性系数，d 为特征长度。

当支管上开启的辅管条数大于等于 3 或无辅管时，支管应按多孔管计算。辅管为多孔管，其沿程水头损失的计算方法与毛管相同。

4）支管局部水头损失：当参数缺乏时，局部水头损失可按沿程水头损失的 5% ~ 10% 计算。

5）支管、辅管的安装：厚壁支管与辅管铺设时不宜过紧，应铺设 1 ~ 2 天后使其呈自由弯曲状态，再于早上 8：00 前后测量打孔尺寸及位置，用三通时，在辅管上打孔应垂直于地面。

6. 毛管的设计及安装

（1）毛管的设计任务、原则

滴灌系统的毛管是指安装有灌水器的管道，毛管从支管取水，然后通过灌水器均匀分布到作物根部。一般采用抗老化低密度或中密度聚乙烯材料制造，由于滴灌工程毛管数量较大，一般选用较小直径的毛管。毛管一般选用同一直径，中间不变径。毛管设计是在确定灌水器类型、流量和布置间距后进行的，毛管设计的任务是确定毛管直径以及在该地形条件下允许的毛管最大铺设长度。

第一，确定毛管极限滴头个数。

毛管极限孔数的计算

$$N_m = \mathrm{INT}\left[\frac{5.446(\Delta h_2)d^{4.75}}{kSq_d^{1.75}}\right]^{0.364}$$

式中，N_m 为毛管的极限分流孔数；Δh_2 为毛管的允许水头差（m），$[\Delta h_2] = \beta_2[\Delta h]$，应经过技术经济比较确定，对于平地 β_2 取 0. 55，Δh 为灌水小区允许水头差（m）；d 为毛管内径（mm）；k 为水头损失扩大系数，一般为 1. 1 ~ 1. 2；S 为进口至滴孔的距离；q_d 为滴头设计流量（L/h）。

第二，确定毛管极限长度（L_m）：$L_m = N_m \times S_e$。

第三，确定毛管的水头损失 $h_{毛}$（多孔管）。

毛管的水头损失 $h_{毛}$ 按多孔管计算，如下式：

$$h_{毛}=\frac{fSq_d}{d^b}\left[\frac{(N+0.48)^{m+1}}{m+1}-N^m\left(1-\frac{S_0}{S_e}\right)\right]$$

式中，f、m、b 分别为摩阻系数、流量指数、管径系数；N 为出水孔个数；S_0为进口至首孔的间距（m）；S_e为进口至第 e 孔的距离。

第四，确定毛管局部水头损失。

当参数缺乏时，毛管局部水头损失可按沿程水头损失的 10% ~20% 计算。

（2）毛管的铺设安装

1）铺设毛管的播种机应进行改装，导向轮转动要灵活，使毛管在铺设中不被剐伤或磨损。

2）迷宫式滴灌带铺设时应将流道迷宫向上。

3）毛管连接应紧固、密封，两支管间毛管应从中间断开。毛管的安装方式如图 7-2 所示，两行植物共用一条滴灌毛管。

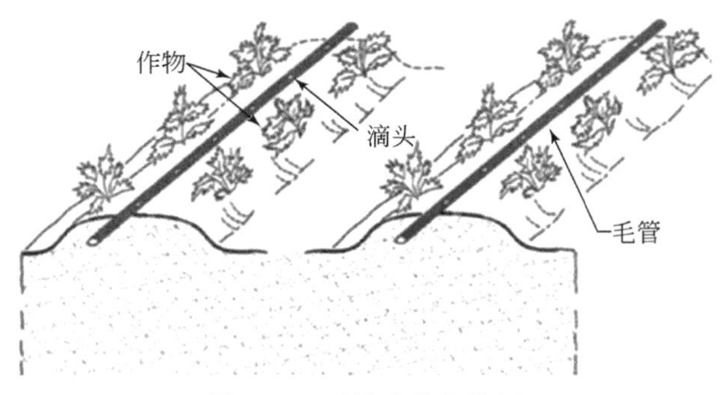

图 6-17　毛管安装实物图

7. 滴头的选择

滴头选择是否恰当，直接影响工程的投资和灌水质量。设计人员应熟悉各种灌水器的性能和适用条件，选择灌水器时应考虑以下因素。

1）作物种类和种植模式。不同的作物对水分的要求不同，相同作物不同的种植模式对水分的要求也不同。例如，条播作物，要求沿带状湿润土壤，湿润比高，可选用线源滴头；而对于果树等高大的林木，株行距大，一棵树需要绕树湿润土壤，可用点源滴头。作物不同的株行距种植模式，对滴头流量、间距等的要求也不同。

2）土壤性质。土壤质地对滴灌入渗的影响很大。对于沙土可选用大流量的滴头，以增大土壤水的横向扩散范围；对于黏性土壤应用流量小的滴头，以免造成地面径流。

3）工作压力及范围。任何滴头都有其适宜的工作压力和范围，应尽可能选用工作压力小、范围大的滴头，以减少能耗，提高系统的适应性。

4）流量压力关系。滴头流量对压力变化的敏感程度直接影响灌水的质量和水分利用率，应尽可能选用流态指数小的滴头。

5）灌水器的制造精度。滴灌的均匀度与灌水器的精度密切相关。在许多情况下，灌水器制造偏差所引起的流量变化会超过水力学引起的流量变化，应选用制造偏差系数小的滴头。

6）对温度变化的敏感性。不同类型灌水器的流量对水温反应的敏感程度不同，层流型灌水器的流量随水温的变化而变化，而紊流型灌水器的流量受水温的影响较小，因此在温度变化大的地区，宜选用紊流型灌水器。灌水器的某些零件的尺寸和性能易受水温的影响。例如，压力补偿滴头所用的人造橡胶片的弹性，可能随水温而变化，从而影响滴头的流量。

7）对堵塞、淤积、沉淀的敏感性。抗堵塞能力差的滴头，要求高精度的过滤系统，往往导致滴灌系统的造价及能耗大幅度增加，甚至会导致滴灌工程的报废。实践证明，单翼迷宫式薄壁非复用型滴灌带，抗堵塞能力较强，也避免了滴灌带重复使用造成的堵塞累加问题。

8）成本与价格。一个滴灌系统有成千上万个灌水器，其价格的高低对工程投资的影响很大。设计时，应尽可能选择价格低廉的灌水器。

三、系统堵塞及其处理

（一）堵塞原因

堵塞原因一般包括三方面：①悬浮固体物质堵塞。河、湖、水池等水中含有的泥沙及有机物引起的堵塞。②化学沉淀堵塞。温度、流速、pH 的变化，常引起一些不易溶于水的化学物质沉淀于管道或滴头上，按化学组分区分主要有铁化合物沉淀、碳酸钙沉淀和磷酸盐沉淀等。③有机物堵塞。主要是胶体形态的有机质和微生物等，有机物堵塞一般不容易用过滤器排除。

（二）堵塞处理方法

对于碳酸钙沉淀，可将 0.5% ~2.0% 的盐酸溶液用 1m 水头压力输入滴灌系统，使酸溶液在管道内滞留 5 ~15 分钟。当被钙质黏土堵塞时，可用砂酸冲洗液冲洗。通常，还可采取压力疏通法处理机物堵塞，即用 $5.05\times10^5 \sim 10.1\times10^5$ Pa 的压缩空气或压力水冲洗滴灌系统，但该法对碳酸盐堵塞无效。

四、肥液混配系统常用肥料选择

（一）肥料要求

常温下要求肥料具备以下特点：全水溶性，全营养性，各元素之间不会发生拮抗反应，与其他肥料混合不产生沉淀；不会引起灌溉液 pH 剧烈变化；对灌溉系统的腐蚀性较小。

（二）常用肥料

目前，水肥一体化系统常用的肥料包括水溶性好的固体肥或高浓度的液体肥，如尿素、磷酸二氢钾、磷酸一铵、磷酸二铵、氯化钾、硫酸钾、硝酸钾、硝酸钙、硫酸镁等；

固态以粉状或小块状为首选，要求水溶性强，含杂质少，一般不应选用颗粒状复合肥（包括国内外复合肥产品）；或者使用国内外厂家生产的水溶性肥料；如果用腐殖酸液肥，必须经过过滤，以免堵塞管道。需要注意的是，应根据不同作物和不同生长期选用推荐的配方肥，和肥液混配使用。

五、水肥一体自动化灌溉系统

（一）系统技术路线

水肥一体自动化灌溉系统应当完成以下主要功能：①实现对不同作物、不同品种进行任一比例水肥混合液的灌溉；②适合当地生产经验，能以一定的时间间隔重复执行指定次数的水肥灌溉。

基于上述需求，系统采用客户-服务器模式予以实现。在客户端，用户可以对指定大棚设定灌溉任务，如设定水肥比例、一次灌溉量、重复灌溉的间隔时间、重复灌溉的次数、灌溉任务从下达到执行的延迟时间等。

客户端下达的灌溉指令，通过因特网/局域网传送给服务器，服务器接收指令后通过串口写入无线传感网络（wireless sensor network，WSN）的协调节点；协调器接收到服务器转发的指令后，将指令分送到相应的终端节点，终端节点依据指令开合电磁阀，从而执行灌溉任务。系统技术路线如图 6-18 所示。

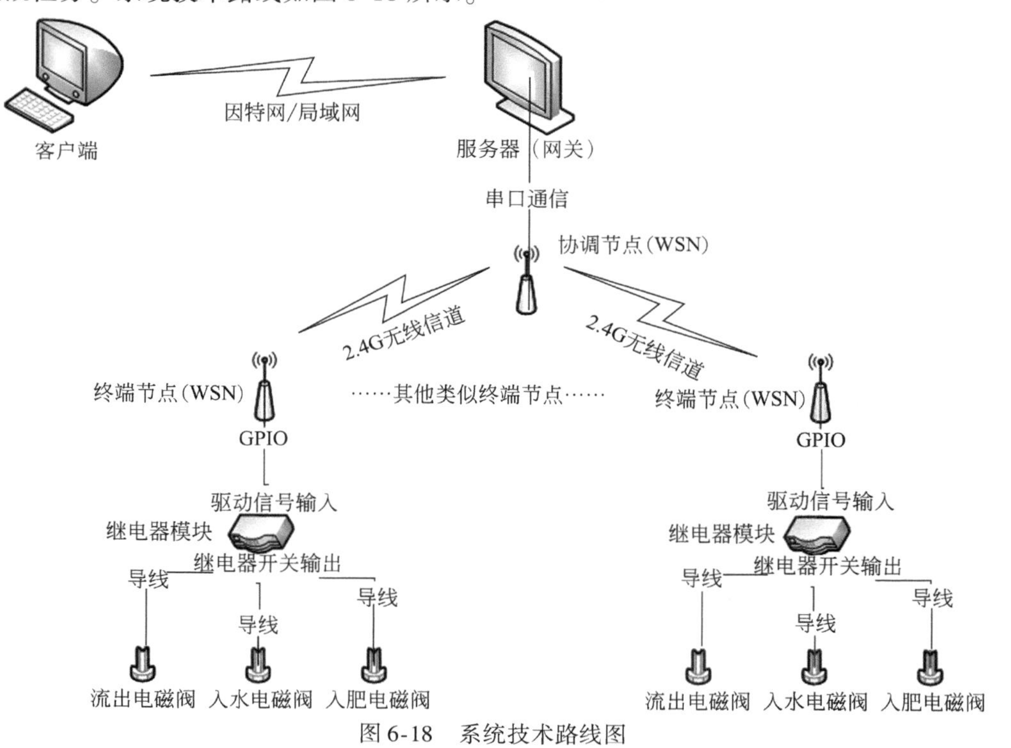

图 6-18　系统技术路线图

系统客户端、服务器的开发环境均采用 microsoft visual studio 2010，开发语言为 C#，客户–服务器的通信采用 WCF（windows communication foundation）技术实现；数据库管理系统为 SQL Server 2008；WSN 开发基于 Zigbee 的 Z-Stack 协议实现。

（二）客户端的实现

本系统的客户端主要实现了提供任务界面、接收灌溉任务参数、分解灌溉指令、控制指令队、下达指令、获取服务器端状态等功能。

1. 任务界面

本系统涵盖 4 个灌溉区域，各区域相互独立，可单独指定灌溉任务参数，下达各自的灌溉任务，主要参数包括灌溉量、水肥配比、重复灌溉次数、各次灌溉间的间隔时间等。

2. 灌溉参数分析与记录

首先，接收客户输入的灌溉参数，按下相应的“执行”按钮后，根据测定的系统值，如各配肥池容量、进水平均流量、进肥平均流量、不同梯度的混合浓度平均输出流量，分解为不同指令、延时值，存入指令队；其次，在计时器控制下，指令实现出队；再次，指令出队后，通过 WCF 服务函数，将指令送达远端；最后，将延时值出队以重新装载计时器。

（1）灌溉参数校验

本系统采用客户–服务器模式，因此在分解和下达指令之前，有必要获取服务器端的状态，以便于协同工作。本系统在 WCF 客户端调用服务端函数，对服务器端状态进行查询，该函数返回值为布尔量，服务器端就绪返回 true，异常等其他状态返回 false。若服务器端未就绪，则客户端提示用户后，并不进行任何操作，用户可等服务器端就绪后，再次通过界面的“执行”按钮继续进行操作。

受环境和操作习惯等影响，用户在输入参数时，可能存在漏输或错误输入等情况，因此客户端在指令分解时，将对用户最有可能出现的输入错误进行判断，并通过对话框提醒用户，给用户修正输入错误参数的机会，以保证系统的正常运行。

（2）数据解算与任务记录

用户下达任务参数后，需根据参数解算出时间值、延时值，同时针对各混配池本系统可独立安排两个混灌任务，因此避免两个任务在时间上的冲突，也是数据解算时需完成的工作。根据用户下达的任务参数，解算出任务开始时间和任务结束时间。用以防止两个独立任务间冲突的形式如图 6-19 所示。

记录各次任务执行情况，供客户查询混灌历史、了解混灌工作情况是非常必要的。因此，本系统采用数据库对各任务进行记录。同时，考虑到本系统客户端是专机专用，为减少数据传输，便于增删改查操作，本系统将操作数据库设立在客户端上。在完成了新任务的参数分析后，通过数据访问类，将新任务数据记录添加到相应的数据表中。

添加了新的任务记录后，用户可以根据执行的记录条数，来判定和控制新任务的添加（每池两个独立灌溉任务）；可以在指令出队时，利用队中与指令伴生存储的数据来修改记

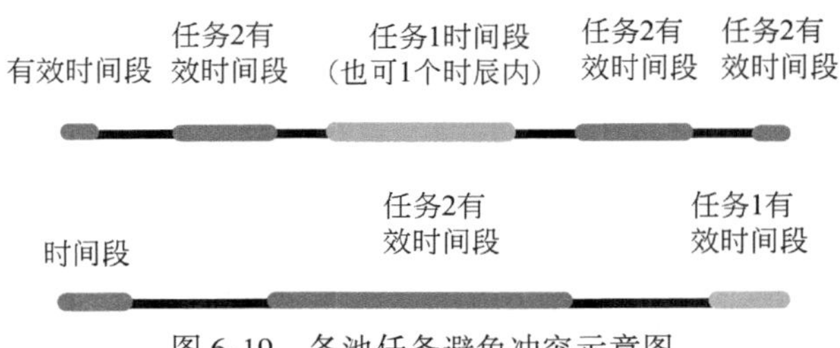

图 6-19　各池任务避免冲突示意图

录的字段，从而更改任务的状态。在本系统中，可以通过任务界面的菜单命令加载数据访问窗体。窗体以 DataGridView 控件作为容器，通过 DataGridView 控件与 DataTable 实例的关联，完成有效数据记录的加载与显示。数据记录操作流程如图 6-20 所示。

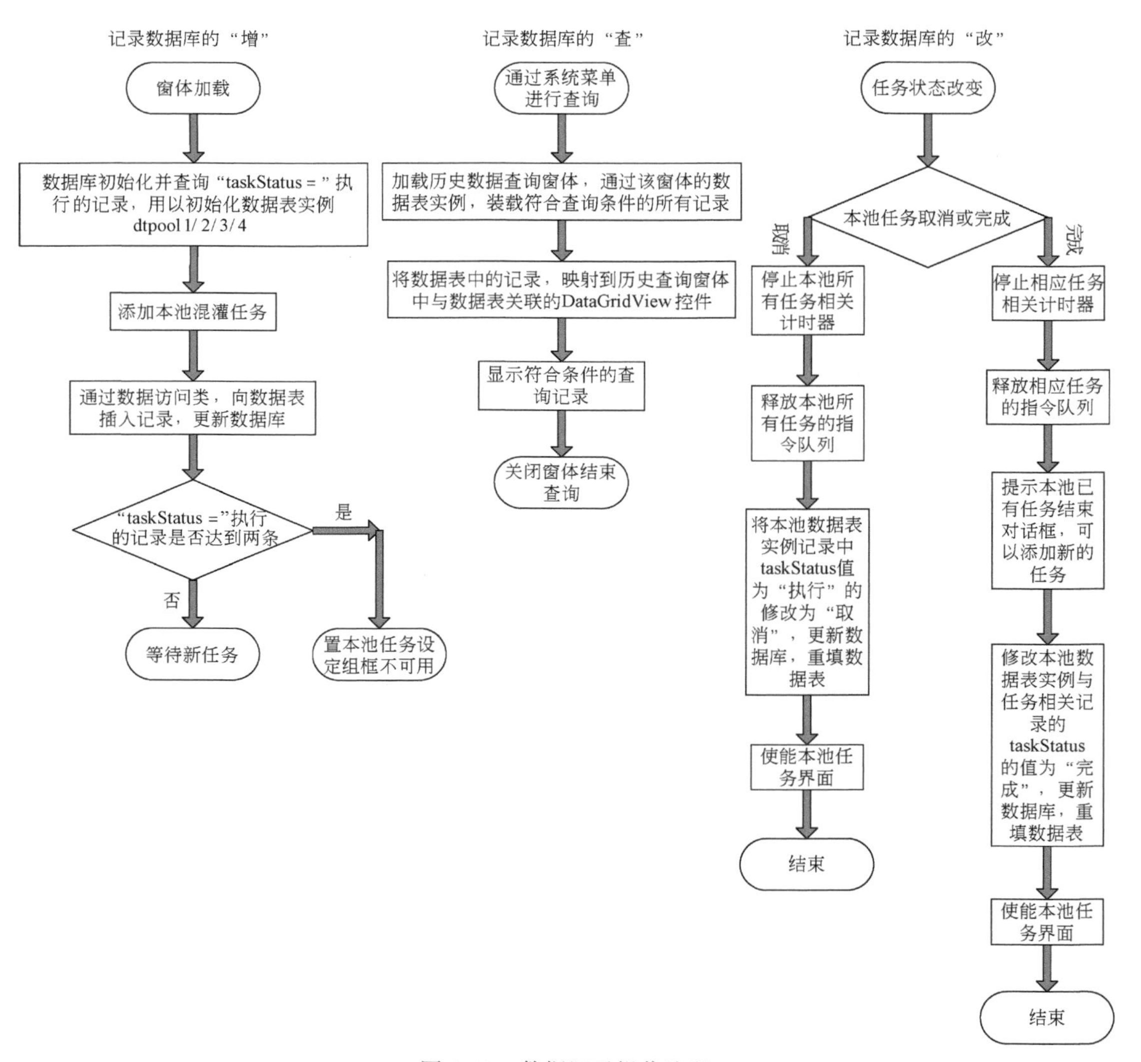

图 6-20　数据记录操作流程

3. 指令的队操作

（1）指令的入队操作

当按下“执行”按钮，下达了混灌任务，并完成了数据解算和任务记录入库操作后，系统以变量暂存新建任务在数据库中的记录号，保证任务和记录的关联，并生产指令队的实例，然后调用自定义函数，执行指令分解与入队操作。

在指令入队函数中，通过记录访问类实例中各成员暂存的本池新建任务的相应数据，执行指令及相关延迟时间的解算工作。在指令队操作中，秉承先进先出原则，首先对任务延迟时间进行判断，若设置了延迟时间，则压入延迟指令及以毫秒计的延迟时间，以供后续出队时下达指令和计时器延时用。

完成任务启动延迟指令队操作后，以 do-while 循环处理存在重置执行的任务，当任务重复次数递减至 0 时，循环中止。在循环中，依据混灌工作的动作顺序，逐个将指令及相应的延时值入队。

在本系统中，各水肥混配池的容量是有限的，均为 1m^3（即 1000L），因此在各灌溉区域的灌溉过程中，可能存在灌溉量超过池容量的情况，需要通过循环重复进行定比的水肥输入和混合液的输出等动作。当然灌溉量不一定是混配池容量的整数倍，因此循环完毕后，需实现剩余灌溉量的水肥输入和混合液输出的动作。在设计中，首先解算出灌溉区域在本次任务下的灌溉量是否超过池容量（通过整除计算整数倍，并求出剩余量），若整数倍不为 0，则进入循环，否则灌溉量为剩余量，计算输水时间、输肥时间和混合液输出时间，并将其分别保存至相应变量中；其次压入相应指令（标识指令，其后不带延时值，可带或不带其他数据），再将数值型的灌溉量转换为字符串型（循环内压入池容量，循环外压入剩余量），供指令出队时计算已完成的灌溉量，实现对数据库中相应记录的修改；再次判断是纯输水、纯输肥还是水肥混合输入，从而压入相应的输入指令，如 PoolInW（输水）、PoolInF（输肥）、PoolIn（水肥输入）等，供后续步骤指令下达到服务端后，指挥继电器和电磁阀动作，并压入该指令执行的延时值，以配合计时器实现该指令的执行时长；最后压入输入指令后，依动作顺序，压入结束输入的标识指令 EndIn 和关闭相应电磁阀指令 ClosePoolW（关闭输水电磁阀）、ClosePoolF（关闭输肥电磁阀）、ClosePoolWF（关闭输水、肥电磁阀）；完成输入后，压入打开输出电磁阀指令及其延时值、标识指令。

各池完成指令的分解与入队操作后，立即根据各池的编号以及该池的任务号调用出队函数进行出队操作。

（2）指令的出队操作

出队函数依据先进先出原则，将指令以及相应的延时值或其他数据出队，将指令和相应的延时值或其他数据配合，共同完成各池的两个独立混灌任务。在出队函数中，首先判定队列是否空，以判定任务指令是否执行完毕：若任务指令执行完毕，则通过函数 bool IrrigationCommandExecution 调用 WCF 服务函数（服务端函数，void CmdExecute）下达“TaskEnd”指令，修改 taskStatus 字段为“完成”，并置相应池的任务下达界面组框为可用状态，以接受新的任务。如果任务指令没有执行完毕，则在计时器的配合下，将下一个指令出队，通过字符串比对，逐一确定所弹出指令，执行相应动作。所有指令大致分为两类，即标识指令和普通指令。在标识指令的处理中，将进行数据库记录修改、执行状态转换等工作，同时为了避免对出队函数的递归调用，为相应计时器设置固定短暂延时（1s），以便读取下一条指令。

（三）服务器端的实现

本系统的服务器端，主要作用是充当网关，为客户端提供 WCF 服务函数，将通过局域网（或因特网）传送过来的指令进行解析，然后通过串口，写入 WSN 的协调器，最后将指令通过 2.4G 的无线传感网送达各终端节点。基于此，服务器端的主要功能为：提供 WCF 服务函数供客户端调用，实现指令的接收转发以及状态查询；提供调试功能，为现场施工测试各部件的工作提供便利。另外，这里将 WSN 的开发归入服务器功能，以便于行文。

1. 系统调试

服务器端以调试为主界面，其他功能均在后台运行，为了避免调试与系统正在进行的工作冲突，界面设置“开启调试”和“关闭调试”按钮，以便根据系统状态标识，进行调试或其他工作。系统调试界面如图 6-21 所示。

服务器端启动后，远端通信和访问串口的异常，可能会使得系统处于“异常”状态；另外，考虑到下雨、停电和任务取消等情况，在服务器端开始执行首个任务时，混配池可能存在残留，因此需先打开输出阀，放空混配池，使系统处于“等待”状态。系统在处理完异常并清空池内残留后，可进入调试状态。进入了调试状态后，即可在界面中选择不同阀门，通过“打开所选阀”“关闭所选阀”测试阀门动作是否正常，从而判断 WSN 的工作状态以及分析阀门是否损坏。只有在调试状态下，点击“关闭调试”按钮才有效。在关闭调试状态前，设置系统状态为“等待”，并通过所定义函数打开所有池的输出阀门，清空调试在池内留下的残余。清空后系统将处于“正常”状态。

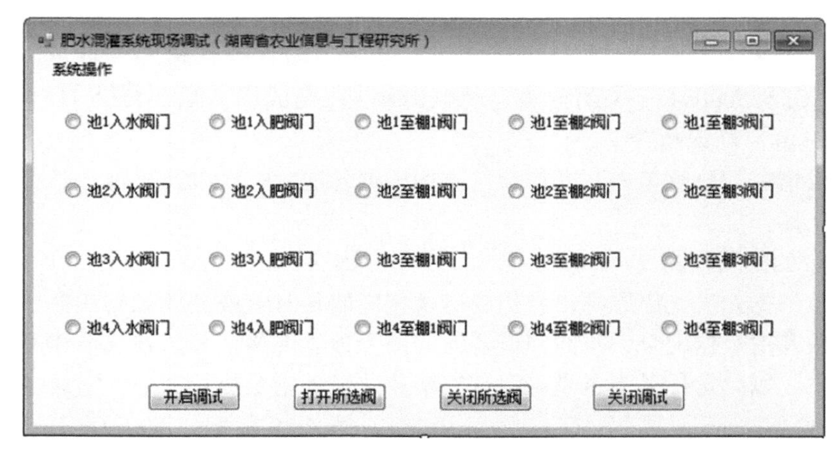

图 6-21　服务器端调试界面

2. 指令的接收与转发

服务器端功能实现最关键的是 WCF 服务的提供，客户端正是通过访问 WCF 服务函数来完成服务器端状态的查询以及混灌指令的下达。本系统中，对于 WCF 服务类的定义，提供了状态查询函数。客户端调用该函数时，可通过返回的字符串获取服务器端的状态。服务类的函数被客户端调用时，将通过服务响应事件调用服务器端主窗口中的事件响应函数，将指令写入串口。

在主窗体加载过程中，首先加载 WCF 服务，随后添加事件，然后打开串口。窗体加载最后，设置系统为“等待”状态，并执行混配池清空工作，清空工作完成后，系统将处于“正常”状态。此状态下，服务器端可以接收客户端发送的指令。客户端通过灌溉任务命令调用服务器端任务执行函数，从而引发主窗体事件，在事件响应函数中，通过字符串比对，明确客户端指令的含义，并调用串口函数将指令下达至 WSN 的协调器节点。

3. WSN 开发

WSN 是一个采用 2. 4G 公共信道的无线多跳网络，该网络能耗低、功能强、覆盖范围广、节约布线。因此，在本系统中采用 WSN 作为灌溉指令的最终承担者和实施者，WSN 的开发对于整个系统工作非常重要。

协调器上电后，系统通过加载自检函数实现对应用层的初始化。在该函数中，调用自定义串口初始化函数，设定协调器串口的波特率、缓存区、校验方式和回调函数，实现对协调器串口的初始化，并打开串口。

系统最终的动作需由机电设备实现。水肥一体自动化灌溉系统的暴露设备主要采用直流设备，如直流继电器、直流电磁阀，充分保证了人员安全，这是本系统的优点之一。但本系统还存在一些不足之处，由于最开始本系统拟部署在养牛场内，网络主要使用场内局域网，采用客户-服务器模式；但实际部署时，信道为因特网，更改计算机设置后，虽然保证了客户、服务器间的通信，但不是此种应用场景下的最佳模式，如采用 Java Web 技术，可在浏览器-服务器模式下实现本系统。

六、注意事项

（一）总体设计

在设计方面，要根据地形、田块、单元、土壤质地、作物种植方式、水源特点等基本情况，设计管道系统的埋设深度、长度、灌区面积等。水肥一体化的灌水方式可采用管道灌溉、喷灌、微喷灌、泵加压滴灌、重力滴灌、渗灌、小管出流等。特别忌用大水漫灌，这容易造成氮素损失，同时也不利于提高水分利用率。

（二）定量施肥

水肥一体化的主要目的就是合理灌溉、精准施肥，因此田间设计时应准确把握、定量施肥。这就涉及蓄水池和混肥池的位置、容量、出口、施肥管道、分配器阀门、水泵肥泵等。

（三）系统操作

1. 肥料溶解与混匀

施用液态肥料时不需要搅动或混合，而固态肥料需要与水混合搅拌成液肥，必要时应提前过滤，以免出现沉淀等问题。

2. 施肥量控制

施肥时要掌握施肥量，注入肥液的适宜浓度大约为灌溉流量的0.1%。例如，灌溉流量为50m^3/亩，注入肥液大约为50L/亩。过量施用可能会导致作物死亡及环境污染。

3. 灌溉施肥程序

灌溉施肥程序分3个阶段：第一阶段，用清水湿润管道；第二阶段，施用肥料溶液进行灌溉；第三阶段，用清水清洗灌溉系统。

（四）系统维护

该系统一旦开始运行，便要做到每次灌溉结束后及时清洗过滤器，以备下次灌溉时使用。在灌溉季节，定时将每条滴灌管的尾部敞开，相应地加大管道内的压力，将滴灌管内的污物冲出。尽量避免在生长期使用酸性物质冲洗，以防滴头附近的土壤pH发生剧烈的变化。如必须要用酸清洗，也应选择在农闲时进行，用40～50L 30%的稀盐酸溶液注入滴灌管，保留20分钟，然后用清水冲洗。

七、推广应用

（一）遵循三项原则

一是遵循因地制宜、科学布置、质量保证的原则；二是遵循经济合理、运行安全、管理方便、效益突出的原则；三是遵循合理规划、降低工程造价的原则。在把握建设原则的基础上，认真总结已建工程的建设和管理经验，根据养殖场排泄废物规模确定适宜的控制灌溉面积，合理划分轮灌组，确保充分利用资源。同时，在工程设计中必须合理处理作物的轮作倒茬和施肥问题、雨水的储灌问题以及管道铺设和机械耕作之间的矛盾。

（二）严把工程质量

一是在材料采购中，要严把工程设备质量及材料质量，严守技术规范。二是在施工过程中，由建设、施工、质量监督三方组成能互相监督、互相制约、互相配合的质量保证机构。三是在工程调试中，每项工程，均要反复通水测试，保证不留问题、不留隐患，并认真记录测试运行情况，确保工程安全投入运行。

（三）克服约束条件

水肥一体化体系虽然具备很多优点，但在使用条件上也有一定的局限性，需要克服以下约束条件。一是一次性投入大。一方面要积极争取国家投资项目实施，另一方面尽可能在宽行作物上实施，以减少滴灌管用量，降低工程投资和成本。二是运行成本高。高成本往往会产生高效益，应从新增效益中提留维修和维护费用，并积极调整和优化种植结构，引进新品种，种植高、新、特、优农作物，不断提高工程效益。三是克服连片种植难的问题。可积极鼓励土地流转，实现农业的集约生产，为连片耕作提供条件；同时，可积极尝试缩小连片规模，把同一种作物连片种植在同一个轮灌组上。四是克服轮作倒茬难的问题。多种植一些可连续重茬的作物或是在经济作物之间进行倒茬轮作，如棉花和辣椒倒茬、棉花和瓜类倒茬、棉花和葵花倒茬、辣椒和葵花倒茬等；还可进行粮食作物和经济作物倒茬，如玉米（宽行种植）和经济作物倒茬。

（四）拓宽投入机制

工程的先期投资多由政府出资，一旦实施某项工程，投入势必可全部到位，关键是后期的运行经费需要拓宽资金筹措渠道：以合作社为单位建立专门基金；争取从水资源费中拿一点，通过国家农技补贴项目补一点，通过社会援助项目支持一点，通过县财政农业推广项目列一点；其余全部依靠受益群众从新增收入中提留。

（五）强化技术培训

一是逐步建立培训网络，建立系统的培训体系，形成教育培训的长效机制，充分利用新闻媒介，通过多种途径，开展广泛、深入、持久的宣传教育，增强广大干部群众的水忧患意识、节水意识、节肥意识以及化学肥料减施增效意识。引起全社会对节水和化学肥料过量使用造成污染的全面关注，对实施高新水肥一体化灌溉体系的重要认识，使节水、节肥、减施增效成为用农户自觉、自发行为。二是建立系统的农民培训体系，建立起县、乡、村、社四级培训网络体系，创新培训教育方法，使各种先进适用技术得以及时宣传，指导群众开展节水栽培和水肥一体化灌溉技术。三是大力宣传高新水肥一体化灌溉技术实施后产生的节水、节肥、增效、增产、省工、节地等经济、社会和生态效益，使农民群众在思想上对水肥一体化工程有一个新的认识，加大水肥一体化灌溉工程推广力度。

参考文献

柴晓利，张华，赵由才，等．2005．固体废物堆肥原理与技术．北京：化学工业出版社
陈琼贤，曹健，高惠楠，等．2011．大田蔬菜水肥一体化技术操作规程．广东农业科学，（1）：83～84，97
陈世和，诸建宇．1992．生活垃圾堆肥动态工艺的研究．上海环境科学，（5）：3～15
崔新卫，鲁耀雄，龙世平，等．2014．有机无机肥施用比例及氮肥运筹对茄果产量与品质的影．华北农学报，29（5）：213～217

丁文川，李宏，郝以琼，等．2002. 污泥好氧堆肥主要微生物类群及其生态规律，重庆大学学报（自然科学版），25（6）：113～116
高丽红，郭世荣，李式军．2012. 绿色环保高效的设施蔬菜土壤滴灌施肥体系．长江蔬菜，（12）：5～10
关正军，曹亮．2013. 酸化牛粪固液分离技术研究．东北农业大学学报，44（5）：79～84
关正军，李文哲，郑国香，等．2011. 固液分离对牛粪利用效果的影响．农业工程学报，27（4）：259～263
郭邦海．1999. 管道安装技术实用手册（第1～4册）．北京：中国建材工业出版社
国洪艳，徐凤花，万书名，等．2008. 牛粪接种复合发酵剂堆肥对腐植酸变化特征的影响．农业环境科学学报，27（3）：1231～1234
黄文敏，武艳荣．2012. 蔬菜水肥一体化技术肥料的选择与配制．西北园艺，（1）：51
康权．2001. 农田水利学．北京：中国水利水电出版社
李艳霞，王敏健，王菊思．1999. 有机固体废弃物堆肥的腐熟度参数和指标．环境科学，20（2）：98～103
林代炎，翁伯琦，钱午巧．2005. FZ-12 固液分离机在规模化养猪场污水中的应用效果．农业工程学报，21（10）：184～186
鲁如坤．1998. 土壤-植物营养学原理和施肥．北京：化学工业出版社
鲁耀雄，崔新卫，范海珊，等．2015. 有机无机肥配施对湖南省晚稻生长、产量及土壤生物学特性的影响. 中国土壤与肥料，（5）：50～55
鲁耀雄，崔新卫，龙世平，等．2016. 有机物料不同配比堆肥过程的差异分析．农业现代化研究，37（3）：587～593
聂永丰．2000. 三废处理工程技术手册．北京：化学工业出版社
单德臣，单德鑫，许景钢，等．2007. 牛粪好氧堆肥条件分析．东北农业大学学报，38（4）：554～558
沈瑾，路旭，苏海泉，等．1999. 规模化猪场污水处理固液分离工艺及设备．中国沼气，17（4）：18～20
水利部农村水利司，中国灌溉排水技术开发培训中心．1998. 喷灌与微灌设备．北京：中国水利水电出版社
水利部农村水利司．1998. 管道输水工程技术．北京：中国水利水电出版社
孙钦平，李吉进，刘本生，等．2011. 沼液滴灌技术的工艺探索与研究．中国沼气，29（3）：25～27
涂攀峰，邓兰生，龚林，等．2012. 水溶肥中水不溶物含量对滴灌施肥系统过滤器堵塞的影响．磷肥与复肥，27（1）：72～73
王伟东．2005. 木质纤维素快速分解复合系及有机肥微好氧新工艺．北京：中国农业大学
王文平．2011. 低压管道输水节水灌溉技术在石头河灌区的运用．水利与建筑工程学报，6（3）：156～159
王艳博，黄启为，孟琳，等．2006. 有机无机肥料配施对盆栽菠菜生长和土壤供氮特性的影响．南京农业大学学报，29（3）：44～48
吴军伟，常志州，周立祥，等．2009. XY 固液分离机的畜禽粪便脱水效果分析．江苏农业科学，（2）：286～288
许娥．2011. 果园水肥一体化高效节水灌溉技术试验．实用技术，（4）：34～37
严煦世，范瑾初．1995. 给水工程（第3版）．北京：中国建筑工业出版社
严煦世，赵洪宾．1986. 给水管网理论与计算．北京：中国建筑工业出版社
杨柏松，关正军．2010. 畜禽粪便固液分离研究．农机化研究，（4）：223～229
袁恒太．2003. 长距离输水管道设计中几个问题的探讨．山西水利，（6）：50～51

臧小平，马蔚红，张承林，等．2011. 水肥一体化技术在海南干热香蕉种植区的应用．亚热带植物科学，40（4）：32～37
张彦芬．2006. 低压管道输水灌溉工程中的改进技术．水科学与工程技术，（3）：58
郑育锁．2012. 蔬菜水肥一体化技术模式下肥料的选择与施用．天津农林科技，225（2）：21-23
中华人民共和国国家质量监督检验检疫总局，中国国家标准化管理委员会．2006. 农田低压管道输水灌溉工程技术规范．中华人民共和国国家标准，GB/T 20203—2006
岩淵和則，樋元淳一，松田従三．1987. 牛糞の固液分離特性試験と搾汁液によるメタン発酵．北海道大学農学部邦文紀要，15（3）：249～256
Garcia C T，Henandez F，Costa J，et al. 1992a. Phytoxicity due to the agricultural use of urban waste：Germination experiments. J. Sci. Food Agric.，59：313～319
Garcia C，Costa H F，Aynso M. 1992b. Evaluation of the maturity of municipal waste compost using simple chemical parameters. Common. Soil Sci. Plant Anal.，23（13-14）：1501～1512
Harada Y A，Inoko A，Tadaki M，et al. 1981. Maturing process of city refuse compost during piling. Soil Sci Plant Nutr，27（3）：357～364
Mathur S P，Owen G，Dinel H，et al. 1993. Determination of compost biomaturity. I. Literature review. Biological Agriculture and Horticulture，10（2）：65～85
Morel T L，Colin F，Germon J C，et al. 1985. Methods for the evaluation of the maturity of municipal refuse compost. In：Gasser T K R. Composting of Agriculture and Other Wastes. London & NewYork：Elsevier Applied Sciene Publish

第七章 环境保育系统

循环农业总的发展目标是保障农业的资源环境持续、经济持续和社会持续等。资源环境持续性主要指合理利用资源并使其永续利用，同时防止环境退化，尤其要保障农业非再生资源的可持续利用。环境保育系统是循环农业体系的重要组成部分，是保障循环农业生产过程资源与环境可持续性的基础，以低投入、低排放、循环化、废弃物资源化利用、清洁生产为核心，关键要素是合理配置系统资源实现氮磷等营养物质的高效循环利用，环境保育系统的基本功能是净化、吸收、缓冲污染物，阻隔和消纳种植系统、养殖系统、农产品加工系统的少量废弃物，防控水土流失和氮磷迁移污染，通过对循环农业系统资源进行优化配置，提高生产效率和资源循环利用率，将废弃物排放有效控制在环境容量和生态阈值之内，使循环农业系统排放的污染物可控制、资源利用可持续，从而实现循环农业产品生产和生态环境保护目标的有机统一。

第一节 养殖废水生态处理

规模化养殖业的废弃物排放污染与资源化利用问题是循环农业系统环境保育的主要难题，养殖废弃物经无害化处理后，固体废弃物通常作为有机肥供种植系统利用，而液体废弃物的利用率则相对较低，养殖废水的排放成为影响循环农业系统环境保育与流域水环境污染的突出问题，因此，养殖废水的生态处理是循环农业环境保育系统构建的关键核心技术之一。

一、养殖废水处理主要模式

目前国内外对养殖废水的处理工艺主要包括：还田处理、自然处理和工业化处理 3 种模式。

还田处理模式指直接将养殖废水作为肥料还田，该模式是一种传统的、相对生态环保的处置方法，具有投资少、不耗能、运行费低等优点。该模式也存在明显的缺点，如需要大量土地面积消纳畜禽废水，并且在雨季和非用肥季节无法处理；容易引发氮磷等二次污染，对地表水、地下水构成威胁；存在传播畜禽疾病和人畜共患病的危险。

自然处理模式是利用天然水体、土壤和生物的物理、化学与生物的综合作用来净化污水，自然处理法主要采用氧化塘、土地处理系统以及人工湿地等自然处理系统对畜禽废水进行处理，该方法的优点在于投资少、不耗能、运行费低，缺点在于土地面积需求大，仅仅依靠氧化塘、土地处理系统或人工湿地无法实现废水处理达标。

工业化处理技术包括厌氧生物处理、好氧生物处理以及厌氧–好氧处理等不同处理组合。厌氧生物处理技术是指在无氧的条件下，通过一系列微生物的协同作用将有机物分解转化的过程，厌氧生物处理技术从最早的化粪池工艺发展至如今的第三代厌氧反应器，反应器通常由进水系统、反应器的池体、三相分离器和回流系统四个部分组成，由于畜禽养殖废水中有机废水溶度高，厌氧反应器出水难以直接达到排放标准，仍需好氧方法进行后续处理。好氧生物处理技术是在有游离氧存在的条件下，降解有机物，使其稳定、无害化的处理方法，在废水处理工程中，好氧生物处理技术可分为氧化塘法、活性污泥法及生物膜法。工业化处理模式的主要优点在于占地少、适应性广、不受地理位置限制和季节温度变化的影响，其主要缺点是工程建设投资大、能耗高、运转费用高，机械设备多，需要专人维护。我国规模化养殖企业通常用厌氧+好氧处理模式处理养殖废水，不过实际应用发现，厌氧+好氧处理模式对氨氮及磷消除效果并不理想，处理后养殖废水通常不能实现达标排放，需要在末端配合使用自然处理模式进一步消纳废水中的氮磷。因此，参考《畜禽养殖业污染治理工程技术规范》（HJ 497-2009），无法用土地消纳废水且废水必须达标排放的规模化养殖企业，使用厌氧+好氧+自然处理（人工湿地）组合模式。

总体上，无论采用何种处理养殖废水处理模式，综合利用优先、减量化、资源化、无害化和运行费用低廉化已经成为目前国内外养殖废水处理的首要原则。

二、养殖废水绿狐尾藻生态治理

针对当前国内外规模化养殖废水处理效果不佳、处理系统运行成本高的难题，围绕低成本养殖废水生态处理-氮磷循环利用的模式，采用稻草充填基质消纳池和绿狐尾藻湿地两大核心治污技术，进行养殖废水生态处理与资源化利用。技术工程主体由稻草生物基质消纳系统和绿狐尾藻湿地消纳系统组成。利用稻草生物基质消纳系统消减养殖废水中绝大部分 COD 和大部分氮磷，再通过绿狐尾藻湿地消纳吸收废水中剩余部分污染物，实现出水口废水达标排放。通过绿狐尾藻生物质利用和末端湿地水产养殖等途径，实现废水生态处理和氮磷废弃物的资源化利用。

（一）稻草和绿狐尾藻生物材料筛选

稻草在技术中作为生物基质池填料，为微生物繁殖提供碳源，促进微生物的活动，降低有害物质及保证绿狐尾藻的正常生长。野外原位模拟（稻草、锯木屑、活性炭 3 种材料对比）试验结果表明，稻草对硝态氮和氨氮的去除率高达 95% 和 73%，高于锯木屑和活性炭（图 7-1）。绿狐尾藻是养殖废水生态治理技术中构建生态湿地的关键植物，为小二仙草科绿狐尾藻属多年生浮水或沉水植物。绿狐尾藻氮磷吸收力超强（N：2.10 ~ 5.56kg N/m^2，P：0.31 ~ 1.03kg P/m^2）。绿狐尾藻在富营养化水体（N：20 ~ 500mg/L，P：0.5 ~ 50mg/L）中生长良好，生物量大，年干产量达 22.5t/hm^2；具有高营养价值（粗蛋白含量 17%，总氨基酸 14.5%），可作为优质饲料，在实现废水氮磷循环利用的同时，让治污“有利可图”。

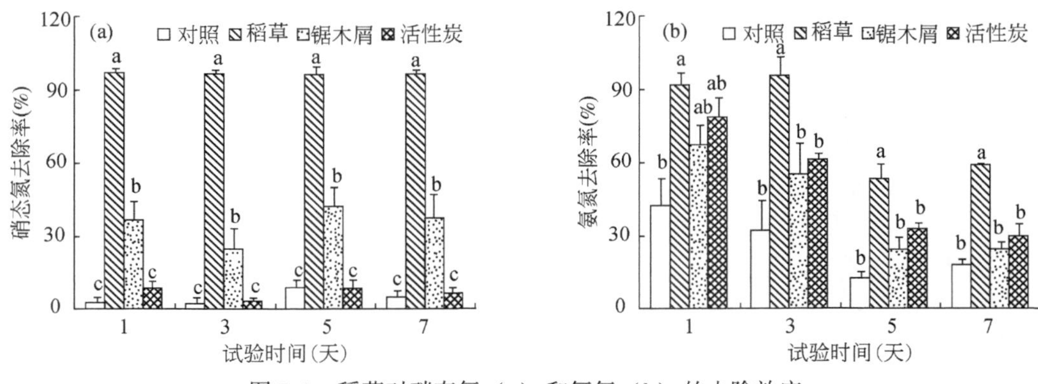

图 7-1　稻草对硝态氮（a）和氨氮（b）的去除效应

（二）绿狐尾藻湿地对污水氮磷的去除机理

绿狐尾藻湿地对污水氮磷的去除试验按图 7-2 设置，前段 1m 为稻草基质池，后 3 段（每段为 5m）为绿狐尾藻池，每个池宽为 2m，每日养殖废水污染物输入负荷强度设置 60L、120L、180L 共 3 个处理，水里停留时间前段稻草基质池为 4 天，后 3 段绿狐尾藻湿地池为 11 天。

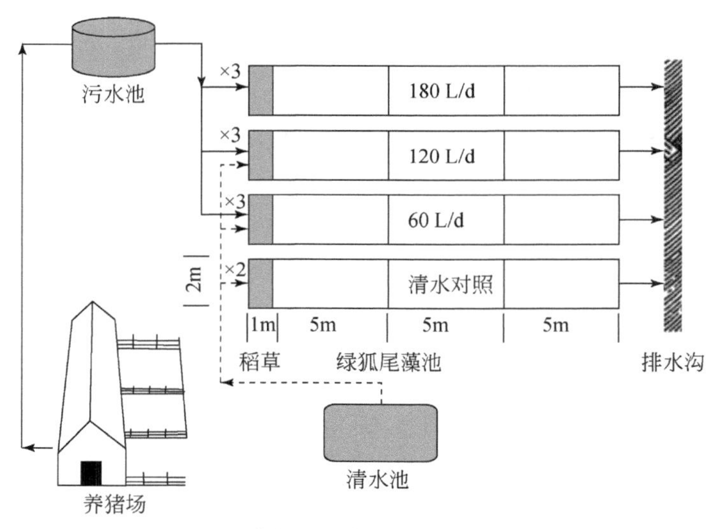

图 7-2　野外绿狐尾藻湿地试验系统示意图

1. 绿狐尾藻湿地氮磷的去除途径

通过分析绿狐尾藻湿地中植物吸收、底泥吸附和气体排放通量，发现绿狐尾藻湿地对氮的主要去除途径是硝化/反硝化作用（表 7-1），占总氮去除率的 68.3%，其次是植物吸收（25.2%）以及底泥吸附（6.5%）；而总磷的去除主要通过底泥吸附（65.1%）和植物吸收（34.9%）。

表 7-1　绿狐尾藻湿地氮磷的去除途径

项目	植物吸收（%）	底泥吸附（%）	硝化/反硝化（%）
总氮	25.2	6.5	68.3
总磷	34.9	65.1	—

2. 绿狐尾藻湿地硝化/反硝化潜势的时间变化特征

对绿狐尾藻湿地底泥硝化/反硝化潜势的观测结果表明（图 7-3 和图 7-4），底泥硝化/反硝化潜势与废水中氨氮浓度正相关，随废水按浓度增加硝化/反硝化潜势增加。随着时间的推移，10 月至次年 1 月底泥土壤的硝化/反硝化潜势增加显著；在 2～3 月，有下降趋势；在 4～6 月增加趋势明显；在 7 月有下降趋势。

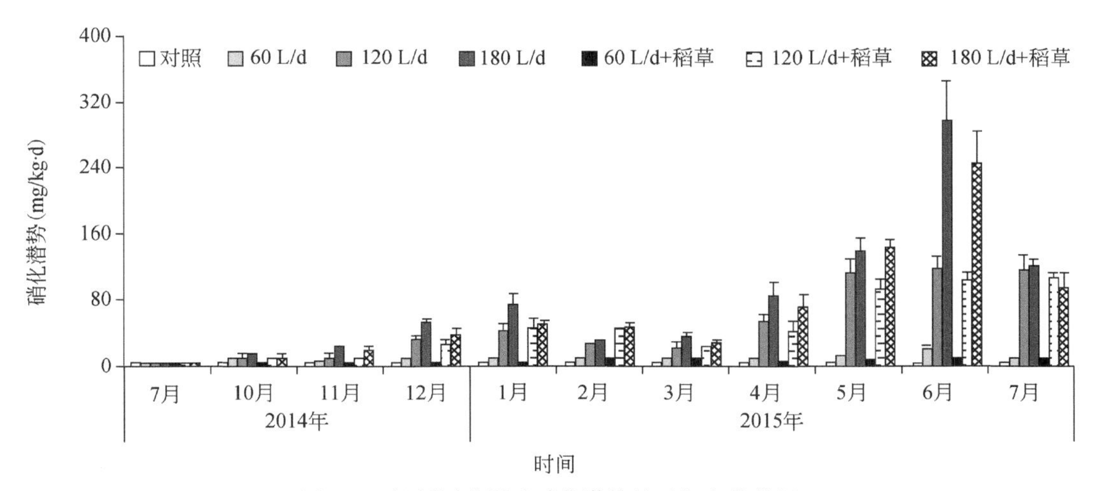

图 7-3　绿狐尾藻湿地硝化潜势的时间变化特征

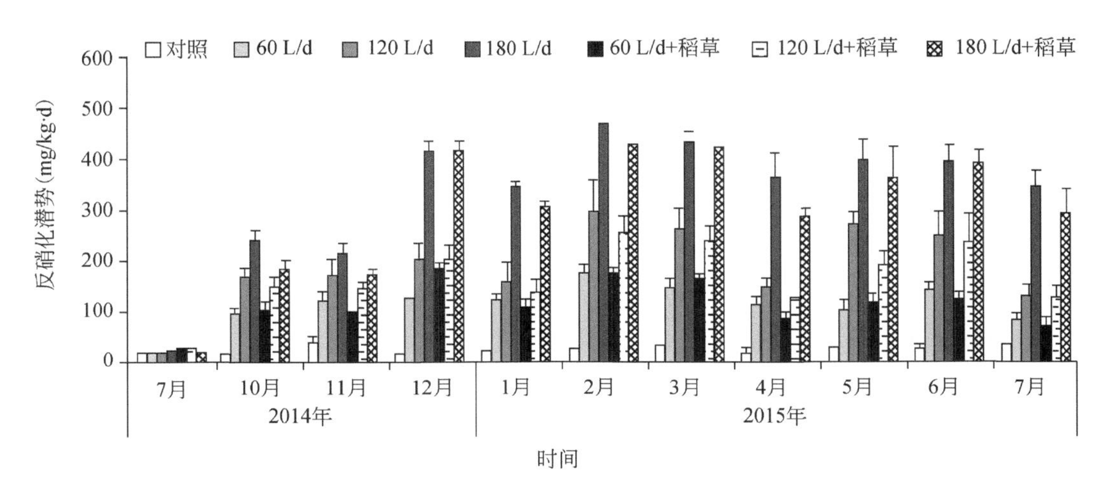

图 7-4　绿狐尾藻湿地反硝化潜势的时间变化特征

（三）养殖废水绿狐尾藻生态治理工艺设计参数

1. 工艺流程

本工艺主体由稻草生物基质消纳系统和绿狐尾藻湿地消纳系统组成。稻草生物基质消纳系统由一个或多个用稻草作为填料的基质池组成，绿狐尾藻湿地消纳系统由多个绿狐尾藻湿地构成。养殖废水经过厌氧反应池设施预处理后，进入稻草生物基质消纳系统以消减大部分 COD 和氮磷，再经过绿狐尾藻生态湿地消纳系统吸收水体氮磷，最终实现达标排放。另外，通过绿狐尾藻生物质经济开发（如加工成青饲料喂猪、还田作肥料等）和实行湿地水产养殖（养殖草鱼、花鲢、鲫鱼等）等途径，实现废水生态治理和氮磷废弃物的资源化利用。养殖废水绿狐尾藻生态治理工艺流程如图 7-5 所示。

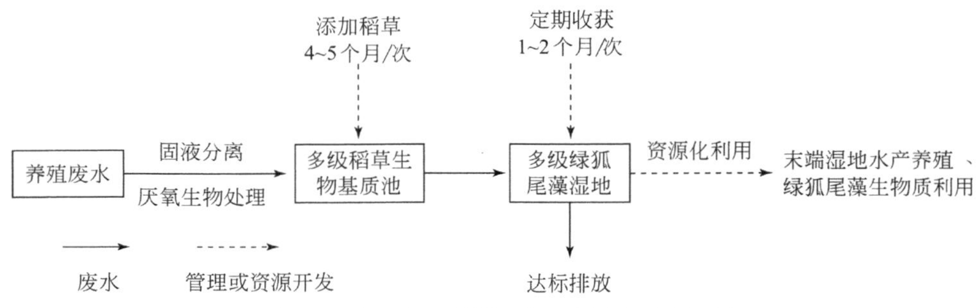

图 7-5　养殖废水绿狐尾藻生态治理工艺流程

2. 稻草生物基质池

基质池建设的容积参数为每头猪 0.1 ~ 0.5m^3。容积参数的选择总原则是保证废水在基质池内的水力停留时间为 7 ~ 10 天。基质池工程建设和空间布设要求包括：

1）根据存栏猪头数确定基质池总面积大小，保证总容积大小的基础上可以由多个池子串联，基质池深度为 70 ~ 150cm；养殖废水通过跌水坎上一级基质池向下一级流动。

2）基质池墙体和底部要求具有防渗功能，厚度 26 ~ 28cm，底部为混凝土打底，厚度 18 ~ 22cm。

3）基质池的形状不限，圆形、方形或不规则形皆可，可依据实际地理情况确定基质池的空间布局。

3. 绿狐尾藻湿地

绿狐尾藻湿地建设的面积参数为每头猪 2 ~ 5m^2，参数取值的原则是保障养殖废水在湿地系统内的水力停留时间为 60 ~ 70 天。`绿狐尾藻湿地工程建设及空间布设要求包括：

1）湿地面积和深度。依据养殖规模确定绿狐尾藻湿地总面积，保证总面积不变的基础上可由多个绿狐尾藻湿地串联，湿地控制水深 40～80cm，若末端湿地养鱼时可深至 150～200cm。

2）各级湿地之间可以毗连，通过跌水坎上一级湿地向下一级自流；也可隔开一定距离，由管道连接，上下级之间保持 10～20cm 的落差，保证从上到下能够自流。

3）湿地的形状不限，方形、圆形或不规则形皆可，可依据实际地理情况确定基质池的空间布局。

三、养殖废水绿狐尾藻生态治理实例

1. 湖南长沙县锡福村猪场

该猪场养猪头数为 60～100 头，水力负荷为 3.5～4.5m^3/d，构建的小规模养殖场废水生态处理工程实景如图 7-6 所示。

图 7-6　小规模养殖场废水生态处理工程实景

在示范工程中，养猪废水中初始污染物含量：COD 为 8000～10 000mg/L，氨氮为 400～500mg/L，总氮为 300～800mg/L 总磷为 40～60mg/L（图 7-7）。工程运行结果表明，

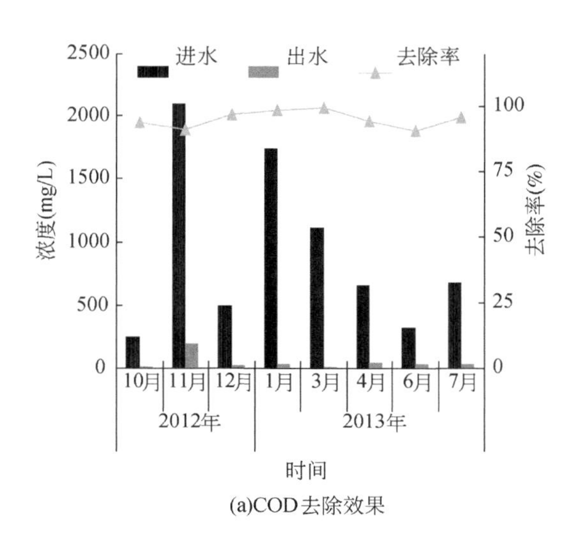

(a)COD 去除效果

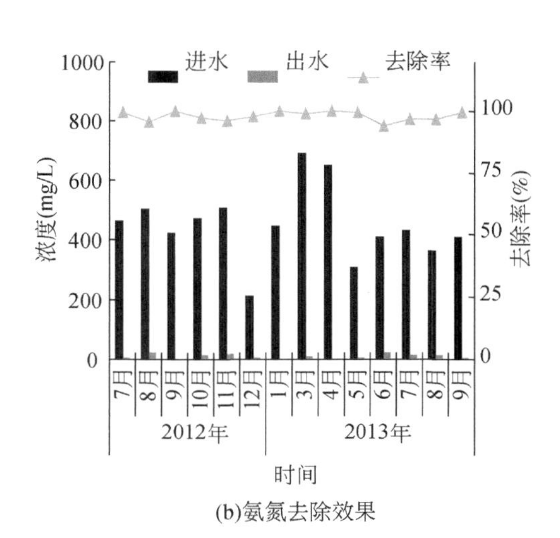

(b)氨氮去除效果

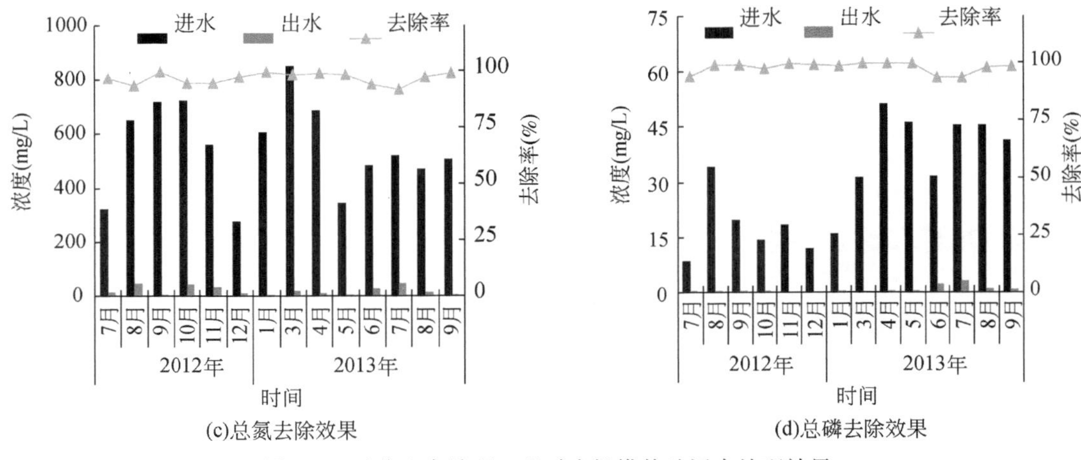

(c)总氮去除效果　　(d)总磷去除效果

图 7-7　示范生态处理工程对小规模养殖污水处理效果

该处理系统能有效改善水体的浊度。生物基质池对 COD、氨氮、总氮和总磷的去除率都在 90% 以上，生物净化池和经济湿地能够进一步深度处理水体中低浓度的氮磷污染，使得养猪废水中氮磷去除率达到 95%。与《禽畜养殖业污染物排放标准》（GB 18596-2001）要求的氨氮<80mg/L、总磷<8mg/L 比较，养殖废水绿狐尾藻生态治理技术使处理后水体氮磷浓度完全达到安全排放标准。

2. 浙江绍兴上虞区富强猪场

该猪场属于浙江上虞富强农业有限公司，年生猪存栏 5 万头。2014 年建成了“2 级稻草基质池+4 级绿狐尾藻湿地”为工程主体的养殖废水治理工程，工程占地面积 80 亩。对该工程治理近 1 年的监测结果表明，该治污工程末端出水的 COD 浓度、氨氮浓度和总磷浓度最高分别为 65mg/L、26mg/L、5mg/L，对废水中 COD、氨氮、总磷的去除率达 95.8% ~99.6%，出水水质远优于《畜禽养殖业污染物排放标准》（GB 18596-2001）（即 COD，400mg/L；氨氮，80mg/L；总磷，8mg/L）（图 7-8）。

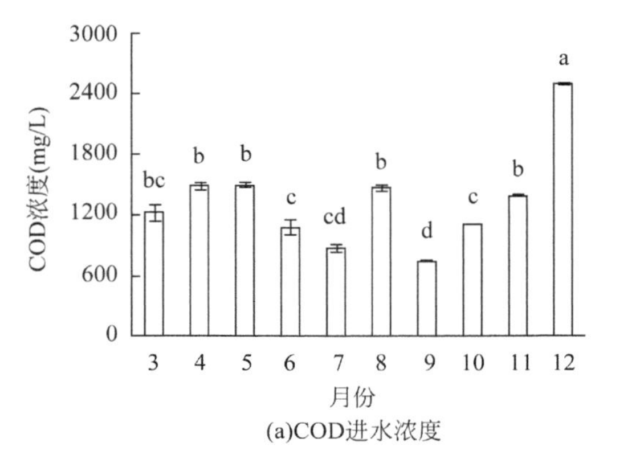

(a)COD进水浓度

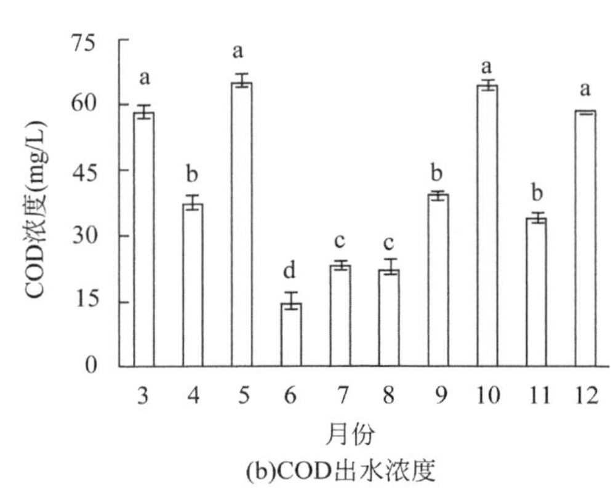

(b)COD出水浓度

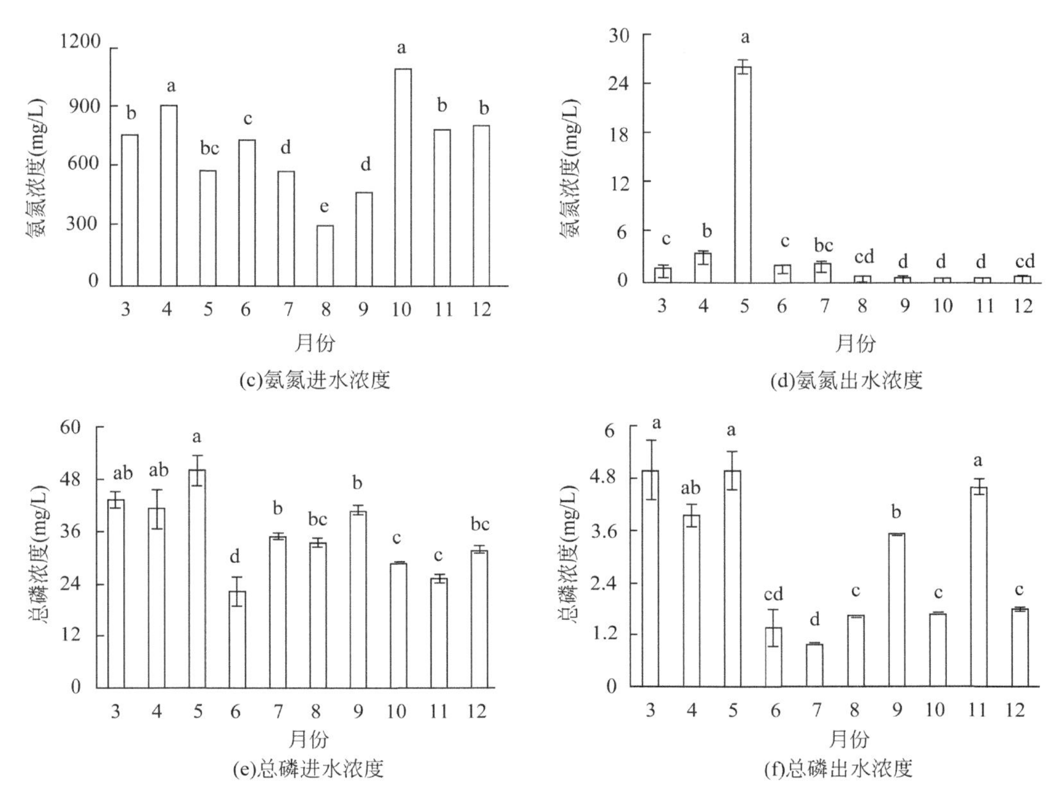

(c)氨氮进水浓度　(d)氨氮出水浓度

(e)总磷进水浓度　(f)总磷出水浓度

图 7-8　绿狐尾藻生态治污技术对富强猪场养殖废水 COD 和氮磷的去除效果（2014 年）

3. 浙江绍兴上虞区宝仔猪场

该猪场属于浙江宝仔农业发展有限公司，年存栏生猪 1. 2 万头。2014 年建成了“2 级稻草基质池+7 级绿狐尾藻湿地”为工程主体的养殖废水治理工程，工程占地面积 52 亩。养殖废水绿狐尾藻生态治理技术对宝仔猪场废水中 COD、氨氮、总氮和总磷等污染物除去效果显著（表 7-2）。对示范工程水质监测效果表明：养殖废水进水中 COD、氨氮、总氮和总磷含量分别为 1345. 4mg/L、698. 3mg/L、877. 8mg/L 和 13. 0mg/L，而经稻草基质池和绿狐尾藻湿地系统治理后，末端出水中对应污染物指标含量分别为 53. 9mg/L、0. 6mg/L、3. 0mg/L 和 0. 4mg/L，四种污染物去除率达到 95. 9% 以上，出水水质显著高于《畜禽养殖业污染物排放标准》（GB 18596-2001）。

表 7-2　养殖废水治理前后污染物含量　（单位：mg/L）

项目	COD	氨氮	总氮	总磷
进水	1345. 4	698. 3	877. 8	13. 0
末端 5 级湿地	129. 6	14. 7	24. 1	4. 7

续表

项目	COD	氨氮	总氮	总磷
末端7级湿地	53.9	0.6	3.0	0.4
《畜禽养殖业污染物排放标准》(GB 18596-2001)	400	80	—	8

第二节 生态沟渠氮磷阻控

生态沟渠的功能是拦截、消纳上游径流水体带来的泥沙、农业面源污染物（氮磷）等，净化循环农业系统的水质，保护水环境。

一、生态沟渠的工程设计

生态沟渠主要由工程设计、植物选配、生态系统构建、系统评价检测、系统维护管理五部分组成（图7-9）。

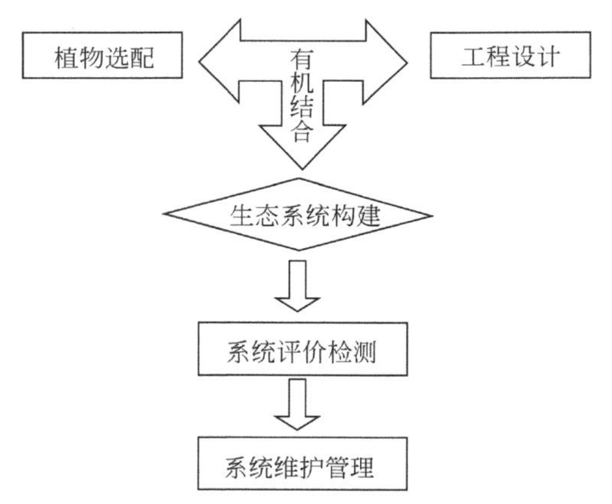

图7-9 生态沟渠技术模式

（一）设计原则

生态沟渠系统主要由工程部分和植物部分组成，但并不是两者简单相加，需要充分利用现有的自然资源条件，对农田排水沟渠进行一定的工程改造，使之在具有原有排水功能的基础上，增强对农田排水中所挟带氮磷养分的去除效果。生态沟渠一般应布局在农田的四周或汇水区较低的一端，根据原有排水沟布局情况，在不影响正常排水条件下尽量保持原有沟渠的蜿蜒性，不应裁弯取直，应与周边的湿地相间布局。依据生态沟的上口宽度可以分为小型生态沟（宽度≤100cm）、中型生态沟（宽度 100～200cm）、大一型生态沟

（宽度 200～400cm）、大二型生态沟（宽度≥400cm），建设规模按农田面积的 0.1%～0.5% 的比例设置。

（二）工程设计

生态沟渠项目工程主要包括：污水处理构（建）筑物与设备、辅助工程与配套设备。污水处理构（建）筑物与设备包括：预处理工程、生态沟护坡工程、沟底挡水坎、节水闸等。其中，预处理工程包括：沉沙池、格栅、非农田排水（如农村分散型生活污水与零散型畜禽养殖场废水）前处理等工程。辅助工程与配套设备包括：沟边交通道路、沟边绿化、亲水平台、防护围栏、生态拦截植物资源化利用等工程。生态沟渠可由一级或多级生态沟渠组成，其中一级生态沟渠前端直接连接农田汇水区或其他污水排放源，末端连接二级生态沟渠、池塘湿地或者自然水体或其他自然河道或湖库。

生态沟渠通常采用梯形断面、复式断面和植生型防渗砌块技术，它的两侧沟壁由蜂窝状水泥板（也可直接采用混凝土）构成且具有一定坡度，沟体较深，沟体内每隔一定距离构建小坝以减缓水速、延长水力停留时间，使流水挟带的颗粒物质和养分等得以沉淀和去除。农田排水口与生态沟渠排水口间距应在 50m 以上。倒梯形生态沟断面边坡坡度为（1∶0.5）～（1∶1.2），深度根据实际情况确定，一般应<1.5m，沟底纵断面比降<1%。在土地面积不足时，在保证边坡稳定的前提下可以采用矩形断面。生态沟底部在一般地区应采取泥质土底，以利于水生植物生长，在喀斯特等易渗漏地区可参照《地下工程防水技术规范》（GB 50108—2011）标准对生态沟底部进行防渗处理。生态沟应进行工程护坡，在满足沟坡稳定性基本要求的前提下，具体应根据污染源状况、原有沟渠断面情况、资金状况等选择适当的护坡类型，具体可参照《室外排水设计规范》（GB 50014—2006）、《给水排水构筑物工程施工及验收规范》（GB 50141—2008）、《水土保持综合治理. 技术规范. 小型蓄排引水工程》（GB/T 16453.4—2008）等室外排水沟相关标准。生态沟护坡应采用有一定透水度的护坡形式，主要类型有自嵌式挡墙、多孔砖护坡、雷诺护坡、格宾护坡、生态袋护坡等，生态沟护坡坡脚应设基础防滑墙，岸坡基础应为素土夯实加砂垫层（厚度≥30mm）和反滤土工布（厚度≥2mm）。生态沟沟底应设挡水坎，挡水坎间距一般为 15～20m，挡水坎高度为 20～30cm，当生态沟落差较大时，挡水坎间距和高度可根据具体情况进行适当调整，保证枯水期沟底水深≥10cm，生态沟挡水坎应为砖混结构或者石垅（透水坝）结构，挡水坎底部为混凝土地基，下游应设置防冲设施，生态沟分级时每一级挡水坎都应设置排空设施。生态沟渠断面、横断面、纵断面设计图见图 2-5～图 2-7。

（三）生态拦截植物选择与种植

应选择对氮磷营养元素有较强吸收能力、具有一定经济价值或易于处置利用并可形成良好生态景观的植物。植物选配时应遵循以下原则：

1）选择适应当地气候条件的植物，种植的适宜时间为春季。

2）选择根系发达、生物量大、氮磷富集能力强、耐污能力强、去污效果好、有一定经济价值、容易管护的植物，物种选择以本土植物和确认生态安全的水生植物为主。

3）选择再生能力强、可进行多次刈割的植物。

4）选择具有季节互补性的植物。

5）选择具有广泛用途或经济价值较高的植物。

6）生态沟可以选用一种或几种植物作为优势种搭配栽种，应适当选择冬季常绿植物，以保障冬季处理效果，并可增加植物多样性和景观效果。

7）在有行洪功能的生态沟渠不得种植浮水植物或设置生态浮岛。

8）生态沟渠植物的栽种移植包括根芽幼苗移植、种子繁殖、盆栽移植以及营养体种植等。

生态沟渠不同污染类型下生态沟渠植物的搭配模式参见表7-3。

表7-3　几种生态沟渠植物配置模式及应用条件

主要污染物	护坡植物	沟内植物配置模式	备注
泥沙+氮磷	黄花菜、狗牙根、桂牧1号、三叶草	茭草–梭鱼草–水芹菜	护坡植物可选一种或几种。下同
		香蒲–梭鱼草–水蕹菜	
农田氮磷	百喜草、狗牙根、黑麦草	旱伞草–梭鱼草–石菖蒲	
农田氮为主	桂牧1号、矮象草、篁竹草	茭草–梭鱼草–水芹菜	绿狐尾藻仅用于湿地或固定式浮床。下同
		旱伞草–梭鱼草–绿狐尾藻	
		水生美人蕉–梭鱼草–绿狐尾藻	
农田磷为主	三叶草、狗牙根	纸莎草–黑三棱–香菇草/水芹菜	
		纸莎草–黑三棱–绿狐尾藻	
高氮磷（生活污水/养殖废水）	桂牧1号、矮象草、篁竹草	梭鱼草–绿狐尾藻	必须配置生态湿地
		黄菖蒲–梭鱼草–水蕹菜	
		风车草–梭鱼草–水蕹菜	

注：①表中植物配置模式分别表示生态沟渠的前段、中段和后段应该种植的植物种类；②生态沟中一般不专门种植沉水植物。

（四）工艺流程

生态沟渠示意图7-10所示，生态沟渠的规模应根据汇水区内农田面积比例或者其他污染源状况来确定，同时应满足水力停留时间的要求，枯水期水力停留时间应为4～6天。生态沟渠面积占农田的比例宜根据试验资料确定，无试验资料时，可采用经验数据或按下述推荐值：丘陵区取0.2%～0.3%，平湖区取0.3%～0.5%。生态沟渠比降应<1%，无论比降大小沟底均应设置挡水坎，可将生态沟渠分为多级，比降越大，挡水坎间距越短。生态沟渠进水量较大或坡降较大时，要设置跌水坎等消能设施，一方面保障上游水深，另一方面以防止流速过大对下游沟底产生冲刷。生态沟渠所有工程设计应符合国家有关部门（尤其是水利部门）关于建筑工程和水利工程设计的法律法规及规范。

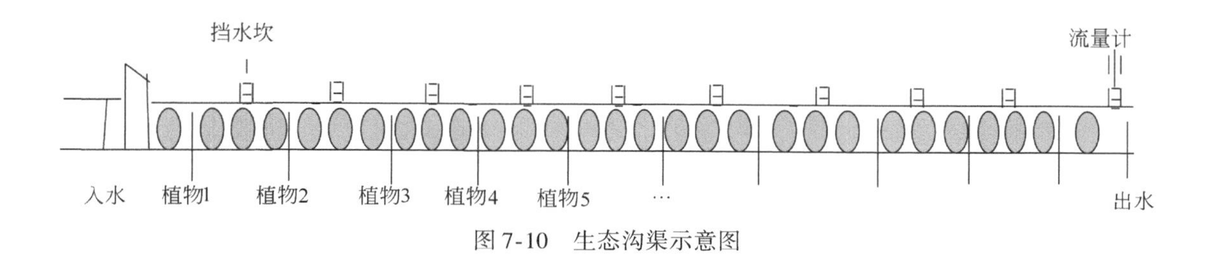

图 7-10　生态沟渠示意图

二、生态沟渠的管理与维护

（一）生态沟渠的工程管理

根据暴雨、洪水、干旱等各种极限情况，配合当地水利部门开关节水涵闸以进行水位调节，保护工程范围内的水生植物的稳定生长。生态沟渠要定期巡查和维护，防止水草与杂物堵塞沟道，发现挡水坎、边坡有漏水、坍塌等现象时要及时修复。对沉沙池和生态沟渠底进行定期清淤，保持沟道排水通畅和维持生态沟渠较好的污染物处理效果。

（二）生态沟渠植物的管理

水生植物是湿地生态系统的重要组成部分，既可直接吸收氮磷等营养成分，又可产生根区效应，促进污染物的氧化分解，研究表明植物多次收割可带走总氮 437.2kg/(hm^2·a)、总磷 63.6kg/(hm^2·a)，利用水生植物吸收营养物质，并通过收获植物带走水中的营养物质是一种简单、高效、代价低的修复污染水体及防治二次污染的方法。但在秋冬季节，植物地上部分死亡以后，有机残体开始分解，吸收的养分会释放出来，产生二次污染，因此，生态沟渠的植物收割是沟渠管理的重要方法，也是去除沟渠系统中氮磷的有效途径。收割时应选择最佳收割时间，以植物吸收氮磷最多的时候作为植物收割最佳时期，一般水生美人蕉的最佳收割时间是 6 月，铜钱草、黑三棱的最佳收割时间是 5 月，绿狐尾藻和灯心草的最佳收割时间是 4 月；根据各植物的生长特性进行多次收割，绿狐尾藻每年可收割 5 次，多次收割可减少黑色有机质的积累，降低水体中的悬浮物质；为防止植物残株对水体产生二次污染，在其枯萎前应进行最后一次收割。

（三）沟渠清淤管理

生态沟渠中植物和挡水坎设置对流经水体挟带的泥沙有很好的拦截效果，有植物生长的生态沟渠比对照沟渠的泥沙沉降效果好，这是由于颗粒物的沉降途径主要有自然沉降和植物拦截两种，生态沟渠沟底有植物生长，被浸没的根茎叶均可对水中颗粒物进行拦截，沉降效果也好；受流水走向和沟底植物拦截的影响，生态沟渠从前到后沉积泥沙厚度逐渐减小，当底泥对养分的吸附达到饱和时，就会向水体释放氮磷，此时的底泥成为释放污染的“源”；当泥沙在沟渠中沉积到一定厚度时，会影响水的正常流动，因此，对沟渠要定期清淤，避免沟渠淤阻，致使水流不畅（不宜过于频繁，这样不利于植物生长）。

（四）生态沟渠的日常维护

定期维护生态沟渠，维修损坏的生态沟壁、沟底，防止水草与杂物堵塞沟道，或挡水坎有漏水等现象时，查看是否有外来因素的破坏，防止鸭子进入生态沟渠（鸭子会吃掉沟渠植物，扰动沟渠系统，影响生态沟渠功能的正常发挥）。

生态沟渠的初建时期杂草较少，随着沟渠生态系统的稳定运行（2 年左右），会蔓生许多杂草，这些杂草不仅影响主导植物发挥作用，还会逐渐取代主导植物，因此应定期清除杂草。

定期清理沟渠中的垃圾等杂物，当农田排水沟被改造成生态沟渠后，生态沟渠中的垃圾等杂物的存在不仅给沟渠带来更严重的污染，而且会堵塞沟道进而造成水流不畅。因此，要定期清理沟渠中的杂物，更要提高当地人保护环境的意识。

第三节　畜禽养殖环境容量

循环农业环境保育系统构建的关键是在保证环境健康的基础上实现氮磷等营养物质的高效循环利用，但是如何相对准确地估算养殖废弃物的环境容量，并保证农业生产过程对于周边土、水环境的影响达到最小，是循环农业环境保育系统运行的关键和难点。循环农业环境保育系统环境容量评估的关键因素主要有畜禽养殖业的产排污系数、种植作物类型及对养分的吸收利用、农田对畜禽养殖废弃物的承载力与消纳能力等，畜禽养殖环境容量的评估是确定畜禽养殖规模、种植面积以及有机肥和化肥精准施用的基础，通过畜禽养殖废弃物资源的高效利用实现循环农业系统的环境保育。

一、畜禽养殖业产排污系数

（一）畜禽养殖业产排污系数参数

畜禽养殖业产污系数是指在典型的正常生产和管理条件下，一定时间内，单个畜禽所产生的原始污染物量，包括粪尿量，以及粪尿中各种污染物的产生量。畜禽污染物排放系数是指在典型的正常生产和管理条件下，单个畜禽每天产生的原始污染物经处理设施消减或利用后，或未经处理利用而直接排放到环境中的污染物量。

我国尚没有国家权威部门发布的整套养殖场粪便与污水产排污系数，相关研究大多参考《第一次全国污染源普查 畜禽养殖业源产排污系数手册》、国家环境保护总局推荐系数等。由于养殖场的粪尿日排泄量与其品种、体重、生理状态、生长阶段、饲料组成和饲喂方式等诸多因素均相关，另外研究人员采取的计算方法和过程、考虑的因素和重点也不一样，不同研究人员得出的产排污系数以及引用的系数出处各不相同，直接影响了养殖环境容量评估的准确性。并且，畜禽粪尿排泄成分，如有机质、氮、磷、钾含量等也是一个动态数据，测得粪便中成分含量的结果差异很大，影响因素主要有：采用鲜粪或风干样等不同的测定方式；不同生长阶段饲喂的日粮配方不同，且不同地区同种饲料的营养成分含量也各不相同；不同日粮中的养分在动物体内的转化效率也不同；不同地区气候条件不同，因此产生的粪便含水量不同等。在研究过程中，养殖产排污系数的测定应考虑养殖场的不同清粪工艺模式，养殖动物的品种、出栏与存栏数，固体粪便和尿液分开计算，严格细致地划分生长阶段、体重情况等。

总体上，畜禽养殖业产排污系数有一定波动范围，但波动范围不会太大，从长期来看养殖排污物的物质含量基本是稳定的，国内外畜禽粪便日排放量范围见表7-4，《第一次全国污染源普查 畜禽养殖业源产排污系数手册》估算的中南区畜禽养殖产污系数见表7-5。

表7-4　国内外畜禽粪便日排放量参数　　[单位：kg/(头·d)]

动物名称	猪	牛	羊	禽	兔
粪	2.5~12.0	15.0~60.0	1.5~5.0	0.07~0.16	0.15~0.37
尿	2.0~4.0	6.0~25.0	0.5~1.5	—	—

注：数据来自王新谋等，1997；“—”未统计。

表7-5　中南区畜禽养殖产污系数估算

指标	生猪			奶牛		肉牛	蛋鸡		肉鸡
养殖阶段	保育	育肥	妊娠	育成牛	产奶牛	育肥牛	育雏育成	产蛋鸡	商品肉鸡
参考重量（kg）	27	74	218	328	624	316	1.3	1.8	0.6
粪便量［kg/(头·d)］	0.61	1.18	1.68	16.61	33.01	13.87	0.12	0.12	0.06
尿液量［L/(头·d)］	1.88	3.18	5.65	11.02	17.98	9.15			
粪尿COD［g/(头·d)］	187.4	358.8	542.4	3324.5	6793.3	2411.4	21.86	20.50	13.05
其中尿液COD［g/(头·d)］	30.41	46.95	50.27	227.6	370.5	138.7			
全氮［g/(头·d)］	19.83	44.73	51.15	139.8	353.4	65.93	0.96	1.16	0.71
全磷［g/(头·d)］	2.51	5.99	11.18	25.99	62.46	10.52	0.15	0.23	0.06
铜［mg/(头·d)］	82.24	118.8	113.6	158.4	307.4	68.57	0.44	0.82	0.72
锌［mg/(头·d)］	145.6	290.9	365.5	731.7	1631.2	276.2	3.80	5.37	6.94

（二）养殖业产排污系数计算方法

1. 畜禽养殖业产污系数计算

畜禽的产污系数与动物品种、生产阶段、饲料特性等相关，为了便于计量畜禽养殖的产污系数，以天为单位，分别计算不同动物（生猪、奶牛、肉牛、蛋鸡、肉鸡、山羊、绵羊）在不同饲养阶段的产污系数。畜禽产污系数具体计算公式如下（董红敏等，2011）：

$$FP_{i,j,k} = QF_{i,j} \times CF_{i,j,k} + QU_{i,j} \times CU_{i,j,k} \tag{7-1}$$

式中，$FP_{i,j,k}$为单个（头、只）动物产污系数，mg/d；$QF_{i,j}$为单个（头、只）动物粪产量，kg/d；$CF_{i,j,k}$为第 i 种动物第 j 生产阶段粪便中含第 k 种污染物的浓度，mg/kg；$QU_{i,j}$为单个（头、只）动物尿液产量，L/d；$CU_{i,j,k}$为第 i 种动物第 j 生产阶段尿中含有第 k 种污染物的浓度，mg/L。

从式（7-1）可以看出，畜禽原始污染物主要来自畜禽生产过程中产生的固体粪便和尿液两个部分，为了能准确获得各种组分的原始污染物的产生量，首先需要测定不同动物每天的固体粪便产生量和尿液产生量，并分别采集样品测定成分，分析固体粪便含水率、有机质、全氮、全磷、铜、锌、铅、镉等浓度，以及尿液中的化学需氧量、氨氮、总氮、全磷、铜和锌、铅、镉等浓度，再根据产污系数计算公式就可获得粪尿中各种组分的产污系数。为便于统计和分析比较，建议生猪分为保育、育成育肥和繁育母猪 3 个阶段，奶牛分为育成牛和产奶牛两个阶段，肉牛为育肥牛 1 个阶段，蛋鸡分为育雏育成、产蛋鸡两个阶段，肉鸡为商品肉鸡 1 个阶段。

2. 畜禽养殖业排污系数计算

排污系数除受粪尿产生量及其污染物浓度的影响外，还应考虑固体粪便收集率、收集粪便利用率、污水产生量、污水处理设施的处理效率、污水利用量等因素，具体计算公式如下（董红敏等，2011）：

$$FD_{i,j,k} = [QF_{i,j} \times CF_{i,j,k} \times (1-\eta_F) + QU_{i,j} \times CU_{i,j,k}] \times (1-\eta_{T,k}) \times \left(1-\frac{WU}{WP}\right) + QF_{i,j} \times CF_{i,j,k} \times \eta_F \times (1-\eta_U) \tag{7-2}$$

式中，$FD_{i,j,k}$为单个（头、只）动物排污系数，mg/d；η_F 为粪便收集率,%；$\eta_{T,k}$为第 k 种污染物处理效率,%；WU 为污水利用量，m^3/d；WP 为污水产生量，m^3/d；η_U 为粪便利用率,%。畜禽养殖业的排污系数也考虑污水和固体废弃物两个部分。固体废弃物主要考虑收集粪便在贮存和处理过程中的流失率；污水包括在畜禽舍中未收集的粪便、尿液和冲洗水等混合物，它是畜禽养殖排污系数的主要来源，畜禽养殖污水主要是通过贮存、固液分离、厌氧沼气发酵、好氧处理、氧化塘及人工湿地等方式进行处理后利用或者排放。不同养殖场的处理方式和工艺组合不同，各种污染物的去除效率不同，需要根据养殖场的污水处理设施的实际运行情况、污水在各种处理系统前后的污染物浓度变化，计算得到不同污染物的处理效率。畜禽养殖污水的利用，如灌溉农田、排入鱼塘的量计为利用量；污水经处理后的排放都认为是进入环境的污染物。

二、农田畜禽粪便承载力与消纳能力

畜禽养殖废弃物肥料化还田是目前国内外规模化养殖场处理畜禽粪便的主要途径，但是当一定区域内畜禽数量规模及其产生粪便超过作物生长需要和土壤的自净能力时，养分盈余问题就会显现。因此，在许多耕地数量少而畜禽数量多的国家，畜禽数量通常与作物的种植面积相关联，需要根据耕地面积决定畜禽的养殖数量。为了确保畜牧生产的可持续发展，一个地区畜禽养殖密度应确保不超过这个地区土壤的承载能力（武兰芳等，2013）。国外通常有两种方法来评价畜禽承载力，一种是根据土地提供畜禽饲料的能力，另一种是根据特定地理区域消纳畜禽粪便的能力。为了降低畜牧业带来的环境污染，许多发达国家规定畜牧场周围必须有与之配套的农田来消纳畜禽粪便，从而在农场范围内形成养分资源利用良性循环，而国内绝大多数畜牧场都没有与之配套的农田，周围的农田又分散在农户手中，且种植类型随机性很大，这对农田消纳畜禽粪便造成了障碍。

土地畜禽养殖承载力是指在某一特定环境条件下（主要指生存空间、营养物质、阳光等生态因子的组合），养殖某种畜禽个体数量的最高极限，主要是根据特定地理区域的土地（主要指农业用地）消纳畜禽粪便的能力，在不超过特定地区土地的畜禽粪便消纳量的前提下估算出该地区畜禽生态承载力。目前，我国通常是将特定地理区域消纳畜禽粪便的能力作为畜禽养殖的实际可承载力（孙国波等，2013）。由于我国区域养殖畜禽种类较多，加之不同的畜禽在动物单位数相差不大时，其粪便养分含量差异明显，所以必须针对特定区域，根据不同畜种粪便养分含量估算农用地的畜禽承载力，而且根据区域需要，可以通过提高作物对肥料的利用率、调整化肥与粪肥用量、调整种植结构等方式改变畜禽承载力的大小。畜禽承载力的确定通常以 N、P_2O_5为标准，根据作物养分需要量和畜禽粪便养分产量来确定单位农用地（有效耕地面积）承载的畜禽数量（陈微等，2009），由于多季的作物和蔬菜会在同一块农用地上耕种，所以计入各类作物的复种指数 A。由于我国化肥用量较大，考虑有机肥的利用率，作物养分需要量的不足部分由化肥提供。土地畜禽养殖承载力的计算公式如下：

$$Q = k \cdot \frac{N \cdot A}{M} \tag{7-3}$$

式中，Q 为土地畜禽养殖承载力，即单位农用地承载的畜禽数量［头（只）/hm^2］；N 为作物每公顷每季的养分移走量［$kg/(hm^2 \cdot s)$］；A 为各地区的复种指数（每种类型作物的播种面积除以其占用耕地面积）；M 为每头（只）畜禽粪便养分年产量（kg）；k 为有机肥利用率（%）。

农田畜禽粪便安全消纳量的确定是实现循环农业系统养分管理的基础，通过研究特定区域农田畜禽粪便氮磷的消纳能力，结合土地畜禽养殖承载力的计算公式或者建立耕地畜禽承载力评估模型（陈天宝等，2012），可以确定区域尺度或单位面积畜禽粪便养分的承载负荷（杨世琦等，2016）。为了防控粪肥过量施用给土壤和水环境带来的潜在风险，畜禽养殖废弃物的施用量应控制在安全消纳量范围内。农田土壤–作物系统对畜禽粪便养分消纳容量的确定是个复杂的问题，影响农田土壤–作物系统对畜禽粪便养分消纳能力的因素可分为土壤对畜禽粪便养分的消纳能力和作物对养分的需求。土壤对畜禽粪便养分的消纳能力主要受到土壤保肥吸收能力的影响，与土壤特性和地形等密切相关；作物对养分的需求与作物类别、品种密切相关，对于特定的作物品种，还受相应作物的目标产量影响，即作物对养分的需求是指特定作物品种在特定目标产量下对养分的需求量，其中目标产量的确定与农用地供肥等级（土壤自身肥力水平）、作物种植方式（如大田、设施农业）等因子密切相关（阎波杰等，2009）。

三、循环农业园区的氮磷环境容量

氮磷环境容量是确定大型循环农业园区养殖规模的关键参数，其估测的理论依据为农田土壤养分收支平衡理论，计算方法如下：

$$\mathrm{EC} = \left(\sum_{i=1}^{m} Y_i \times A_i \times M_i + \sum_{j=1}^{n} \overline{\Delta C_j} \times A_j\right) / A \tag{7-4}$$

式中，EC 为园区土壤氮磷环境容量（kg/hm²）；Y 为园区内作物的年产量（kg/hm²）；M 为作物 N（P）吸收系数；i 为作物种类，m 为作物种类数；$\overline{\Delta C_j}$为园区内耕地 0～20cm 土壤氮磷含量的年平均增加量（kg/hm²），短期内该项可以忽略不计，但是当园区内土地利用方式发生变化时（如水田改为菜地），该项变化较大，不容忽略；j 为土地利用类型；n 为园区内总的土地利用类型数；A 为园区内总土地面积（hm²），其中 $A = \sum A_i = \sum A_j$。

根据大型循环农业园区氮磷环境容量以及不同类型畜禽的粪尿排放量，并综合考虑其氮磷利用率，可以初步确定出园区的养殖业环境承载力，即在保证环境安全（农田养分收支基本平衡）条件下，单位面积农田所能消纳的养殖废弃物（N、P）量所对应的畜禽养殖密度。其计算公式如下：

$$E = (\mathrm{EC} - F)/(A \times c \times e) \tag{7-5}$$

式中，E 为畜禽养殖业环境承载力（AU/hm²），AU 为园区畜禽养殖规模单位；F 为园区内年化肥投入量（kg）；A 为耕地面积（hm²）；c 为单元畜禽的年排泄物氮磷总量（kg），表 7-6 给出了湖南地区几种主要畜禽的粪便排放量和氮磷含量；e 为排泄物氮磷的实际利用率，一般认为粪便中氮利用率较低，为 25%～30%，而磷的可利用率相对较高，约为 85%。具体计算时基于氮和磷计算出的养殖业环境承载力是不一样的，当前以基于氮的计算结果偏多，建议同时考虑氮磷两种养分的计算结果，并出于环境安全考虑应以较低的承载力估算结果为准。

表 7-6　长沙县金井河流域主要畜禽种类及其氮磷排放参数

畜禽种类	单元畜禽数量①	年出栏批数②	年排泄量（t/AU）	粪尿 N、P 含量（kg/t）③		猪粪尿当量系数	
				N	P	基于 N	基于 P
生猪	9.09	2	14.69	1.28	0.56	1.00	1.00
母猪	2.67	1	6.11	1.51	0.72	0.49	0.54
役牛	1	1	11.50	1.50	0.65	0.92	0.91
蛋鸡	250	1	11.45	8.38	1.70	5.10	2.37
肉鸡	455	5	14.97	7.31	1.32	5.28	2.41

注：①1 个畜禽单元等于 454kg 畜禽活体重量；②湖南地区生猪生长平均时间为 180 天，家禽为 80 天，牛为 365 天；③畜禽粪尿中 N、P 的含量是考虑了各种形式损失后的可利用量。

根据上述畜禽养殖环境承载力与大型循环农业园区的面积范围，可初步确定养殖规模大小，计算公式如下：

$$AP = E \times A \tag{7-6}$$

式中，AP为园区禽养殖规模（AU），该数据是根据养殖畜禽种类计算出的具体畜禽数；E为畜禽养殖业环境承载力（AU/hm^2）；A为大型循环农业园区耕地面积（hm^2）。

第四节　环保型农田管理

一、肥料运筹管理

畜禽养殖废弃物的排放已经成为我国农业面源污染的主要来源，也是我国畜禽养殖业发展的重要瓶颈，如何将畜禽养殖废弃物转化为有机肥，并在部分地区逐步实现有机肥替代化肥行动计划，降低畜禽养殖业的环境风险，提高畜禽养殖废弃物资源化利用率，减少农田氮磷流失和农业面源污染，是环保型农田肥料运筹管理的关键。已有研究表明，有机肥中含有大量有机质和作物生长必需的各种营养元素，长期施用可显著改善土壤结构，提高土壤肥力水平，增加土壤微生物生物量含量，促进土壤有效养分转化，为作物及时提供养分，促进作物干物质的积累，施用有机肥能有效提高作物产量及氮磷利用率。探讨有机肥与化肥的合理配施比例，不仅可为提高畜禽养殖废弃物的资源化利用率提供重要的理论依据，对于养殖业较密集的地区还具有重要的环境保护意义。

江苏常熟田间试验结果表明，有机肥料氮与化肥氮配施能获得比单施化学氮肥处理更高或持平的稻谷产量，并能有效地提高水稻的氮肥利用率（孟琳等，2009）。与单施化肥氮处理比较，氮用量为180kg/hm^2且有机肥料氮的替代率为15%～30%时，或氮用量为240kg/hm^2且有机肥料氮的替代率为10%～20%时，能够显著提高水稻的稻谷产量，水稻品种4007和常优1号的稻谷产量分别达到8242～10 187kg/hm^2和10 048～11 654kg/hm^2，氮素累积量分别达到172.6～256.4kg/hm^2和185.9～235.6kg/hm^2，氮肥利用率分别达到36.6%～48.1%和34.3%～40.0%，显著高于单施化肥氮处理。

化肥过量施用导致的土壤养分累积是土壤氮磷淋失和地表水富营养化的重要原因，中国科学院亚热带农业生态研究所在长沙县金井镇开展的田间小区试验研究了猪粪、食用菌渣、鸡粪有机肥与化肥不同配施比例对100cm深度稻田土壤氮淋失特征的影响（焦军霞等，2014），结果表明，在整个晚稻生长期内，渗漏水中不同形态溶解态氮浓度的动态变化存在差异，其中总氮（TN）和铵态氮（NH_4^+-N）的浓度在每次施肥之后1～3天出现淋失高峰，分别达到2.0mg N/L和1.2mg N/L，而硝态氮（NO_3^--N）浓度的变化相对平稳，无明显峰值。就组成成分而言，NH_4^+-N为淋失TN的主要成分，平均占54.2%；其次是有机态氮（ON），占45.1%；NO_3^--N浓度很低（<0.2mg N/L），仅占0.7%。该研究为基于环境保护的畜禽养殖废弃物资源化利用提供了理论参考。

根据农田土壤类型和肥力水平以及作物种类，通过对农田有机肥和化肥种类、施肥量以及施肥方式和不同时期施肥量占总肥料量的比例等进行科学管理，提高肥料养分的作物利用率，减少养分流失，是实现农田生态系统环境保育的重要措施。

二、病虫害生态防控

农药的大量施用导致农田环境中残留农药的污染严重，对农产品安全和人体健康带来极大威胁，环保型农田管理应遵循生态学基本原理，选择任何种类的单一或组合的病虫害控制措施，改善和优化农田生态系统的结构与功能，将病虫害控制在经济阈值以下，使农田生态系统病虫害生态防控措施安全、高效、低耗和可持续发展。

环保型农田病虫害生态防控应采用以自然繁殖、人工饲养和释放天敌为主，物理防治和生物农药控制为辅的病虫害立体生态防控策略，形成安全、优质、丰产和高效的作物绿色生产技术模式。农田病虫害控制的核心是依靠自然繁殖、人工饲养和释放天敌，利用天敌有效控制田间害虫，在主要害虫发生高峰期田间必须有足够天敌的数量，如稻纵卷叶螟和稻飞虱为迁飞性害虫，水稻生育期和年份间差异很大，发生高峰明显，人工释放天敌虽然有很好的针对性，防治效果明显，但成本太高，必须通过田间的大量繁殖，实现田间天敌高密度，自然防控害虫，才能保证虫害防治的成本降低和高效性。稻田天敌有许多种类，南方稻区的优势天敌主要有蜘蛛、黑肩绿盲蝽、步甲和隐翅虫等；主要人工饲养和释放的天敌主要有稻螟赤眼蜂和蛙类（包括青蛙和牛蛙）等。影响天敌田间繁殖的主要因素包括：天敌类群是否适于繁殖，田间环境是否适宜，食物是否充足。田间自然天敌一般具有很强的环境适应性，人工饲养和释放的天敌也应具有较强的田间繁殖能力，天敌食物的多寡直接影响到田间天敌的数量与质量，因此确保田间害虫低发生时期的天敌食物供给是生物防治的重要基础。天敌食物的来源主要有低量发生的害虫、其他种类植物（豆类和蔬菜等）害虫、中性昆虫（如蚊蝇等）、低产量损失害虫（稻螟蛉和稻苞虫等）；在田间食物不足的情况下，还可人工释放天敌饲料，包括人工繁殖的不危害水稻的虫卵、蚯蚓等。

根据南方水稻生产和虫害发生特点，以 AA 级绿色水稻生产为目标，按照控制化学农药和减少化学肥料的生产要求，以益害分离式诱捕技术、稻螟赤眼蜂防控螟虫和稻纵卷叶螟技术及稻田养蛙辅助防治稻飞虱技术为核心，配套生境控害技术、天敌保护技术及生物农药防病技术，集成蜂蛙灯绿色稻米生产技术模式，可实现确保产量的绿色稻米生产。稻螟赤眼蜂优良种群及“繁控保”释放法控制二化螟和稻纵卷叶螟技术原理有低量繁殖释放法、动态控害释放法、后期保效释放法，早期低量繁殖释放法主要是在防治目的害虫之前，释放少量的赤眼蜂并补充寄主，让其在自然界依靠其他害虫卵或人工补充的寄主卵米繁殖，从而逐步扩大赤眼蜂种群数量，以保证在目的害虫出现之时田间有足够数量的赤眼蜂；动态控害释放法是针对二化螟和稻纵卷叶螟等害虫发生动态进行目标害虫控制，根据目标害虫主害代常年发生期和害虫发育进度，初步预测目标害虫的发蛾期，发蛾初期观察灯下害虫发蛾和田间发蛾量情况；后期保效释放法是在孕穗末期至始穗期，放一次保后蜂以确保后期水稻功能叶片不受卷叶螟和稻螟蛉等叶片虫害危害，以及二化螟等蛀穗害虫对稻穗的危害。扇吸式益害昆虫分离诱虫灯保益控害诱杀技术利用害虫植食、益虫肉食的原理，混合收集趋光昆虫，营造通风湿润的良好环境，使天敌舒适足食而生存下来，害虫因饥饿、产卵和成为益虫食物而死亡。利用蛙类食物范围较广的特点控制害虫，通常蛙类可吞食80%的农作物害虫种类，包括飞虱、螟蛾、蝇蛆等昆虫，在田间放养蛙类可以有效控制虫害，减少化学药剂的使用。湖南省长沙县果园镇新明村优质稻生产基地，连续4年实施了蜂、蛙、灯等绿色防控技术，生态效益和经济效益明显提高。天敌蜘蛛种群数量蜂灯区、放蜂区和空白对照区百丛蛛数量分别为425头、460头和440头，而邻近村的化防区百丛蛛数量仅为86头，减少80%左右。蜂灯防控区早晚稻两季生产优质稻谷770kg/亩左右，一般早稻单产为370.4～380.3kg/亩，晚稻单产为390.2～400.7kg/亩，与药剂防治区的相同优质稻品种产量相当，但高档优质稻的价格则比一般优质稻高2～3倍。

三、土水环境监测

土水环境监测是掌握循环农业园区农田生态环境状况变化动态的重要手段，在循环农业园区内根据土地利用方式设定土壤监测点，定期采集0～20cm土壤样品测定分析土壤理化性状，根据当年园区内各种土地利用方式下土壤养分含量状况及其变化趋势，可调整下年的土壤养分管理策略，调控氮磷投入总量与输出的基本平衡。以湖南省长沙县金井镇循环农业园区为例，2012～2016年对种植系统耕层土壤理化性状的变化状况进行了监测（表7-7），表明“牧草/水稻/玉米-肉牛-有机肥-果蔬茶”模式运行期间由于减施化肥、增施牛粪有机肥，土壤pH、有机质、有效磷含量得到明显提升，而土壤碱解氮、速效钾含量有所下降，土壤有效锌、有效铜、总铅含量略有增加，土壤总镉含量无变化，总体上土壤环境质量状况良好。

表7-7　长沙县金井镇循环农业园区土壤监测状况

年份	pH	碱解氮（mg/kg）	有效磷（mg/kg）	速效钾（mg/kg）	有机质（g/kg）	有效锌（mg/kg）	有效铜（mg/kg）	总镉（mg/kg）	总铅（mg/kg）
2012	5.13	123.00	8.90	46.14	28.48	1.76	2.21	0.19	55.54
2016	5.41	119.32	14.08	40.25	35.20	3.47	2.84	0.19	59.00

在大型循环农业园区集水区或流域出口处，设置水文实时监测系统和水质采样点（图7-11），动态监测地表径流的流量和水质的动态变化，其中水质监测指标包括与循环农业密切相关的总氮、总磷、溶解态氮磷、COD、pH等主要指标，并据此计算园区研究时段内的逐日和累积径流量与氮磷迁移量。水质监测每月可进行3次，并及时分析其总氮（TN）、总磷（TP）含量，参考国家《地表水环境质量标准》（GB 3838—2002）估算出研究区水质超标情况，结合流量数据采用式（7-7）计算出研究区逐月的氮磷输移通量和日均排放量。针对水质超标情况和区内氮磷负荷状况对园区内的养殖业、种植业以及园区沟渠生态拦截措施提出针对性的整改意见。

$$Q = \sum_{i=1}^{n} K(C_{ii} \times R_{ii} - C_{io} \times R_{io}) \times 10^{-6} \tag{7-7}$$

式中，Q为园区氮磷年输出量（t）；n为采样次数；K为采样间隔时间（d）；C_{ii}和C_{io}分别为园区入口和出口第i次观测的水体总氮、总磷浓度（mg/L）；R_{ii}和R_{io}为第i次采样时研究区入口和出口的日平均流量（m^3/d）。

关于水文监测方法，主要根据河流流量大小设置不同的观测设施，对于流量较小的沟渠，一般采用矩形或者三角形薄壁堰法［图 7-11（a）］，而对于流量较大的则采用自然断面-投入式流量计观测法［图 7-11（b）］，但是对河道底部和侧壁要适当修整，以尽量保证断面的规整和流量观测数据的精度。

(a)矩形薄壁堰法

(b)自然断面-投入式流量计观测法

图 7-11　地表径流监测方法

根据循环农业园区土地利用方式和集水区范围设定浅层（深度 200cm 左右）地下水监测点，安装地下水采样设施（图 7-12），定期采集浅层（一般为 200cm 左右）地下水样品，分析测定水质（氮磷）的动态变化。地下水水质分析指标包括溶解态总氮、总磷、硝态氮、铵态氮和溶解态无机磷，测定方法参考国家标准水质分析方法。布点密度一般为每 $2 \sim 3hm^2$ 设置 1 个点，监测时间间隔为每月一次。根据国家《地下水质量标准》（GB/T 14848-2017）对不同土地利用方式下地下水水质的动态变化状况给出书面评价报告，对超标区土地利用方式下的氮磷养分管理提出应对策略。

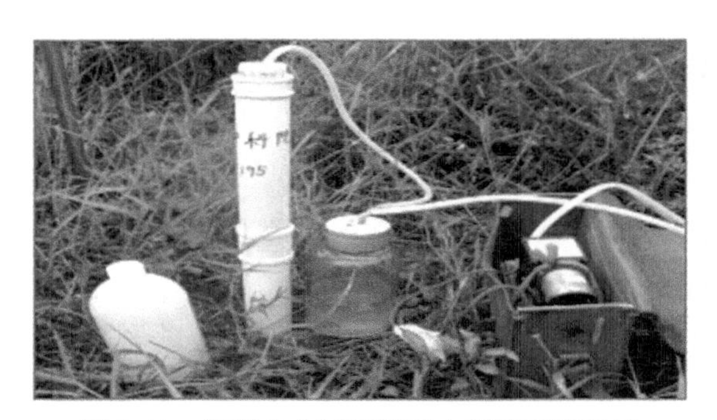

图 7-12　循环农业园区地下水观测采样系统

参 考 文 献

陈天宝，万昭军，付茂忠，等 . 2012. 基于氮素循环的耕地畜禽承载能力评估模型建立与应用 . 农业工程学报，28（2）：191 ~ 195

陈微，刘丹丽，刘继军，等 . 2009. 基于畜禽粪便养分含量的畜禽承载力研究 . 中国畜牧杂志，45（1）：46 ~ 50

董红敏，朱志平，黄宏坤，等 . 2011. 畜禽养殖业产污系数和排污系数计算方法 . 农业工程学报，

27（1）：303～308
焦军霞，杨文，李裕元，等．2014．有机肥化肥配施对红壤丘陵区稻田土壤氮淋失特征的影响．农业环境科学学报，33（6）：1159～1166
孟琳，张小莉，蒋小芳，等．2009．有机肥料氮替代部分化肥氮对稻谷产量的影响及替代率．中国农业科学，42（2）：532～542
孙国波，韩大勇，董飚．2013．基于氮磷平衡的江苏省畜禽养殖土地承载力研究．甘肃农业大学学报，（6）：123～130
王新谋．1997．家畜粪便学．上海：上海交通大学出版社
武兰芳，欧阳竹，谢小立．2013．我国典型农区耕地承载畜禽容量对比分析．自然资源学报，28（1）：104～112
阎波杰，潘瑜春，赵春江，等．2009．农用地土壤-作物系统对畜禽粪便养分消纳能力的评价．生态与农村环境学报，25（2）：59～63
杨世琦，韩瑞芸，刘晨峰．2016．省域尺度下畜禽粪便的农田消纳量及承载负荷研究．中国农业大学学报，21（7）：142～151

第八章　特种作物绿色生产

特种作物的种植在循环农业发展中占有较为重要的地位，畜禽养殖系统的优质有机肥为优质特种作物种植奠定了基础，而特种作物的周年种植为养殖系统废弃物的均衡消纳提供了去处。同时，特种作物绿色种植对提高农产品品质、增加种养结合循环农业体系的经济效益等有重要的作用。本章介绍了芦笋和辣椒两种特色作物的绿色栽培技术，并介绍红莴笋的标准化栽培技术及富川脐橙的无公害生产技术。

第一节　辣 椒 种 植

辣椒（*Capsicum annuum* L.）是茄科辣椒属多年生或一年生植物，原产自中南美洲热带地区，墨西哥栽培甚广。16 世纪辣椒最先传入欧洲，随后遍及世界各国。温带地区以栽培甜椒为主，热带、亚热带地区以栽培辣椒为主。自北非经阿拉伯、中亚到东南亚各国及我国的西北、西南、华南各省，盛行栽培辛辣味强的辣椒，形成世界有名的“辣带”。辣椒在我国的栽培记载始见于明末时期，主要通过以下两条途径传入我国：一是经丝绸之路入陕、甘等地栽培，称为“秦椒”；二是经东南亚海道入广东、广西和云南等地栽培，随后传入北方，其中西双版纳原始森林中有半野生型的“小束椒”。

辣椒的营养价值较高，维生素 C 含量在蔬菜中名列前茅，其味辣，是我国人民喜食的鲜菜酱菜及调味品，特别是西北的甘肃和陕西，西南的四川、贵州和云南，华中的湖南和江西，辣椒几乎成为每餐必备品。辣椒果实内含有辣椒素（$C_{18}H_{27}NO_3$）和辣椒红素（$C_{40}H_{56}O_3$），有促进食欲、帮助消化等功效。我国产的辣椒干、辣椒粉远销新加坡、菲律宾、日本、美国等地。

辣椒是我国的主要夏菜之一，在周年供应中占有一定的地位。随着日光温室和大棚等栽培设施的发展，辣椒的设施栽培面积不断扩大，栽培季节也发生了较大的变化。

一、辣椒的生物学特性

（一）生长发育周期

辣椒的生长发育规律是在长期自然选择和人工选择下形成的，其生长发育周期包括发芽期、幼苗期、开花坐果期、结果期 4 个阶段。

发芽期：从种子发芽到第一片真叶出现为发芽期，一般为 10 天左右。发芽期由于幼根的吸收能力很弱，此时植株的养分主要靠种子供给。这一时期温度管理要把握“一高一低”原则，即出苗时温度要高，控制在 25～28℃；苗出齐后温度要低，白天控制在 20～

25℃，夜间控制在18℃左右。

幼苗期：从第一片真叶出现到第一个花蕾出现为幼苗期，通常为50~60天。幼苗期又可分为两个阶段：2~3片真叶以前为基本营养生长阶段，4片真叶以后为营养生长与生殖生长同时进行阶段。

开花坐果期：从第一朵花现蕾到第一朵花坐果为开花坐果期，一般为10~15天。这一时期营养生长与生殖生长矛盾较为突出，需通过控制水肥、中耕等措施调节营养生长与生殖生长、地上部与地下部生长的关系，达到生长与发育的均衡。前期无果时植株在营养和水分充足条件下易徒长，不易坐果。植株一旦开始结果，若营养水分跟不上则后期花的结实率将大大降低，果实生长也会受到抑制。所以，栽培上要在坐果后创造良好的环境条件，使植株生长健壮。同时及时采收嫩果，保证以后更多的花能正常结实生长。

结果期：从第一个辣椒坐果到收获末期为结果期，这一时期时间较长，一般为50~120天。结果期以生殖生长为主，同时也伴随着营养生长，需水需肥量较大。这一时期要加强水肥管理，创造良好的栽培条件，促进秧果均 旺盛生长，连续结果，以达到丰收的目的。

（二）适宜生长环境

辣椒原产于南美洲热带森林地区，在长期栽培过程中，逐渐形成喜温、怕涝不耐旱、喜光而又较耐弱光的特性。

1. 温度

辣椒喜温，生长发育要求温暖的气候条件，不耐霜冻。生长温度范围为15~34℃，适宜温度为20~28℃，地温为18~23℃；气温低于10℃不能开花，低于15℃或高于35℃时受精不良。种子发芽的适宜温度为20~30℃，高于35℃或低于10℃均不能发芽。种子发芽后，随着幼苗的长大，耐低温能力逐渐增强。

辣椒在不同生长阶段对温度要求略有不同，发芽期以25~28℃为最好；苗期可稍低，白天以23~25℃、夜间以15~22℃较好；开花坐果期白天以23~27℃、夜间以18~23℃较好，夜温降至13~17℃仍有利于果实生长。

辣椒在15℃以下环境中生长极慢，不能坐果，10℃以下生长停止，5℃以下植株会受不同程度的冻害，甚至引起植株死亡。若高于35℃则生长迟缓、落花落果，36℃以上生长基本停止。高温高湿环境下易落花落果，低温高湿环境也会影响授粉，导致大量落果，大棚栽培时要严防高温高湿和低温高湿环境出现。

2. 光照

辣椒对于光照的适应性较广，喜强光，但也耐弱光，对光照长短和光照强度的要求不严格，属中光性植物，但每天10~12小时的光照最有利于花芽分化，所以只要温度适宜，辣椒一年四季均可栽培。辣椒的光饱和点为30 000~40 000lx，光补偿点为1500~2000lx，相对于其他果菜类蔬菜，辣椒比较耐阴。辣椒在幼苗期需要良好的光照条件，开花坐果期也需要充足的光照，这样才有利于促进花果生长发育。光照不足则会引起落花落果，进而降低产量，但如果直射光过强则会使果实出现严重的日灼病。辣椒适合进行设施早熟栽培，但在冬春栽培季节需要设法增加设施内的光照，确保光照强度达到25 000lx 以上。

3. 水分和湿度

辣椒对水分要求较严格，既不耐旱，也不耐涝，淹水几小时即会发生萎蔫。适宜土壤相对湿度为60% ~70%，果实膨大期要求较充足的水分供应。空气相对湿度也会影响其生长发育，一般空气相对湿度在60% ~80%时有利于茎叶生长及开花坐果，湿度过高或过低都易发病，引起落花落果。辣椒栽培中旱季需及时灌水，涝时需及时排水。

4. 土壤条件

辣椒对于土壤的适应性较强。但相对而言，地势较高、气候干燥、排水良好、土层深厚且富含有机质的壤土或砂壤土地块较适宜辣椒生长。尤其在早熟栽培中，宜选择土温容易升高的沙质壤土作为栽培地。辣椒适宜的土壤 pH 为6.2 ~8.5，以中性至微酸性最好，土壤酸性过重及湿度较大均会导致辣椒花叶病加重。

辣椒对氮、磷、钾肥均有较高的要求，幼苗期需适当的磷和钾肥，花芽分化期受施肥水平的影响极为显著，适当多施磷和钾肥可促进开花。值得注意的是，辣椒不能偏施氮肥，尤其在初花期若氮肥过多会导致其徒长，造成落花落果。

（三）常用栽培品种

目前普遍栽培的辣椒按果形主要是长角椒类和灯笼椒类的品种；按果实辣味可分为甜椒类型、微辣类型和辛辣类型；根据成熟期的差异可分为早熟、中熟、晚熟品种。

1. 甜椒类型

甜椒类型属于灯笼椒类，植株粗壮高大，叶片肥厚，卵圆形；果实大，呈扁圆形、椭圆形、柿子形或灯笼形，顶端凹陷，果皮浓绿，老熟后果皮呈红色、黄色或其他多种颜色，肉厚，味甜。

2. 微辣类型

微辣类型多属于长角椒类或灯笼椒类，植株中等，稍开张，果多下垂，呈长圆锥形至长角形，先端凹陷或尖，肉厚，味辣或微辣。

3. 辛辣类型

植株较矮，枝条多，叶狭长，果实朝天簇生或斜生，细长呈羊角形或圆锥形，前端尖，果皮薄，种子多，嫩果呈绿色，老果呈红色或黄色，辣味浓。

辣椒栽培在我国比较普遍，在生产上推广使用的常规品种和一代杂交种有几百个，选择适宜的品种对生产者来说非常重要，它不仅可以降低生产成本，还容易抢占市场，获得较高的经济效益。选用辣椒品种时，主要应考虑品种特性、市场的消费习惯和栽培目的，栽培设施和栽培季节也将影响品种的选择。

具体来说，选择辣椒品种时应注意以下几点：首先，选择品种要充分考虑消费群体的食用习惯，各地对辣椒的果型、辣味程度、果实色泽、果肉厚度等都有不同的要求，生产者在选用品种时必须考虑到消费地大多数人的食用习惯；其次，要正确看待品种的丰产性，辣椒的丰产性直接关系到生产者的收入，在农产品短缺的年代，生产者特别看重品种的丰产性，当农产品需求得到基本满足之后消费者越来越注重辣椒的商品质量，因此生产者在选用品种时必须注意品种的商品质量，同时也要兼顾品种的产量表现，要顺应潮流把辣椒生产从“产量效益型”转变为“质量效益型”；最后，要考虑品种的抗病性。

辣椒的栽培模式有早熟栽培、春夏露地栽培和秋延后栽培等。不同的栽培季节宜选用不同的品种。一般作早熟栽培的品种宜选较耐寒、对低温适应性较强、坐果节位低、早熟丰产的辣椒品种，如湘研 1 号、洛椒 1 号、赣椒 1 号、湘研 9 号等。春夏露地栽培宜选择植株生长势较强、抗病、丰产、优质、耐热的辣椒品种，如苏椒 3 号、农大 40、皖椒 1 号等。秋延后栽培要选用苗期抗热性、抗病性、耐涝性和后期耐寒性等较强的品种，如皖椒 1 号、洛椒 4 号等。目前，我国设施栽培的辣椒品种较多，应选择早熟、耐低温、抗病和丰产的品种，常见适于设施栽培的辛辣类型和微辣类型的品种有湘椒 1 号、湘研 4 号、江蔬 2 号、苏椒 5 号等，甜椒类型的品种有双丰、中椒 2 号、茄门椒、台湾丽姐星、巨星等。

二、辣椒早春茬栽培技术

无论保护地栽培还是露地栽培均以春夏季栽培为主，多为一年一茬，越夏连秋长季节栽培。

（一）播种育苗

1. 播种时间

辣椒播种期必须考虑苗龄适宜时能否及时定植。早春茬辣椒播种：当采用设施内地热线加温育苗时，一般在 12 月下旬至翌年 1 月上旬播种，苗龄以 90 天左右为宜；温床育苗时在 11 月播种，冷床育苗时在 10 月中下旬至 11 月上旬播种，苗龄为 140 ~ 150 天（邹学校，2002）。通常在翌年 2 ~ 3 月以后定植。长江中下游地区，也可在 10 月上中旬采用露地育苗，待幼苗长出 3 ~ 4 片真叶时假植到阳畦中；也可直接在阳畦或简易塑料中棚育苗。随着气温的逐渐下降，需在畦面上加盖薄膜或中棚扣膜，使幼苗在寒冬来临前长成大龄壮苗。严冬的晚上或下雪天，需在阳畦上再加盖一层薄膜，两层膜之间盖一层草帘。使用简易中棚育苗时，需在棚内苗床上加盖小拱棚，温度很低的晚上或下雪天可再盖一层草帘保温。这样不需任何加温设备，在湖南、湖北等地该措施便可让辣椒苗安全越冬。大龄壮苗可提前到 3 月中下旬或 4 月初及时地膜覆盖定植大田。

2. 育苗设施

通常采用大棚或温室等设施育苗，苗床最好具备较好的保温设施，必要时还需要有加温设施，12 月中旬前后播种最好采用大棚内加小拱棚并辅助地热线的温床育苗。

3. 营养土配制

育苗的营养土要求疏松、肥沃、无病菌、无杂草种子。营养土通常用 1/3 腐熟农家肥加 2/3 大田土配制，$1m^3$ 营养土加 2kg 过磷酸钙，配以 0.2% 的硫酸钾复合肥，用 800 倍多菌灵液、0.06% 的敌杀死杀灭病菌和害虫，充分混合打碎过筛后备用。也可用 70% 未种过瓜类和茄果类蔬菜的菜园土或稻田土配制，加 30% 腐熟猪牛粪，再加 0.3% 复合肥，混合均匀后堆制，使用前翻晒过筛后备用。

4. 种子处理

为培育壮苗，提高成苗率，播种前应进行种子处理。具体方法是：晒种 1 ~ 2 天，用 55℃ 温水浸种 15 分钟，或 1% 硫酸铜溶液浸种 5 分钟，或 45% 甲醛 150 倍液浸种 15 分钟，或 10% 磷酸三钠溶液浸种 20 ~ 30 分钟，浸种后用清水将药液冲洗干净。然后种子继续用清水浸种 7 ~ 8 小时，再在 25 ~ 30℃ 条件下催芽，催芽时间一般为 3 ~ 4 天，待 70% 种子露白时即可播种（杨炳荣和卢美林，2008）。另外，也可直接用于种子播种。

5. 播种及播种后管理

苗床应选在距栽培地较近、排灌方便、背风向阳的地方，苗床宽一般 1.4m。苗床内填充酿热物或铺设电热线等加温保温设施，以确保苗期不受冻害。通常，播种前先将苗床整平，上铺 4 ~ 5cm 厚的营养土，浇足底水，然后撒播或多行撒播种子。播种量为 5 ~ $10g/m^2$，大田用种量约 50g/亩。播种后覆盖 1cm 厚疏松湿润的营养土，加盖地膜保温保湿。有条件时也可进行穴盘育苗，一次成苗。

播种后出苗前保持温度在 25 ~ 30℃，当有 30% 的种子出苗后，及时揭膜并适当通风透光，温度降到 20 ~ 25℃，持续 2 ~ 3 天，以后保持昼温 25 ~ 28℃，夜温 15 ~ 18℃。如果种子出现“戴帽”现象（即幼苗出土后种皮不脱落，子叶无法伸展），可适当撒些干土。假植前 3 ~ 4 天适当进行炼苗，加强通风，白天温度控制在 20 ~ 25℃，夜间控制温度在 13 ~ 15℃。

6. 假植

当辣椒幼苗有 2 ~ 3 片真叶时即应进行假植，可按株行距 10cm×10cm 假植到苗床上，也可假植到营养钵中，每个营养钵假植 1 株。假植应选冷尾暖头的晴天进行，边假植边浇水，如果当时气温过高，小棚上可用草帘或遮阳网适当遮阳。假植后随即用小拱棚覆盖，保温保湿 4 ~ 5 天，棚内温度保持 28℃ 左右。

7. 假植后管理

假植后要保证地温达 18～20℃，日温达 25℃，并提高空气相对湿度，以促进缓苗。缓苗后要适当降温 2～3℃，如棚内温度超过 25℃，要加强通风，增强幼苗抗逆性。即使遇连续的阴雨天气，也要尽量适当通风。苗期遇寒冷天气，应加强保温。幼苗前期浇水要勤，低温季节要适当控制浇水，做到营养土不发白不浇水，浇水即浇透，浇水应选晴天午后进行。幼苗表现缺肥时可结合浇水施肥。定植前一星期左右，将夜温降至 13～15℃，并控制水分，逐步增大通风量进行炼苗。

苗期病害主要有猝倒病、灰霉病、菌核病，主要害虫有蚜虫、蓟马、茶黄螨、红蜘蛛等，应及时防治。

（二）整地定植

1. 整地施基肥

辣椒栽培宜选用灌溉方便、排水方便的肥沃沙壤土田块，忌连作，要求 3 年以上的轮作。要选择前茬是叶菜类的菜园地，以葱蒜类菜地为最好。整地至少应在定植前半个月进行，要求深翻 1～2 次，深度需达 30cm，并在晴天晒土降低土壤湿度，提高地温。最好进行冬季深翻冻垡，春季定植前整地作畦。畦宽（包一边沟）一般 1.2～1.5m，畦面要做成龟背形。结合整地作畦施足基肥，施腐熟有机肥约 5000kg/亩，或过磷酸钙 50kg/亩和饼肥 80～150kg/亩，或复合肥 50kg/亩，一般采用撒施与沟施相结合的方法。大棚早熟栽培时应在定植前 10～15 天提早扣棚，以提高土壤温度。

2. 定植期

在晚霜过后，最低气温 10℃以上，10cm 土温稳定在 12～15℃时即可定植。长江中下游地区辣椒早春茬栽培的定植时间：大棚栽培一般在 2 月中下旬，小拱棚地膜覆盖栽培在 2 月下旬至 3 月上旬，露地地膜覆盖栽培在 3 月中下旬。通常，幼苗长到 5～7 片真叶时比较适宜定植，但辣椒早熟或特早熟栽培时最好采用大苗定植，即定植时幼苗具有 9～10 片真叶、株高达 20cm 左右、茎粗约 0.3cm，开始发生分枝且带数个花蕾。

3. 定植密度

在畦宽（包一边沟）1.2～1.5m 的畦面上栽两行，一般株距 30～50cm。早熟品种适当密植，晚熟品种适当稀植；土壤肥沃时适当稀植，土壤贫瘠时适当密植。根据不同的品种、土壤肥力状况等一般定植 2500～5000 株/亩。

（三）定植后的管理

1. 光照管理

定植后的生长前期正处于低温弱光的气候条件，要尽量增加光照，及时清除透明覆盖物上的污染，以促进作物前期的正常生长发育。

2. 温湿度管理

设施栽培时定植后 5 ~7 天，棚内应保持较高的空气湿度。温度方面，白天温度应达 25 ~30℃、夜间温度应达 15 ~20℃、地温应在 18 ~20℃或以上，才有利于新根的发生，以促进对养分的吸收。植株进入正常生长阶段，大棚内白天温度在 25℃以上时应揭膜通风，当夜间温度在 15℃以上时，可昼夜通风。

3. 肥水管理

辣椒喜肥耐肥，生长期长，消耗的养分多，除定植前施足基肥外，还应在辣椒不同生长期合理追肥，以补充其生长发育所需的养分，总的要求是：轻施苗肥，重施果肥，挂果追肥，并注意施用完全肥料，如腐熟人粪尿、施稀粪水或尿素水等。施肥量须注意前轻后重，以满足辣椒持续开花结果的营养需要，延缓树势衰老，增强结果后劲，力争前期高产、后期增产、全期丰产。在苗期轻施一次提苗肥，但氮肥不宜过多。进入结果期应增加追肥次数和数量，保证植株继续生长和果实膨大的需要。在第一、第二层果挂稳后应及时追肥，一般在每次采摘辣椒后要追肥 1 次，每次追施尿素 20kg/亩、硫酸钾 8kg/亩或复合肥 15kg/亩，可采用穴施或条施。还可叶面喷施 0.5% 尿素加 0.3% ~0.5% 磷酸二氢钾，以提高结果数和果实品质。

辣椒生育期间需水较多，要保持土壤湿润，及时做好排灌工作。定植后浇透定根水，缓苗后应适当控制水分，初花坐果时只需适量浇水，以协调营养生长与生殖生长的关系，提高前期坐果率。大量挂果后，必须充分供水，一般土壤相对湿度应保持在 70% 左右。辣椒的灌溉一般选晴天上午 10 点前、下午 5 点后进行，如中午高温时灌水或灌水后土壤未干就下大雨，则会造成落花落叶或植株死亡。灌水宜用沟灌，要急灌急排。有条件的地方可采用膜下滴灌进行水肥一体化管理。

4. 中耕与培土

辣椒的生育期间因灌水次数较多，土壤易板结，故需中耕。中耕一般在生长前期与田间除草同时进行，中耕宜浅不宜深，以免损伤根系，深度以 5 ~6cm 为宜，待苗高至 30cm 左右时中耕可稍深，以 10cm 为宜。辣椒植株高大，在植株封行前要结合中耕进行培土，有时还要立支柱以防植株倒伏。

5. 植株调整

辣椒植株调整主要包括摘叶、打顶（摘心）和整枝等。摘叶主要是摘除底部的一些病残老叶；打顶（摘心）是在生长后期为保证营养物质集中供应果实而采取的有效手段；整枝是剪掉一些内部拥挤和下部重叠的枝条，一般应打去分杈以下的侧枝，以促进上部枝叶的生长和开花结果。

6. 防止“三落”

辣椒在生育期间遇不适宜环境如温度过高或过低、雨水太多或严重干旱、氮肥施用过量等都易引起“三落”，即落花、落果和落叶。生产上应努力改善管理条件，创造适宜的生长发育环境防止落花、落果和落叶。主要通过选择耐低温、耐弱光、抗逆性强的品种，设施栽培时保持适宜温度和湿度，露地栽培时适时定植，合理密植，科学施肥，加强水肥管理，及时防治病虫害等农业综合措施防止辣椒落花、落果和落叶。另外，可用生长调节剂如2，4-二氯苯氧乙酸、对氯苯氧乙酸或萘乙酸等，在开花前后1～2天喷施1～2次，施用浓度为25～30μL/L，对防止设施栽培的早期落花落果均有一定的效果。

7. 病虫害防治

辣椒病虫害必须及时早防早治，而且应以农业防治（如实行水旱轮作）为主，农药防治为辅。辣椒早春茬栽培的主要病虫害有猝倒病、立枯病、病毒病、炭疽病、疫病、灰霉病、软腐病、青枯病，以及蚜虫、棉铃虫、烟青虫、茶黄螨、蓟马等。主要防治方法有：①实行轮作、深翻改土，选用抗病品种，种子严格消毒，培育无菌壮苗，深沟高畦地膜覆盖栽培等；②注意观察，发现少量病虫时及时使用高效低毒农药或生物农药进行防治，还可喷洒1：1：200倍等量式波尔多液进行保护，防止发病。

（四）采收

辣椒早熟栽培时应适时尽早采收，采收的基本标准是在花谢后15～20天，果皮浅绿并初具光泽，果实不再膨大时采收。开始采收后一般每3～5天可采收1次。采收时要遵循少采、勤采、留多的原则，以果压树，延长叶片有效同化时间，以提高辣椒的总产量。由于辣椒枝条脆嫩，容易折断，故采收时动作宜轻，雨天或湿度较高时不宜采收。及时采收可以调节植株的生长发育，生长瘦弱的植株可提早采收青果，而生长旺盛甚至有徒长趋势的植株可延迟采收，以达到控制茎叶生长的目的。无论是采收青果还是红果，门椒都要尽量早采摘。此外，彩色甜椒在显色八成时即可采收。

三、辣椒秋冬茬栽培技术

辣椒秋冬茬栽培一般在夏末至秋初播种，中秋以后开始采收，采用保温性能较好的设施可进行秋延迟栽培，甚至可进行越冬栽培，或在大棚等设施内保留商品成熟果实至元旦或春节期间采收。

（一）品种选择

秋冬茬栽培要求选择耐热、抗病毒病、优质的辣椒品种。适合秋冬茬栽培的品种有赣椒1号、江蔬2号、淮研2号、湘研3号、青翠、兴蔬215等微辣类型品种；秋冬季一般不适宜栽培甜椒。

（二）培育壮苗

秋冬茬辣椒的播种期一般在6月下旬至8月中旬，其中6月下旬至7月中旬播种的采收期一般为9月中旬至12月上中旬；7月下旬至8月上中旬播种的采收期为10月上旬至12月。

育苗时苗床多采用深沟高畦，播种时浇足底水，覆土后使用遮阳网覆盖以降低土温，同时防止暴雨冲击。当幼苗有2～3片真叶时最好进行一次假植，假植后要盖好遮阳网，拱棚四周最好围上隔离网纱，以防蚜虫传染病毒。气温高时要经常浇水，同时可根据幼苗长势情况补施薄肥（稀人粪尿）。苗期要注意防治蚜虫、红蜘蛛、茶黄螨、蓟马等，特别是蚜虫。

（三）整地施基肥

秋冬茬辣椒在整地时要施足基肥，一般施腐熟厩肥3000～5000kg/亩、复合肥40～80kg/亩。采用深沟高畦栽培，畦宽（包括一边沟）一般为1.2～1.5m。

（四）遮阳定植

一般在8月下旬至9月上旬定植。当苗龄为25～30天，幼苗长有5～6片真叶时即可定植。畦宽（包括一边沟）1.2～1.5m的畦面上栽2行，株距为30～50cm。由于秋延后栽培的辣椒植株较矮，开展度较小，其栽培密度可稍大于早春茬辣椒。由于定植时温度较高，定植后可在畦面覆盖稻草或在大棚上覆盖遮阳网降温。

（五）田间管理

定植后应保持土壤湿润。秋延后栽培时一定要加强前中期的肥水管理，抓住时机适时追肥，促进其生长发育。进入开花期后，每15～20天可结合浇水进行施肥，施复合肥8kg/亩（前期可用人粪尿代替），可以兑水浇施，也可采用条施，但条施后必须覆土。始花期由于气温较高，容易落花落果，要加强肥水管理，以促进坐果。在初花期、盛花期、盛果期，可在叶面喷施0.3%磷酸二氢钾+0.2%尿素水溶液以补充肥料。

进入10月后应及时扣棚覆盖保温。初扣棚时切忌全棚扣严，先只将棚顶扣上，棚顶中部最好留有通风口。随着气温的下降，通风量可逐步减少，后期四周的膜也要扣上。扣棚初期由于白天温度较高，应注意通风降温，但到了11月下旬后，当外界气温降到15℃以下时，夜间要全棚扣严，通风一般只能在中午前后进行。扣棚后前期温度管理的原则是：白天温度在30℃以下，夜间温度在15℃以下，空气相对湿度在60%左右。到了后期棚内最低气温在15℃以下时，基本上不再通风。进入12月后，除了大棚覆盖外，还需要搭建小拱棚进行多层覆盖，以确保适宜的温度。

秋季栽培辣椒时病虫害较多，前期需特别注意病毒病（蚜虫）的防治，中后期应特别注意菌核病的防治，其他的病虫害主要有灰霉病、疫病、炭疽病、枯萎病、青枯病、红蜘蛛、蓟马、烟青虫、茶黄螨、小菜蛾等，也应及时防治。

（六）采收

秋季辣椒栽培的采收期一般自9月中旬至10月上旬开始，具体因播种期而异。当辣椒达到其固有的大小、形状、色泽时应及时采收，特别是前期结出的果实。设施秋延迟栽培时，可保留商品成熟的辣椒至元旦或春节期间采收。

第二节　芦笋种植

芦笋（*Asparagus officinalis*）又名石刁柏、龙须菜等，属于百合科（Liliaceae）天门冬属（*Asparagus*）多年生宿根草本植物，起源于地中海沿岸和小亚细亚一带，在美国、西班牙、日本、加拿大、法国、意大利等国家和地区栽培较多（谭亮萍，2014）。20世纪80年代以后，我国才开始大量种植并加工芦笋，主要生产加工基地分布在浙江、山东、安徽、江苏、广东、福建、辽宁、河北等地。目前，我国和西班牙是芦笋的主要出口国，我国的芦笋主要销往美国、日本、欧洲等地。

芦笋含有丰富的天门冬酰胺、芦笋苷和结晶体及多种甾体皂苷物质、组蛋白、叶酸等成分，是一种具有较高食疗保健价值的作物。芦笋以嫩茎为食用器官，幼茎出土前采收的产品为白芦笋，用于制作芦笋罐头；幼茎出土后见光呈绿色的产品称为绿芦笋，主要供鲜食。作为一种保健蔬菜品种，芦笋越来越受到广大健康人士的青睐。同时，芦笋易于栽培，便于管理，产量较高。一次种植可连续收获10～15年，在南方地区可全年生长，在北方地区冬季进入休眠状态，第二年会继续生长。

一、芦笋的生物学特性

芦笋一次种植后，每年会萌生新茎2～3次或更多，一般以春季萌生的嫩茎供食用，其所需养分主要来源于前一年根中贮藏的养分。因此，嫩茎的生长与产量的形成，与前一年植株的成茎数和枝叶的繁茂程度呈正相关。随着植种植年限的增长，植株的嫩茎数和产量也逐年增加，一般定植后的4～10年为盛产期。但随着根状茎不断发枝，株丛发育逐渐趋向衰败，地上茎趋于细小，嫩茎产量和质量也逐渐下降。

（一）生长发育周期

芦笋的种子发芽后，胚根先向下生长，形成细小的次级侧根，随后向上抽生第一条地上茎；根颈处有极短缩的地下茎，该地下茎水平生长的同时，向上抽生地上茎，向下形成肉质根，肉质根上长出纤细的吸收根。随着年龄的增加，地下茎不断发生分枝。

芦笋为雌雄异株宿根性多年生草本植物，可连续生长10～20年。根据芦笋的生长状况可将其生长发育周期划分为幼苗期、幼株期、成株期和衰老期。幼苗期为种子发芽到定植，一般为几个月至1年；幼株期为定植至开始采收，主要形成地下茎，为2～3年；成株期为开始采收后，这一时期芦笋产量逐年增加，5～6年后进入盛采期；衰老期为种植后10～12年，此时芦笋的产量和品质逐渐下降。

成株期1年内要经过鳞茎萌动生长、嫩茎采收、采收后的地上部生长、开花结籽、养分累积和休眠越冬6个阶段，其中每年的采收期为2.5～3.0个月。

（二）适宜生长环境

1. 温度

芦笋的适应性强，既耐寒又耐热，对气温要求不严，冬季地下部分在土壤中能耐-20℃的低温，夏季生长期能耐35～37℃的高温，但春季温暖和秋季凉爽的气候最适宜其生长。

当温度≥5℃时，芦笋种子即可开始萌芽，其最适宜萌芽温度为25～30℃。春季地温回升到5℃以上时，鳞芽开始萌动；10℃以上时嫩茎开始伸长；15～17℃最适于嫩茎生长；25～30℃时嫩茎伸长最快，但嫩茎基部及外皮容易纤维化、笋尖鳞片易松散，茎细味苦，品质低劣；35～37℃时植株生长受抑制，甚至枯萎进入夏眠状态。

芦笋光合作用的适宜温度在15～20℃，温度过高时光合强度大大减弱，呼吸作用增强，光合生产率降低。进入秋冬季后，植株在15℃以下生长开始变缓，嫩茎发生数量减少；5～6℃为生长的最低温度；晚秋初冬遇霜时地上部枯萎进入冬眠状态。冬眠期的植株地下部极耐低温，可在-37～-20℃的冻土中越冬。冬季寒冷地区芦笋的地上部枯萎，根状茎和肉质根进入休眠期越冬；冬季温暖地区芦笋的休眠期不明显。

2. 光照

芦笋生长需要光照充足的环境条件，其光饱和点为40 000Lux。

3. 水分

芦笋的根系发达，根系分布广而深，地上部变态针状茎如同针叶，叶片退化使蒸腾量大大降低，所以芦笋表现出较强的耐旱能力。但是采笋期间要保证充足的水分供应，如果采笋期遭遇干旱会导致嫩茎细弱、生长芽回缩，产量严重下降。地上部生长期间也应供给充足的水分，以保证植株生长茂盛，为嫩茎丰产奠定基础，一般适宜的土壤湿度为70%～80%。芦笋极不耐涝，积水会使地下部鳞芽和根部腐烂，进而导致植株死亡。

4. 土壤营养

芦笋对土壤的适应性广，宜选用富含有机质、疏松通气、土层深厚、地下水位低、排水良好的壤土或砂壤土种植。适宜的土壤pH为6.0～6.7，芦笋能耐轻度的盐碱，但土壤含盐量不能超过0.2%。芦笋对矿质营养要求以氮钾为多，需磷较少，对钙的需求也较多。

（三）常用栽培品种

优良的芦笋栽培品种应具有良好的栽培特性、丰产性和加工特性。要求植株生长旺盛，抗病性强；幼茎抽生较早，数量多，肥大呈圆柱形，粗细均匀，适于机械剥皮；幼茎顶端鳞片包裹紧密，不易松散；质地细嫩，纤维少，味美，苦味淡；采收后呈洁白色或深绿色。目前我国的芦笋栽培品种多引自国外，主要有以下几种：①玛丽华盛顿。该品种植株生长旺盛，早熟高产；幼茎粗大，大小一致，形状好，高温时头部不松散；抗锈病能力强；多适于采收白芦笋。②玛丽华盛顿500。该品种又叫加利福尼亚500，其幼茎数量多，大小整齐一致，头部紧凑，幼茎头部几乎没有紫色，丰产性好；缺点是幼茎稍细，抗锈病的能力稍弱。③加州711。该品种的丰产性好，幼茎粗度中等，上下粗细均匀，形状端正，品质优良，抗锈病能力较强。④鲁芦笋2号。该品种的植株生长健壮，笋条直，粗细均匀，质地细嫩，色泽白，包头紧实，产量和商品率均较高。⑤UC800。该品种植株属矮化型，表现出萌芽早、生长速度快、嫩茎粗细匀称、头部鳞片紧密不易散头、色泽浓绿、商品性好、产量高、抗病抗倒伏等特点；属绿、白笋兼用品种，是目前较为理想的生产品种。此外，还有荷兰的531465和53137、德国全雄、加州72、富兰克林、爱达丽、鲁芦笋1号、加州309、日本瑞洋等优良品种，其中加州309和日本瑞洋适于采收绿笋。

二、芦笋的栽培技术

芦笋嫩茎盛产期长短与品种、环境条件、栽培技术等密切相关。栽培管理应围绕“提高当年产量，稳定持续高产，延长经济寿命”这一目标进行。要多施堆肥和厩肥等有机肥料，促使土质疏松肥沃，以利于根系发展。通常，芦笋均采用苗圃育苗后定植的方式栽培。

（一）培育壮苗

1. 播种期

当10cm处地温达到10℃以上时即可播种，一般应使幼苗在冬前有5～6个月的生长期，以利于安全越冬。长江中下游地区露地育苗可在4月上旬至8月上旬播种，小拱棚育苗可提前在3月上旬播种。山东、河南等地以4月中下旬为播种适期。一般第1年露地育苗，第2年定植，第3年始收。采用保护地育苗时，可比露地播种期提早30～40天，即2月下旬至3月上中旬筑阳畦或搭小拱棚播种，可以当年定植，第2年便可试采，大大缩短了采前生长期。

2. 浸种催芽

芦笋种皮较厚，外覆一层较厚的蜡质，不易吸水，直接播种时发芽极慢，因此播种前应先行浸种催芽。应选用近期的新种，于25～30℃温水中浸泡3～4天，每天换水1～2次，使种子充分吸水膨胀；待种子吸足水分后捞出，拌细沙或蛭石，装于容器内，盖湿毛巾，置于25～30℃条件下催芽，每天翻动2次，5～8天待种子露白后即可播种。

3. 播种

通常采用苗床育苗，选择地势平坦、排灌条件好、土壤肥沃且透气性好，同时杂草少特别是多年生杂草少的沙质土壤地块作为育苗地。播种前苗圃要施足基肥，苗床施腐熟农家肥 2500～3000kg/亩、磷酸二铵 20kg/亩、钾肥 15kg/亩，耕翻入土后精细整地作畦，一般做成 1.1～1.4m 宽的高畦，采取粒播的方式播种。露地育苗按行距 20～25cm 开播种沟，沟深 2～3cm，沟内每隔 7～10cm 点播 1 粒种子。每 50g 种子大约需要苗床地 $20m^2$，可定植大田 1 亩。播种深度要根据气温情况而定，一般为 2cm 左右。覆土后浇足水，在苗床表面铺少量的稻草，以防高温，同时保湿，要经常浇水保持畦面湿润。保护地育苗时播种前浇足底水，按株行距 10cm×10cm 播种，覆土厚度 2～3cm，并覆盖地膜保湿增温，出苗时及时撤地膜。也可采用营养钵（8cm×12cm）育苗，每个营养钵内播 1 粒种子，播种深度 2cm，覆土 2cm，浇透水。

也可用营养钵育苗，但营养钵育苗对营养土的要求较高，需具备疏松、肥沃、无病菌、无杂草种子等条件，一般以 40% 水稻土、30% 土杂肥、30% 腐熟猪牛栏肥，拌以 1% 过磷酸钙、6% 腐熟人粪尿配制。各种材料在使用前 1～2 个月混合均匀，堆制后过筛备用。

4. 苗期管理

芦笋发芽的适宜温度为 25～28℃，出苗后适宜生长温度为 25℃，最高不超过 30℃，最低温度不低于 8℃，土壤以保持湿润状态为宜。苗期管理要尽量创造适宜的环境条件，芦笋出苗后幼苗根系弱小，旱时要及时浇水。当芦笋的第一根茎生长出拟叶时追施人畜粪尿肥。之后根据情况及时锄草、中耕松土、浇水，适当培土，使鳞芽发育粗壮，防止苗株倒伏。当芦笋苗长到 10cm 左右时除去覆盖的稻草，苗期追施速效性肥料 2～3 次，要做好排灌工作，要经常进行中耕松土以便除草，及时防治病虫害。定植前 7～10 天开始大通风炼苗，使其适应外界自然环境，达到壮苗标准即可定植。

5. 壮苗标准

苗龄达到 60～70 天、地上茎达到 3 根以上、地下贮藏根为 10～15 条、根长 20～25cm、苗高 25～30cm、拟叶变成墨绿色，即为壮苗。

（二）适时定植

1. 定植时期

定植时期应根据当地的气候条件和育苗方式灵活掌握，露地育苗的秧苗宜在休眠期进行定植。芦笋的定植一般可分为春栽和秋栽两种方式，以春栽为主。春季育苗的定植适期为秋季，夏季育苗的定植适期一般为第二年春季。北方冬季寒冷地区宜春栽，若秋栽则越冬期容易受冻害。

春栽一般在 5cm 地温达 10℃以上时进行，长江中下游地区一般在 3 月下旬到 4 月定植，华北地区在 4 月到 5 月上旬幼芽刚萌动时定植为适宜。保护地育苗的秧苗可进行夏栽。当芦笋苗龄达 60～70 天，具有 4～5 根健壮地上茎、株高 15～20cm 时即可移栽定植。

河南、山东等地多在6月中下旬至7月上旬定植，天津等地多在7月中旬定植。

2. 定植前准备工作

选择地势高、排水通畅、土层深厚、土质疏松、透气性好且富含有机质的沙壤土田块进行定植，土壤pH以5.8～6.7为宜，前茬不宜种植胡萝卜和甜菜。因为芦笋为多年生植物，一经定植土地即无法再全面耕翻，所以定植前土壤要先深翻30～40cm，并充分晒白，精细整地，施足基肥，开好田间排灌沟渠。

芦笋一般采取开沟定植方式，白芦笋栽培沟距为1.8～2.0m，以便采笋期进行培土软化操作；绿芦笋栽培沟距为1.2～1.5m。通常芦笋定植沟采用南北走向，沟深30～40cm，沟宽40cm；沟施腐熟优质有机肥5000kg/亩、三元复合肥50kg/亩、饼肥50～100kg/亩，肥料均匀施入沟内并与回填土壤混合均匀，土壤回填至距地面10cm时待定植。

3. 定植

每沟定植1行，株距约30cm。白芦笋栽培密度以1100～1300株/亩为宜，绿芦笋栽培密度以1500～1800株/亩为宜。起苗时应尽量少伤根系，做到边起苗边分级，定植、浇水、覆土等作业应在当天一次完成，避免肉质根风干脱水降低成活率。大壮苗每穴栽1株，弱小苗每穴栽2株，壮弱苗要分开定植。定植深度以地下茎着生鳞芽处距地表15cm为宜。定植时要定向栽植，即地下茎着生鳞芽的一端要顺沟朝同一方向，将幼苗储藏根均匀展开，不要与沟向垂直，以便于培土、采笋和田间作业。定植时一手扶住苗身，先盖少量土并压实，然后再盖细土4～5cm，浇透水，水渗下后再盖土1～2cm，防止土壤板结和水分蒸发。随后视天气情况和墒情变化适时浇水。定植沟两边的余土随后分次填入。待幼苗成活抽生新茎后，随着芦笋苗的生长分期逐渐将定植沟填平，使芦笋苗的深度保持在距地面10～15cm以下。

（三）幼株期管理

1. 定植后当年的管理

芦笋定植后应以养根壮株、猛促秋发为核心进行田间管理，才能实现早期速生丰产的目的。定植后3～4天要及时查苗补苗，防止缺苗。补栽的幼苗仍要注意定向栽植，补苗时要浇足定植水，确保成活。定植缓苗后，天旱时要及时浇水，保持土壤湿润，土壤水分应保持在60%～70%；雨涝时要及时排涝，防止存水烂根；适时中耕除草，疏松土壤，促进根系发育。定植后7～10天浇1次稀粪水，以利于活根缓苗。要根据苗情及时填土，必须在雨季到来之前填平定植沟，以防止沟内积水沤根。结合填土追肥2～4次，使植株生长茂盛。定植初期，应淡肥勤施，以促苗早发，一般在每次松土除草完毕和新茎抽生前各施1次，肥料以腐熟淡粪水为好，或施复合肥5～10kg/亩；要多施草木灰、焦泥灰等含钾量高的肥料。封冻前要浇足冻水，以保证水分供应。

2. 定植后第 2 年的管理

定植后第 2 年植株抽生的地上茎增多，但一般不采收嫩茎，应培养根株，为以后丰产打好基础。只有当保护地育苗栽植且生长健壮时，第 2 年才可少量采收嫩茎。

定植后第 2 年株丛发展较快，施肥量应增加，以促使植株粗壮，根盘扩大。春季萌芽前在植株两侧 30～40cm 处施有机肥 1～2m^3/亩、过磷酸钙 25kg/亩、氯化钾 10kg/亩，夏秋季节追施速效性肥料 2～3 次。8 月以后，芦笋进入秋季旺盛生长阶段，应重施秋发肥，大力促进芦笋在 8～10 月迅速生长，为明年早期丰产奠定基础。一般施有机肥 2～3m^3/亩、复合肥 15～30kg/亩、尿素 10kg/亩。在距植株 40cm 处开沟条施，到 10 月下旬结束施肥，同时注意防治病虫害。入冬后芦笋地上部分开始枯萎，其植株内营养向地下根部转移，有利于壮根促进春发高产。冬末春初的 2 月，应彻底清理地上植株，减少病害菌源。

（四）成株期管理

1. 合理施肥

进入采笋期后，要增加追肥次数和追肥量，可视情况随水开沟追肥。为了增加土壤有机质含量，要经常疏松土壤，以促进芦笋茎叶健壮生长，提高植株自身抗病能力；要增施有机肥和磷钾肥，适当控制氮肥用量，做到科学运筹“三肥”（即催芽肥、壮笋肥和秋发肥），“三肥” 合理配套施用是芦笋优质高产的基础，具体做法如下。

3 月结合畦间耕翻，分次培土施好催芽肥，可距植株 30～50cm 处开沟，施土杂肥 2～3m^3/亩、氮磷钾复混肥 20kg/亩，以满足芦笋鳞芽及嫩茎对营养的需求。

采笋期要施好壮笋肥，一般施尿素 10～15kg/亩，也可在长笋期每月追肥一次，施氮磷钾复混肥或尿素 5～10kg/亩，追肥后应及时浇水。壮笋肥可延长采笋期，提高中后期采笋量。

采笋结束后，应结合细土平垄，重施秋发肥，施土杂肥 2～3m^3/亩、氮磷钾复混肥 30～50kg/亩，促芦笋健壮秋发，为明年优质高产积累营养，培育多而壮的鳞芽。

2. 适时浇水

芦笋虽然比较耐旱，但适时浇水是芦笋高产的必要条件。夏秋季节温度高，水分消耗多，要确保土壤有足够的水分供应，以保证植株正常生长。同时，芦笋不耐涝，雨季前要及时开好排水沟，沟渠相通，做到雨后沟干无积水，避免田间积水。遇连续干旱时，只能灌跑马水保湿。春季培垄前一般不浇水，以免降低地温，造成嫩笋弯曲或空心，培垄后及时浇水。采笋期间要保持土壤充足的水分供应，以保证嫩茎抽生快而粗壮、组织柔嫩、品质好，这一时期如遇干旱应适时灌跑马水。汛期要特别注意排除涝渍，防止高温烂根等病害发生。地上部枝叶生长期间也要保证水分充足供应，促使同化功能旺盛，为下一年嫩茎丰产奠定基础。冬季土壤结冻前要浇足越冬水，以利于芦笋安全越冬，防止冬旱。

3. 中耕除草

在芦笋生长期要根据情况及时中耕松土与除草，特别是浇水和雨后要及时松土。白芦笋栽培时，早春（一般于3月25日前）要进行培垄，即结合每次耕整施肥和除草适当培土1～2cm，逐步增加覆土高度，至地表10cm左右为止，要求土壤细碎，做成底宽60cm、高25～30cm、顶宽40cm的高畦，并达到畦土内松外紧，表面光滑；采笋结束后，及时清理田园并回土平垄，即放垄。

4. 植株调整

芦笋植株可长至1.5m以上，如果任其生长，不仅会严重影响田间通风透光，且植株易倒伏，使田间湿度加大，病害加重。因此当植株长至70cm左右时应适时摘心，控制株高，以利于集中营养，促进地下根茎生长。为防止暴风雨袭击造成芦笋植株倒伏，有条件时可在栽培畦两边拉铁丝，确保植株不倒伏，且夏季不能追施过多氮肥。花茎抽生后不留种的应及时摘除，以免消耗养分。株丛中拥挤的老弱病枝应及时摘除，以利于通风透光。

5. 清理田园

清理田园，降低病虫害浸染源是防治茎枯病的有效方法之一。12月中下旬至2月下旬，茎秆已全部枯死，须彻底清园，及时拔除枯茎，清除落叶杂草，并将枯茎和杂草等集中烧毁，以减少病害的发生。采笋结束后，结合回土平垄要彻底清理残桩和地上母茎，鳞芽盘要喷药杀菌消毒。秋发阶段要定期摘除田间病残枝叶，以减轻病害发生。

6. 母茎的选留和更新

盛产期芦笋田块一般在春季采收嫩笋15～20天后，嫩笋长势减弱时开始留母茎。留母茎时要选择直径在0.8～1.2cm的嫩茎。新投产的芦笋田块可在每年春季抽生的大量粗壮新嫩茎中选留粗壮的嫩茎1～2株/蔸，使其生长成为母茎，其余的嫩茎陆续分批采收。当抽生的嫩茎变细时追施第二次肥料，施肥后抽生的嫩茎又变粗，从中陆续选留健壮的嫩茎培育成新的母茎，而分批割除衰老的母茎。秋季气候温和，植株生长适宜，让抽生的全部幼茎都长成枝叶，停止采收，使地下茎积累更多的养分，为第二年产笋积累充足的营养条件。应在抽生嫩茎较多的位置，每蔸留1～2条母茎，使地下茎的各生长点都有较多的养分供应，方可正常发展。每次选留母茎之前要施一次腐熟的有机肥。生长过细或出现弯曲、畸形、残枝、弱枝和病株的嫩茎应及时割除，同时发生病害、伤残、虫害的母茎也应随时清除。割除嫩茎、母茎应选择晴天进行，避免雨天割除而导致伤口侵染病害。

7. 病虫害防治

芦笋的主要病害为茎枯病和褐斑病，其防治方法以农业防治为主，做到冬春季彻底清理田园，多施有机肥和钾肥；春季采笋结束后及时施腐熟有机肥500～1000kg/亩，以促使植株健壮生长，增强抗病力，同时要及时清除田间积水，降低地下水位和田间湿度，控制发病条件。药剂防治可用75%百菌清600倍液、70%甲基托布津800倍液、波尔液、多菌灵等药剂涂茎防治茎枯，也可选用40%芦笋青粉剂6000倍液、芦笋净500~1000倍液，每隔10天喷洒1次，连喷3次。

芦笋主要虫害有地老虎、蝼蛄、金针虫、蛴螬。主要防治措施有：及时清理田园，铲除杂草，严禁使用未腐熟农家肥，发现害虫可用90%敌百虫晶体50g，溶解后加炒熟玉米面5kg拌均匀，制成毒饵撒在虫害区，每小堆放25g左右，或用辛硫磷1000倍灌根。

（五）采收

按照芦笋嫩茎抽生的时间可分为早、中、晚熟3种类型。早熟类型茎多而细，晚熟类型嫩茎少而粗。芦笋以春季采收为主，一般在4月上旬开始采笋，采笋期的长短与笋龄有关，笋龄长的采收期长。在气候条件较好的地区，可在春、秋二季采收芦笋，但因夏季高温期植株生长不良，应停止采收40~50天，秋季采收到10月下旬即应停止，不宜采收过长，否则植株积累养分太少，影响第二年的产量。

定植后第二年的新芦笋田块，只宜采收少量绿芦笋。一般4月上中旬长出的幼茎需作为母茎，以供养根系，以后抽出的嫩茎才开始采收。采收期长短要根据上年秋发好坏而定，一般可采收30~50天。进入盛产期的芦笋田块，5月以前抽生的嫩茎可全部采收，5月上中旬视出笋情况每穴留2~3根母茎后，其余可全部采收。

绿芦笋要求色泽深绿、鲜嫩、整齐，笋尖鳞片抱合紧密不散失，笋条直不弯曲，无畸形，无虫蚀。采笋时间一般在每天上午7~9时和下午5~6时。采笋时用不锈钢小刀整齐地在土下2cm处割下嫩茎，茎部不要留高茬，割下的嫩茎放于筐内用湿毛巾盖上，放在阴凉处防止失水老化，并及时冷藏或分级销售。采笋留茬要合理，一般应在地表下2~3cm处割茬，如果留茬过高后期容易腐烂，使周围新发嫩笋感染锈病。采笋长度要根据加工厂的规格或市场需求而定，一般长度为18~24cm，过长过短都会直接影响芦笋产量。

白芦笋采收期为每天早上8点前及下午4点后，检查畦顶发现土表龟裂时应扒开表土，用不锈钢小刀于地下茎上部采收，采收时不锈钢小刀与地面成70°~75°，避免损伤地下茎。采后将畦土复原拍平。白芦笋采后要遮阴保存，及时分级出售。

无论是采收白芦笋还是绿芦笋，劣质嫩茎都必须及早割下，以免消耗地下茎贮藏的养分而降低产量。随着嫩茎的采收，贮藏养分不断消耗，当嫩茎越来越细、硬度变大、畸形笋增多、产量下降时，应立即停止采收。

第三节　红莴笋标准化生产技术

红莴笋抗性强、产量高，产品皮薄、肉质细嫩、口感鲜香，如同碧玉一般，制作菜肴可荤可素，可凉可热，入口爽脆，深受城镇消费者的喜爱和市场的欢迎，已逐渐取代原青皮莴笋品种，产品除销往区内外及泛珠三角地区市场外，还远销港澳并出口到加拿大等国家和地区。

一、播种育苗

1. 品种选择

首先应选用优质、高产、适应性强、商品性好、适合本地栽种并畅销的红莴笋品种，如飞桥红莴笋（李秀娥，2009）、锄头牌红莴笋、大绿洲红莴笋、红香妃莴笋、碧红丰莴笋等。

2. 播期与用种量

茎用莴笋栽种可分为秋莴笋（采收期为 11 ~ 12 月）和春莴笋（采收期为翌年 3 ~ 4 月）两种模式。一般以 8 下旬至 9 月中旬播种的秋莴笋较多，由于此时气温偏高，种子发芽受抑制，种子需要经过低温处理，大田需种量为 60g/亩左右，育苗需苗床净面积为 $140m^2$左右。

3. 种子处理与播种方法

（1）秋莴笋

将莴笋种子用 25 ~ 30℃水浸种 3 ~ 4 小时，捞出沥去多余的水分，用纱布包好，置于冰箱保鲜层低温（4℃）处理 3 ~ 4 天，期间白天置于冰箱保鲜层，晚上取出置于室内进行变温催芽，纱布保持湿润；或吊于井内（离水面 30 ~ 40cm）进行低温催芽处理，每两天清洗种子 1 次；待种子露白时，即可进行播种。播种前用沼气水、腐熟人粪尿稀释泼施作为底肥，畦面浇水后撒播种子，为使播种均匀，可将待播种子加入细土或锯木屑，播种后用扫帚在畦面上扫一遍，使种子与泥土混合。然后用过筛火土和原土（1∶1）盖种，盖种土厚度为 0.2cm，再加盖遮阳网或稻草，如播种时土壤过干，可在覆盖物上浇水，一般 4 ~ 5 天种子出苗后揭去遮阳网或稻草。

（2）春莴笋

通常于 10 月下旬至 11 月中旬播种，此时应视天气变化情况决定种子的处理方法，若气温低于 20℃时，可不进行低温处理，只需用清水浸种 2 ~ 4 小时，捞出沥去多余的水分，掺入少许干细砂土，均匀播种；也可撒播干种子，但苗床一定要浇足底水，保持土壤湿润。播种盖好土后，畦面上要覆盖遮阳网或稻草，使种子发芽整齐。待种子出苗后揭去遮阳网或稻草。

4. 苗床管理

幼苗期保持土壤湿润，视土壤干湿程度浇水。当长出 2 ~ 3 片真叶时，如果发现种植太密，应及时间苗，苗间距掌握在 3cm 左右，或假植到营养杯，更有利于培育壮苗和整齐一致的苗。真叶长出后要适当控制水分，3 ~ 5 天浇 1 次薄肥水，使叶片肥厚、平展。

二、栽培管理

1. 整地施肥

种植红莴笋宜选择土壤肥沃、排灌方便、保水保肥能力强的地块，精耕细作，尽量多施厩肥或堆肥作为基肥，基肥用量应占施肥总量的60%～65%。定植前要结合翻土整畦施足基肥，可施畜禽腐熟肥2000kg/亩、过磷酸钙30kg/亩、复合肥20kg/亩、尿素10kg/亩。此外，当在水稻田中种植时应撒施生石灰70～100kg/亩，而在旱地中种植时仅需撒施生石灰50kg/亩。施肥后结合耕翻整地，使肥料与耕层土壤充分混匀，然后耙平、作畦。

2. 栽植时期与技术

8月播种的苗龄一般为25～30天，而9月播种的苗龄一般为30～35天。当苗长至5～6片真叶时即可移栽定植于大田，定植宜在高温过后的下午或者阴天进行。选择根系旺盛、未拔节的无病壮苗，按大、中、小苗带土分畦定植，株行距为30cm×35cm，畦宽掌握在90～120cm，高20cm，每畦种3～4行，4000～5000株/亩为宜（李秀娥，2009）。

3. 中耕除草

红莴笋栽植7～10天后即可恢复生长，定植后1个月中需中耕培土1～2次，一般每10～15天进行1次，中耕时靠植株较近的地方应浅耕，以1～2cm为宜，以免伤及根系，离植株较远的地方可深耕，以2～3cm为宜，封行以后不再中耕。莴笋生长期间，要结合中耕进行除草，以免杂草与莴笋争肥争水。

4. 施肥管理

进入莲座期（膨大期）前的幼苗阶段，可视幼苗生长情况进行1～2次追肥，以速效氮肥为主，适当配施钾肥，以促进根系和叶片的生长。当进入莲座期（膨大期）后，应及时追施重肥，以促进茎的膨大，追施复合肥20～25kg/亩，施肥不宜过浓和过晚，否则易引起莴笋茎基部裂开腐烂。同时，可结合用药进行根外追肥，喷施800～1000倍磷酸二氢钾或硼砂（硼酸）2000～3000倍液，每10天喷施1次，喷施2～3次，采收前10天停止肥水供应，促进茎秆成熟。

5. 水分管理

莴笋苗主根起苗后易拔断，可产生大量侧根，栽后容易成活。定植后2～3天要浇定根水以提高成活率，幼苗期要保持土壤湿润，遇干旱时3～5天灌1次跑马水。水分不宜过多，否则会导致茎叶徒长、茎细长；莲座期应适当控制水分，以便蹲苗，使产品外观粗壮美观。

三、病虫害防治

1. 农业防治

选用无病种子及抗病优良品种；合理布局，实行轮作换茬；注意灌水、排水，防止土壤干旱和积水；清洁田园，及时摘除病虫叶，拔除病株，带出田外深埋或烧毁；加强除草，降低病虫源数量；采用黄板、杀虫灯诱杀害虫，减少农药施用次数。

2. 化学防治

禁止使用国家明令禁止的高毒、剧毒、高残留的农药及其混配农药品种，合理混用、轮换、交替用药，防止和推迟病虫抗性的产生和发展。

（1）红莴笋病害

1）霜霉病：主要危害莴笋叶片，病叶由植株下部向上蔓延，最初叶上生淡黄色近圆形或多角病斑，潮湿时叶背病斑长出白霉，后期病斑枯死变为黄褐色并连接成片，最终致全叶干枯。

防治方法：用种子重量的0.3%多菌灵拌种进行种子消毒；定植成活后15天左右即可发病，通常用77.2%霜霉威盐酸盐（普力克）水剂800～1000倍液防治，也可用68%精甲霜灵·锰锌水分散粒剂600倍液或50%异菌脲可时性粉剂（扑海因）1000倍液防治；喷药时应尽量做到均匀，特别是叶片背面也一定要喷到，每7～10天喷1次，连续喷2～3次。

2）菌核病：主要发生于茎基部，染病部位多呈褐色水渍状腐烂，湿度大时，病部表面密生棉絮状白色菌丝体后形成菌核，菌核初为白色，后逐渐变成鼠粪状黑色颗粒物，染病株叶凋萎，最后致全株枯死。

防治方法：可用50%扑海因（异菌脲）可湿性粉剂1500～2000倍液，或50%速克灵（腐霉利）可湿性粉剂2000～2500倍液，或菌核净1000倍液等防治，喷药时着重喷洒植株的茎基部、老叶和地面，每7～10天喷药1次，连续喷2～3次。

3）褐斑病：病斑通常生于叶面上，呈圆形、近圆形或不规则形，呈浅褐色至褐色，或中央灰白色，边缘黄褐色至暗褐色，叶背病斑颜色稍浅。

防治方法：可用50%异菌脲可湿时粉剂1500倍液，或75%百菌清（达科宁）可湿性粉剂1500～2000倍液，或10%世高（苯醚甲环唑）水分散粒剂3000～3500倍液防治，每隔7～10天喷药1次，连续喷2～3次。

4）黑斑病：主要危害叶片，在叶片上形成圆形至近圆形褐色斑点，不同条件下病斑大小差异较大，病斑具有同心轮纹。

防治方法：发病株可用50%异菌脲可湿性粉剂1000倍液，或46.1%氢氧化铜水分散粒剂800倍液，或50%多菌灵500倍液防治，隔10天左右喷药1次，连续喷2～3次。

5）病毒病：苗期至成株期都可染病，苗期发病，真叶初现明脉，逐渐现黄绿相间的斑驳或不大明显的坏死斑点及花叶，叶脉粗大，竖立、皱缩；叶脉失绿变白，出现明显的亮绿色至苍白色脉带，伸向叶片基部，后期病叶卷曲、皱缩，病株矮小，生长受阻。

防治方法：发病初期喷洒20%吗啉胍·乙酮可湿性粉剂500倍液，或菇类蛋白多糖水剂300倍液，或20%盐酸寡糖素水溶剂800倍液。

（2）红莴笋虫害

1）地老虎和蝼蛄：育苗期可用敌百虫进行土壤淋药处理。

2）蚜虫：早期进行防治，可用3%啶虫脒或10%吡虫啉可湿性粉剂1000倍液结合预防病毒病一起喷洒。

3）小菜蛾：可选用4.5%高效氯氰菊酯1000倍液喷雾防治。

四、适时收获

莴笋茎笋形成产品时应及时采收，当顶端与最高叶片的叶尖相平时即收获最佳时期（林芳保和李裕健，2013）。这时茎部充分膨大，品质细嫩、皮薄、纤维少。若采收太晚，花茎迅速伸长，纤维增多、茎皮增厚、肉质变硬，或出现中空，品质下降，甚至不宜食用。

第四节　脐橙无公害生产技术

脐橙具有果大美观、色泽鲜艳、肉质脆嫩、风味浓郁、无核化渣等特点，品质极佳，具有止咳化痰、消食健胃的功效。可溶性固形物（主要指含糖量）高达13%～15%，总酸量为0.6%～0.7%，固酸比为10∶0.5，可食率为74%，果实富含维生素C、钙、磷、铁等人体所需的营养物质，受到消费者的欢迎。

一、种植

1. 种植前准备

于2月下旬即苗木萌芽前定植，株行距规格一般为3m×4m。先开定植沟，沟深0.8m、宽1.0m。将表土和绿肥、杂草或农作物秸秆25～50kg，分层压埋于定植穴（沟）的中下层，再将腐熟猪牛栏粪5kg、石灰1kg、钙镁磷肥0.5～1kg与细土充分拌匀后填于穴（沟）内作为基肥。培成1m左右宽的土墩，土墩高出地面15～20cm。

2. 定植方法

定植前在定植位置的正中挖开深30cm左右的小坑。定植时，先适度修剪苗木的枝叶和根系，然后将苗木放入小坑中央，应将苗木的根系舒展、扶正，将0.25kg钙镁磷与果园细土拌匀后分层压根，用脚踩实，再培少量细土，浇足定根水。栽植深度以嫁接口高出地面2cm左右为宜。

3. 定植后护理

定植后7天内，如未下雨应每天浇水一次，保持苗木根周围土壤湿润，如遇高温干旱应延长浇水天数；如遇连续阴雨应注意排水，确保成活。定植15～20天后，应及时浇稀薄腐熟液肥，每10～15天浇一次，并适时轻度中耕、除草，促进苗木生长。

二、土肥水管理

1. 扩穴改土

脐橙定植后的第二年开始扩穴改土，沿树冠滴水线外侧对称轮流开挖扩穴（沟），要求不留隔墙，并以见根为度，每株施粗有机肥（如杂草、绿肥等）20～30kg、石灰1～1.5kg、饼肥1～3kg、磷肥1kg。要求粗肥在下，精肥在上，土肥拌匀，并填土高出地面10～15cm。随着树龄增大和根系扩展，逐年向外改良心土，全园心土改良在2～3年完成。脐橙进入成年期后，也要有计划地扩穴改土，以更新复壮根系；同时要继续改良土壤，以提高根系养分吸收能力。

2. 套种间作

幼龄脐橙园（1～4年龄），树冠小，株行间空间较大，可有效地利用株行间进行套种，套种作物主要包括花生、大豆、绿豆、萝卜和兰花子等。

3. 生草覆盖

成年脐橙园（5年龄以上），要在彻底清除恶性杂草（铁线草、香附子、喜旱莲子草等）的基础上，在树盘外蓄留自然良性杂草（如狗尾草、薄公英、霍香蓟等），或在梯土坡边人工栽植黄花菜等，以防止土壤被冲刷流失，同时还可改善果园小气候。

4. 施肥

为满足脐橙生长对各种营养元素的需求，施肥以氮、磷、钾为主，根据具体情况配合施用微量元素肥料，多施有机肥，也可施复合型和缓控释型等颗粒型肥料。施肥方式以浅施、深施、环状施、条沟施等方式为主。在树冠滴水线附近开沟，根据树根深浅和季节来确定施肥的深度，掌握“根浅浅施、根深深施，春夏浅施、秋季深施，逐步向外加深”的原则。

（1）幼年树（1～4年龄）的施肥

幼年树的施肥原则：以速效氮肥为主，辅以磷钾肥；随树龄的增加，逐年加大施肥量。于每次新梢萌芽前、新梢自剪（即新梢顶芽停止生长）后进行，全年施肥不少于6～8次。新梢萌芽前的施肥量：每株施尿素0.1～0.2kg或复合肥0.1～0.2kg，再加浓度为20%～30%的腐熟人粪尿或菜籽饼水5～10kg。新梢自剪后的施肥量：每株施复合肥0.1～0.15kg。9月后，需停止果园土壤追肥，以防止萌发晚秋梢。

（2）成年树（5年龄以上）的施肥

成年树的施肥原则：以生物有机肥为主，化肥为辅；巧施春芽肥（2月上中旬），重施壮果促秋梢肥（6月下旬至7月上旬），早施采果肥（11月上旬）；冬肥秋施（9～10月），经常补充微量元素肥。

初结果树（5～8年龄）通常每年株施肥量如下：春芽肥，尿素0.1～0.4kg、复合肥0.1～0.3kg、生物有机肥2～2.5kg；壮果促秋梢肥，尿素0.2～0.3kg、枯饼1～2kg、钙镁磷0.5～1.0kg、硫酸钾0.25～0.3kg；采果肥，尿素0.15～0.3kg，或浇施沼液肥5～10kg。

盛结果树（9年龄以上）以春梢为主要结果母枝，进入大量结果时期，施肥的重点是春芽肥和壮果肥。通常每年株施肥量如下：春芽肥，尿素0.3～0.5kg、复合肥0.3～0.5kg、生物有机肥2～3kg；壮果促秋梢肥，枯饼2～3kg、复合肥0.5～0.6kg、硫酸钾0.3～0.5kg、钙镁磷0.5～1.0kg。

（3）叶面施肥

叶面肥通常在前期施用，叶面肥的施用浓度为：尿素0.1%～0.2%、磷酸二氢钾0.1%～0.2%、硼砂0.1%～0.2%、硫酸镁0.1%～0.2%。果实采收前30天内停止叶面追肥。

5. 水分管理

脐橙在春梢萌动期至开花期（3～5月）和果实膨大期（7～10月）对水肥需求量大，在这些时期如遇干旱时应及时灌水，灌水量根据树体大小和天气干旱状况来确定。成年树在伏旱期每株每天灌水量不少于60kg，土壤水分含量应保持在土壤田间持水量的60%～80%。高温期灌水宜在清晨或傍晚进行，提倡滴灌或微喷灌溉。冬季过于干旱时要灌水保叶，霜冻来临前灌水可减轻冻害。采果前10～15天不灌水，防止降低果实品质和贮藏性。

雨季来临前检查和疏通所有排水沟渠，多雨季节应加强果园的排水检查，土壤积水时间超过24小时时要立即采取挖沟、排涝等排水措施。

三、整形和修剪

1. 修剪的时期和主要方法

冬季修剪，指采果后至次年春芽生长期的修剪，为防止冻害，一般在“立春”前后进行。主要方法：疏剪、短截和回缩。夏季修剪：指春梢老熟至放秋梢期的修剪。主要方法：抹芽、摘心、环割、拉枝。

2. 幼年树的整形和修剪

一般采用自然圆头开心形，定干的高度为35～40cm。幼年树的修剪原则是：轻剪多留，尽量以抹芽、摘心代替修剪。每次新梢萌发期，先抹除早期抽发的零星新芽，然后统一放整齐一致的新梢。芽长2～3cm时，疏删生长过密的新梢，实行“三去一、五去二”

的疏删方法。摘心主要针对春梢和夏梢，于新梢长 8～10 片叶时摘去顶芽，促其老熟；秋梢一般不摘心，防止萌发晚秋梢。

3. 成年树的修剪

多留中下部强壮春梢和上部斜生外向枝，适当疏删中下部纤弱枝、上部过密枝和直立枝；在重施壮果促秋梢肥基础上，适时夏剪，促发整齐、量足、健壮的早秋梢；从 5 月开始，每隔 3～5d 抹除一次夏梢，直至 7 月下旬放秋梢时止；抹除 9 月以后的秋梢，防止引发病虫害。剪除过密、交叉、过度下垂的副主枝；短剪强旺侧枝；疏删过密、交叉、下垂的侧枝；剪除或改造徒长枝；轮换回缩衰退枝组；树冠过密时剪除 1～2 条手指粗的枝组，实行“开天窗”策略（石健泉，2007）。

四、花果管理

1. 促花控花

（1）旺长树

要挖沟排水，降低地下水位，花芽分化期不灌水；少施或不施氮肥，多施磷钾肥；9～11 月扩穴改土时截断手指粗侧根 3～5 条，晒根 10～20 天后再回填。9 月喷 1 次十元素微肥、多效唑或“云大-120”，增强树势，提高花质。

（2）小年树（少花树）

上年结果多，树体养分消耗大，生长势弱，结果母枝少，次年花量少，花质差，产量低；对初结果树，重施壮果促秋梢肥，促进抽发量多质优的秋梢结果母枝；对盛结果树，重施春芽肥，促发整齐健壮春梢结果母枝；早施采果肥，于采果前后及时浇施腐熟液肥或速效肥，以尽快恢复树势，促进花芽分化，保叶过冬。

（3）初结果树和大年树（多花树）

主要通过冬、春修剪和抹梢来减少花量；冬季修剪时，疏剪、短截部分结果母枝，实行“以果换梢”策略；春芽现蕾后，疏删无叶花枝和细弱结果枝、内堂枝、交叉枝和丛生枝；开花后，采取人工摘花、修剪等措施疏花。

2. 保花保果

（1）微肥保果

第一次保果：当谢花 2/3 时，喷 1500 倍 1.6% 植物龙或 4000 倍“云大-120”+0.2% 尿素+0.2% 硼砂+0.2% 磷酸二氢钾溶液。第二次保果：当谢花后 10～15d 时，再喷一次 1500 倍 1.6% 植物龙或 400 倍“998”营养素+0.2% 硼砂+0.2% 磷酸二氢钾溶液。

（2）保果先保叶

施足春芽肥，保春叶生长；早施采果肥，冬季施叶面肥，保叶过冬。这都有利于脐橙的保果。

五、冻害防御与冻后处理

1. 冻害防御措施

适地适栽，选择良好的地形地势；营造防护林；加强肥水管理及病虫害防治，控制结果量和晚秋梢，增强树势，提高抗寒能力。冬季（12 月下旬至 2 月上旬）将树干涂白，即用生石灰 0.5kg、硫磺粉 0.1kg、食盐 20g、水 3～4kg，调匀涂刷主干和大枝；树蔸盘培土，培土高度在 30cm 以上；并用稻草包扎主干；地面覆盖，搭防冻棚，设防风障等；干旱时中午适当灌水，寒潮来临时熏烟、喷抑蒸保温剂等。

2. 冻后护理

全树如有 30% 左右的叶片受冻以及一年生新梢轻度受冻的轻冻树，应及时摘除受冻后卷曲干枯的未落叶片，薄肥勤施，即用 0.2% 尿素和 0.2% 磷酸二氢钾根外追肥 2～3 次，有利于恢复树势。叶片全部干枯或脱落、副主枝和主枝受冻的重冻树，春芽萌发后确定死活分界线后，在分界线下 2～4cm 的活枝处锯除受冻部分，剃平锯口，注意伤口保护，并将锯下的残枝物清理出园或进行压埋处理，减少病虫源发生扩散。

六、病虫害综合防治

1. 防治原则

遵循“预防为主，综合治理”的植保方针，从果园生态系统出发，以保健栽培为基础，创造不利于病虫滋生而有利于天敌繁衍的生态环境条件，充分发挥植物对危害损失的自身补偿作用和自然天敌的控制作用，保持果园生态平衡。在预测预报的基础上，优先协调运用植物检疫、农业防治、物理防治和生物防治等方法，在达到防治指标时合理组配农药应用技术，达到有效控制病虫危害、减少农药残留量、确保脐橙优质丰产的目的（廖遗昌，2017）。

2. 防治措施

（1）预测预报

根据病虫害的发生流行与脐橙等寄主植物与环境之间的相互关系，利用田间病情观察法、病原物数量和动态检查法、气象条件病害流行预测法等，分析推断病害的始发期和发生程度，以及害虫卵孵（若虫）始盛期、高峰期、盛末期，以确定防治适期和合理的防治技术。

（2）植物检疫

严格执行植物检疫制度，严禁从病区引进苗木、接穗和果实，防止检疫性病虫传入。建立无病毒良种苗木繁育体系，为新建基地提供无病健壮优质苗木。园内发现检疫性病虫害，应彻底清除病虫株，并立即采取措施加强防治和隔离，保证疫区不进一步扩大蔓延。

（3）农业防治

1）选用抗病虫较强的品种及砧木。

2）建好园地。完善果园道路、灌溉和排水系统、防风设施（防风林或防风帐）等基础建设。

3）间作或生草。园内宜实行生草制，间种的作物或生草类应与脐橙无共生性病虫害，以浅根、矮秆的豆科植物和禾本科牧草为宜，最好适时刈割翻埋于土壤中或覆盖于树蔸盘。

4）加强栽培管理。通过合理修剪调整树体的营养分配，促进树体的生长发育，改善通风透光状况，增强树体的抗病虫能力。

5）搞好果园卫生。做好冬季清园消毒、果园深耕、树干涂白、病虫枝和枯枝剪除、病株及其残余部分挖除等工作，以消灭越冬病虫源，减少来年病虫害发生基数。

6）科学放梢。抹芽控梢，统一放梢，以降低病虫基数，减少用药次数。

（4）物理防治

1）灯光诱杀。利用害虫的趋光性，在其成虫发生期，田间每隔 100～200m 安装 1 盏紫光灯或频振式杀虫灯，灯下放大盆，盆内盛水，并加少许柴油或煤油，夜间开灯诱杀蛾类和金龟子等害虫（潘中田等，2014）。

2）趋性诱杀。拟小黄卷叶蛾等害虫对糖、酒、醋液有趋向性，可将其加入农药中进行诱杀；利用麦麸或生草诱集处理蜗牛；利用黄板诱集处理蚜虫等（潘中田等，2014）。

3）人工捕杀。人工捕捉天牛、蚱蝉和金龟子等害虫，尤其是对发生程度轻且危害中心明显或有假死性特征的害虫宜采用人工捕杀。

4）套袋。对于病虫害严重的地区，在果实膨大后期可套上水果专用袋，防止病虫危害。

（5）生物防治

1）通过改善果园生态环境，保护天敌，以达到生物防治的目的（潘中田等，2014）。

2）提倡使用生物农药（包括微生物农药、植物农药和动物农药）和矿物农药，尽可能利用性诱剂加少量其他农药杀灭蛾类害虫。

（6）化学防治

1）主要病害种类及其防治。①黄龙病：目前还未找到有效的防治方法，主要通过严格检疫、建立无病苗圃培育无病苗木、挖除病株、防治柑橘木虱等手段进行预防。另外，还通过加强病区的管理，把病区改造成新区等办法来解决。②溃疡病：晴天时，清除带病的枝、叶和果，并集中烧毁；新叶展开时、花谢 2/3 时、幼果期和果实膨大期等时期遭大风暴雨后及时喷药；3 月中旬，春梢长出 1.5～3.0cm 时喷 0.5：1：100 的波尔多液防治；8 月下旬，秋梢长出 1.5～3.0cm 时喷 72% 链霉素可湿性粉剂 2000 倍液或 77% 氢氧化铜可湿性粉剂 600 倍液防治。③炭疽病：新梢抽发期、花谢 2/3 时、幼果期、果实成熟前期为喷药期；在发病初期喷 0.5：0.5：100 的波尔多液，或 80% 代森锰锌可湿性粉剂 600～800 倍液，或 50% 甲基托布津粉剂 1000 倍液进行防治。④脚腐病：主要危害根颈，以幼树、老年树、地势低洼积水、有天牛危害等情况时发病严重；防治方法，扒开病株根颈土壤切除病部，涂药 2～3 次保护伤口，然后覆盖新土；参考药剂有 0.5% 波尔多液、2% 春雷霉素可湿性粉剂 30~100mg/L 或 40% 多菌灵 400~600 倍液；采用 1：1：10 的波尔多液或 40% 多菌灵 100 倍液涂抹伤口进行保护。

2）主要虫害种类及其防治。①红蜘蛛和锈壁虱：花前每叶 2~4 头或 2/3~3/4 叶片有螨，花后和秋季每叶 5~6 头或 3/4~4/5 叶片有叶螨为脐橙红蜘蛛防治期；叶上或果上每视野 1~3 头锈壁虱，果园中有个别果实出现危害状时为锈壁虱防治期；采果后先用锉满朗 1000 倍液喷红蜘蛛及其卵，再喷 0.8%~1.5% 石硫合剂；4~5 月喷 2.5% 华光霉素可湿性粉剂 400~600 倍液，或 95% 机油乳剂 100 倍液防治；7~9 月喷 10% 浏阳霉素乳油 1000 倍液防治；还可选用甲氰·噻螨酮 1500~2000 倍液、或 15% 哒螨酮乳油 2000 倍液、或螨虫克 3000~4000 倍液、或好年冬 1500~2000 倍液等进行防治。②蚧壳虫：第一代幼蚧孵化盛期为 4~5 月，第二代幼蚧孵化盛期为 6~9 月；冬季可喷施 15~20 倍松碱合剂防治；5 月初第一次孵化高峰用 95% 机油乳剂 50~100 倍液防治；7 月初第二代孵化高峰用药防治，药剂可选用毒·氯 2000~3000 倍液、或施扑赛 600~800 倍液、或迪蚧 1000 倍液、或 10% 烟碱乳油 500~800 倍液。③潜叶蛾：以夏、秋梢发生严重，并易诱发溃疡病；每次新梢嫩芽长 0.5~2.0cm 时，于晴天傍晚用药防治，每隔 7~10 天用药一次，连续施药 1~2 次，可选择喷施 5% 除虫脲乳油 1500 倍液、或 25% 灭幼脲悬浮剂 1500 倍液、或 25% 杀虫双水剂 600~800 倍液防治。④粉虱（黑粉虱和柑橘粉虱）：粉虱主要危害春梢和夏梢叶片，以幼虫群集叶片背面吸食汁液，危害严重时，引起枯枝和落叶，并诱发煤烟病；其发生期多与蚧壳虫类相近（见上述）；可选用 10% 吡虫啉 3000 倍液、或盲蝽象甲净 1000 倍液（杀蛹）、或 95% 机油乳剂 200~300 倍液等进行防治（石健泉，2007）。⑤凤蝶和尺蠖：当达到防治指标时，用 100 亿个/mL 苏去金杆菌乳剂 500~1000 倍液、或 0.36% 苦参水剂 400~600 倍液进行防治。⑥果实蝇：在结果期可悬挂性诱剂、性粘虫瓶进行诱杀，也可用糖醋液诱杀。

七、果实的采收

贮藏果适合于 10 月下旬至 11 月上旬采摘，而鲜销果适合于 11 月中下旬采摘。采果时要特别注意天气，连续晴 3d 以上，于上午 9 点后进行采摘，第一剪带 2~3 叶剪下，第二剪齐果面剪下即可。

参考文献

李秀娥 . 2009. 冬闲田种植红萬笋示范试验 . 广西农学报，24（3）：5~7
廖遗昌 . 2017. 无公害脐橙高产优质栽培管理技术 . 南方农业，11（15）：1~2
林芳保，李裕健 . 2013. 早稻-包心芥菜-红萬笋-红萬笋高效栽培模式 . 长江蔬菜，（11）：30~32
潘中田，文灵清，黄昌治，等 . 2014. 有机脐橙生产管理规程和栽培关键集成技术 . 南方园艺，25（3）：32~35
石健泉 . 2007. 优质脐橙无公害生产技术 . 果农之友，（4）：26~28
杨炳荣，卢美林 . 2018. 航天辣椒有机栽培管理技术 . 中国园艺文摘，（2）：195~196
邹学校 . 2002. 我国辣椒的栽培季节与种植模式 . 中国辣椒，（3）：32~35

第九章　循环农业园区建设与管理

循环农业园区的建设与管理，首先依赖于科学的规划和设计，通过循环农业园区的总体规划，明确当地循环农业的战略转型、功能扩展、产业升级和环境优化的路径；通过循环农业园区内各类建设项目设计，形成当地循环农业园区的具体建设方案。为提高环保型循环农业园区的整体效益，必须在科学规划和设计的基础上，分步建设园区内各类项目，切实加强园区的经营和管理。

第一节　循环农业园区总体规划

一、循环农业园区规划概述

（一）循环农业园区规划的基本原则

1. 因地制宜，突出特色

在循环农业园区规划中，因各地区情况和条件各异，必须本着一切从实际出发、因地制宜、合理规划的原则，结合规划所在地的自然、社会和经济等条件，充分考虑当地的农作制度、生产传统、民风民俗等，既要传承历史，又要符合现代生活，兼顾时空尺度。循环农业园区的规划应以当地自然生态和农业景观为中心，突出自然景观、民族气息、乡土文化和历史文化等特色，因地制宜地开展生产性项目和相关服务性项目设计。

2. 以农为本，重视多样性

循环农业是一种现代农业经营模式，种植业、养殖业是循环农业的基本项目，农副产品加工是循环农业的联系纽带和经济增值项目。循环农业园区规划中，必须根据所在区域的自然资源、社会经济资源，合理规划设计种植业、养殖业和农副产品加工业的生产项目与生产规模，实现园区内部的资源循环利用，同时设计有关服务性项目，实现循环农业园区内的生物多样性和文化多样性，提高循环农业园区整体效益。

3. 保护与开发并重

循环农业园区规划要在保护自然生态环境的原则下，以循环农业园区的整体功能为导向，来进行景观的生态调控，有选择性地满足生产、生活、生态的需求。园区的农业生产活动与设施要与自然和谐共存，在保护环境和合理开发利用资源中，提高农业生产的经济、生态和社会效益，确保园区自然景观的原始性、农业生产景观的完整性和生态性。

4. 兼顾经济、社会、生态效益

实现经济效益最大化是项目投资和经营的主要目标。但循环农业园区与一般产业经营不同，优良的生态环境是生产绿色食品和有机食品的基础，同时也是吸引游客和提高竞争力的关键，建设和保护好园区与周边的生态环境是实现其经济、社会和生态效益的重要前提（张海成，2012）。

（二）循环农业园区规划的程序

1. 调查沟通

1）进行实地考察。循环农业园区的规划设计方必须全面了解和准确把握循环农业园区的区位特点、用地现状、地形地貌、规划范围等详细的现状资料，全面收集与循环农业园区有关的自然条件、农业生产现状、社会经济和历史背景等资料，对整个基地与环境状况进行综合分析。

2）了解循环农业园区经营者的具体要求、规划期望和总体设想。规划方应根据循环农业园区经营者或投资方的前期设想或基本思路，提出规划纲要，特别是主题定位、功能表达、项目类型、时间期限及经费预算等。

3）规划方与经营者的双向沟通。规划方应根据经营者的设想进行具体化规划，如果经营者的设想与规划设计之间存在科学性或操作性方面的差异，通过双方反复交流和沟通以形成共识。

2. 现场实测

1）园区现状资料。主要通过摄影（有条件的可以进行航拍）、观察记载、现场目测等措施，准确把握园区的资源现状。

2）实地测绘。实地测绘是指对规划范围内的自然地理要素或地表人工设施的形状、大小、空间位置及其属性等进行测量，应准确地把规划范围内的地形地貌、地质状况、地表建筑或构筑物、景观概貌等信息和数据全面体现到测绘图中，为资料分析和形成图件奠定基础。

3）实测技术指标。农业生产条件是明确循环农业园区生产性项目发展方向的重要依据，因此需进行土壤理化性质、地表水水质、大气环境质量等的测定，为园区农业生产项目设计提供基础数据。

3. 资料分析

1）分析整理现状数据和资料。整理好前期收集的数据资料后，科学分析园区的区位特征，计算各类地块的面积，全面把握各地段的资源现状，形成循环农业园区发展规划的初步目标。

2）采用优劣势（strengths weaknesses opportunities threats，SWOT）分析法进行分析，明确发展战略。通过SWOT分析，明确循环农业园区本身的优势和劣势，把握循环农业园区发展环境的机遇与挑战，提出战略思路、发展目标、发展重点和主要措施。

3）分析地段特征，明确用地分区。根据园区内的资源现状和地段安排现状，在合理利用现有资源的基础上，提出各地段的用地安排初步方案。

4）分析资源特征，明确总体布局。根据发展战略思路，充分考虑园区内的资源现状和地段安排现状，明确循环农业园区的功能分区以及园区的整体格局。

4. 方案编制

1）循环农业园区规划的基本思路。明确循环农业园区规划的指导思想、基本原则、规划范围与期限、规划性质与主要任务、规划依据、规划成果等。

2）背景与现状分析。明确区位特征与交通条件、自然地理因素、乡村旅游资源基础、社会经济环境分析、市场分析与营销策划思路等。

3）发展战略分析。包括循环农业园区的SWOT分析、发展定位与发展思路、总体目标与阶段性发展目标、发展重点与实施策略等。

4）空间布局与功能定位。明确循环农业园区的总体空间布局和各功能区的定位，构建循环农业园区的总体规划框架。

5）循环农业园区的项目规划。在总体空间布局和各功能区定位的前提下，对各功能区、具体地段和具体项目进行规划。

在方案编制阶段，规划方必须与经营者反复商议，在尽可能实现经营者意图的基础上，科学编制循环农业园区发展规划，切实保证规划的科学性、前瞻性、可操作性和整体效益。

5. 形成规划文本和图件

在方案编制阶段的各项任务实施过程中，规划方应该同步进行文本组织和图件设计，每项任务都有多次反复征求意见和修改的过程，从而不断完善规划内涵。循环农业园区规划包括规划框架、规划风格、分区布局、交通规划、水利规划、绿化规划、水电规划、通信规划和技术经济指标等文本内容及相应图纸。

值得注意的是，由于循环农业的利益主体包括当地农民和社区或组织，在规划过程中，应邀请当地农民、社区或组织参与规划的调研、方案制订。

（三）循环农业园区的规划决策

1. 循环农业园区的选址决策

循环农业园区的选址，要综合考虑区位特色和可利用资源，如自然景观、田园风光、乡风民俗、农耕文化传统、传统文化基根、人文古迹、交通条件、乡村旅游客源市场等自然环境资源和人文社会资源。一是区位特征。循环农业园区主要从事农业生产项目，同时承载乡村旅游服务业，必须考虑农产品销售市场距离和交通运输条件，以及主要客源市场的距离和交通运输条件。一般来说，城郊型循环农业园区宜选址在离中心城区30～60分钟车程的地段。二是农业生产条件。农业生产项目是循环农业园区的主体经营项目，也是循环农业园区的主要收益来源。在进行循环农业园区选址时，目标地段的土壤条件、灌溉条件、农业气象因素等，是循环农业园区选址的重要指标。同时也是决策各地段安排农业生产项目的重要指标。一般来说，山地为主的地段，应该重点安排水果生产和观赏树木，并配合林下养鸡、鹅、羊等养殖项目，全面提高系统的整体效益。三是地域特色资源。从生产性项目角度考虑，如果当地具有中国农产品地理标志或具有特色传统品牌资源，循环农业园区选址这类地段则具有发展生产性项目的地域特色资源基础；从乡村旅游服务业角度考虑，如果当地具有特色乡风民俗、农耕文化传统、特色民居、特色餐饮等资源，循环农业园区可以充分利用和发掘这类资源，有效支撑乡村旅游服务业方面的特色项目。

2. 循环农业园区的发展方向决策

投资者选址在某一地带建设循环农业园区，应有一个基本明确的循环农业园区发展方向，而且这种发展思路是逐步明确、不断完善的，发展方向必须回答以下问题：循环农业园区的未来经营是以生产性项目为重点，还是以乡村旅游服务业经营为重点？这需要综合考虑区位特征和投资实力，区位优势趋向于乡村旅游服务业，可以加强文化消费项目建设，定向塑造乡村旅游品牌资源；乡村旅游客源市场潜力不大的地段，必须考虑以生产性项目为重点，主要依靠农业生产提高经济效益。

3. 循环农业园区的主导产业决策

循环农业园区的主导产业主要包括种植业、养殖业、农副产品加工业等，因此首先必须决策是以种植业为主还是以养殖业或农副产品加工业为主，明确大方向范围内的主导产业以后，再在这个主导产业范围内确定主导产品，主导产品必须具有生产优势和市场优势。生产优势是指经营者的生产技术专长、地域资源优势、规模化经营和品牌农产品生产所带来的产品优势和质量优势。市场优势则是指经营者对所生产的产品具有明确的销售市场和市场价格优势或质量优势。

4. 循环农业园区的特色产业决策

循环农业园区的特色产业，必须综合考虑地域特色资源、经营者技术和管理优势、定向塑造特色产品的潜力和空间等因素。①传统优势农产品。循环农业园区选址区域若具有传统优势农产品，应大力发展形成园区优势农产品产业。②“一村一品”的传统特色产品。循环农业园区选址这类地区，必须充分利用已有的地域特色品牌资源，实现高起点的快速发展。③高、新、特、优、雅、奇产品。既要围绕高、新、特、优、雅、奇打造特色农产品，也要围绕这六字打造乡村旅游特色产品，提高园区的竞争力。④定向塑造特色产品。一是利用地域自然环境资源优势，生产绿色食品或有机食品；二是引进新技术、新品种、新工艺，生产高端产品或工艺品。

5. 循环农业园区的产业规模决策

循环农业园区通常涉及多个生产项目，但关于每个产业项目的经营规模多大合适，必须进行科学决策。首先需明确的是主导产业应具有最大的生产经营规模；特色产业体现了园区的经营特色，是创造利润的主要产业，应具有恰当的生产规模。同时，园区还必须具有多种多样的辅助性产业和补充性产业，这是为主导产业、特色产业和乡村旅游服务业提供支撑的小产业，每个项目的经营规模必须充分考虑其功能，合理设计产业规模。

二、循环农业园区项目规划

（一）生产性项目规划

1. 种植业规划

循环农业园区应根据本地的气候条件、资源特征和种植习惯，合理规划种植业生产项目，种植业生产项目包括粮食作物、油料作物、牧草、果树、蔬菜、花卉、观赏树木、药用植物等。一是为乡村旅游消费者提供有特色的、绿色、有机农产品；二是为乡村旅游消费者观赏和了解各种作物品种特性等提供场所；三是可满足乡村旅游消费者采摘水果和蔬菜等体验的需求。种植业规划的品种应根据作物区划和季节性合理安排。具备条件的循环农业园区应建立塑料大棚、全自动智能温室等现代农业设施，既可满足蔬菜和花卉等周年生产和观赏的需求，又可提高经济效益。

2. 林业规划

林业规划应遵循植物群落及景观生态学的原理，结合园区的林业景观规划来开展园区的林业开发利用和培育。利用森林和林场开发森林浴、森林游、自然生态教育、森林环保、观赏等项目。循环农业园区适宜发展的林木生产项目主要是用材林和经济林，用材林适宜分布在园区面积较大的循环农业园区的偏僻地段，经济林则包括油茶、油桐和杜仲等。

3. 畜牧业规划

畜牧业规划需考虑符合农业产业结构调整需要，大力发展牛、羊、兔、鹅等草食动物饲养，建议采用野外或半野外状态下放牧或饲养方式，提高畜禽产品的质量和品质，使人们能享受到优质传统农产品。畜牧业规划主要养殖种类包括：①家畜家禽类。牛、羊、兔、猪、鸡、鸭和鹅等品种，如能采用“土”法养殖，实现畜禽产品特有的传统农家风味，能显著提高养殖效益。②特种养殖。野猪、野鸡、鹿和蜜蜂等，在不违背《中华人民共和国野生动物保护法》的前提下，因地制宜发展特种养殖，打造特色品牌。

4. 水产养殖规划

若循环农业园区内有一定的生态湿地和水域，就应规划水产养殖。水产养殖不仅是一种生产性项目，也可以用于开展垂钓类休闲活动。循环农业园区宜开展的水产养殖种类可以是青鱼、草鱼、鲢鱼、鳙鱼、鲤鱼、鲶鱼和团头鲂等常规鱼类，也可以是国外引进的斑点叉尾鮰和罗非鱼等，还可以是珍珠、蟹、虾、蛙、龟和鳖等特种水产。

5. 农副产品加工业规划

农副产品加工业是种植业和养殖业链条的延伸，既是提高农产品附加值的有效途径，也是销售鲜活农产品的重要手段，并可提高农产品商品率。循环农业园区适宜开展的农副产品加工业包括粮油加工、食品加工、果蔬加工、肉类加工、蛋类加工、奶制品加工和水产品加工等。但园区农副产品加工项目不应小而全，应重点培育 1 ~ 2 个加工项目，形成商品优势和品牌优势。

此外，传统的民间手工艺品制作，如文化淳朴的纪念品与生活日用品等，包括蜡染、竹（木）雕工艺品、瓷器、绣品、民间剪纸、灯笼和仿真花等，也可以进行适当的产业规划，不仅可以增加就业，还能满足园区旅客购物需求，提高经济效益。

（二）服务性项目规划

1. 乡村旅游节点规划

乡村旅游空间结构中的节点要素是指在特定区域内旅游活动最频繁和最集中的地方，并按照本身的功能特征在各个方向上构成一个空间吸引域，即所谓的节点区域。针对每片循环农业园区进行旅游资源整合分析研究，划分出每片旅游区的旅游空间结构，在旅游节点方面划分出一级节点、二级节点和三级节点。乡村旅游节点要做到重点突出，吸引游客流连忘返。

2. 循环农业园区的景观规划

在循环农业园区景观规划时，应将自然素材、人工素材和事件素材等进行创造性的有机组织，使循环农业园区景观的形象、意境和风格能有效地表达与呈现出来。景观形象是指外部形态的形状、尺度和色彩等；景观意境是指设计者通过对各个元素在空间结构中的组织的处理和对各元素符号的处理，使景观表现出设计者的意愿，并具有一定的特征内涵和可识别性；景观风格则是景观规划的灵魂，在景观风格上应将农耕文化历史、科学内涵和生活习俗等因素融入景观形象之中，使景观符合人们审美情趣。景观规划具体包括以下内容：

1）旅游设施景观规划。循环农业园区内旅游设施规划既要有实用功能性，又要有一定的艺术性。园区旅游设施要兼具实用与观赏双层属性。旅游设施的规模和风格应视其所处的周围环境、接待规模和游客需求等而定，要与自然环境融为一体，不能喧宾夺主，既要考虑到单体造型，又要考虑到群体的空间组合。

2）道路、水系景观规划。在利用道路、水系和防护篱等勾画循环农业园区空间格局时，需遵循自然引导、流畅有序的原则，以体现出景观的秩序性和通达性。园区内完整的道路、水系景观的空间结构，为畜禽、农作物、昆虫等各种动植物提供良好的生存环境和迁徙廊道，是园区中最具生命力的景观形态。而农业历史文化景观中，道路、水系景观还保留了丰富的历史文化痕迹。

3）农业设施景观规划。农业设施景观包括堤坝、沟渠、挡土护坡、排灌站、喷灌滴灌、塑料大棚和人工智能温室等农业生产设施景观，在满足农业生产功能的同时，应注重艺术处理，改变以往单调呆板的生产设施的设计，可呈现出完美的效果，如在水系沟渠上搭建拱形网架，两边种植各式时令瓜果，形成悬于水上的瓜果长廊，具有较好的观赏性；而采用场景移动式喷灌设备，可形成美好的动感景观。

4）农业生产景观规划。在园区大多数景观模式的规划中，作物、畜禽或水产等生产景观是最基本和主要的内容。露地随季节变化的果、菜、高粱、稻、麦、油菜等色彩，塑料大棚和大型智能温室内反季节栽培的蔬菜瓜果，以及畜禽和水产等，都可作为农业生产景观规划的内容。

5）循环农业园区周边的村镇景观规划。循环农业园区周边的村镇景观，是前往园区必经途中的风景。周边村镇景观建筑设计应有美感、有风格。循环农业园区周边的村镇景观包括三种类型，即风景名胜区依托型循环农业园区附近的村镇景观、城市边缘地区依托型循环农业园区周边的村镇景观、郊区村镇周边的循环农业园区周边的村镇景观。

3. 绿化、美化与风格化规划

1）园区绿化。循环农业园区绿化规划是总体景观的补充和完善，通常要求园区面积绿化率达到90%以上。为提高园区绿化率，可在园区道路和水系等上架设棚架，种植葡萄和瓜果类蔬菜等，对于停车坪也可采用“棚架式葡萄+停车位”模式来规划。

2）园区美化。循环农业园区的美化力求和谐、协调和乡村特色，通过绿化来美化园区环境是一种有效途径。在园区的道路、水系、建筑等设计方面应注重和谐、协调，增加园区的特色美。适当增加一些艺术景观小品，进一步提升园区的文化品位和美感。

3）园区风格化。风格化是指园区内的建筑、道路等都体现一种特有风格。园区建筑物力求统一的建筑风格和式样、统一的外观颜色，道路应将古朴和现代风格相融合，使其既能体现历史风格，又能体现具有现代气息的新村落风格。

4. 资源利用与保护规划

循环农业园区规划应根据国土规划和当地行政区划的总体发展规划要求，根据循环农业园区的发展定位，制定水、土和生物等资源的合理开发利用规划，并制定水、土和大气环境保护规划，落实园区内无污染和无废物产生的保护规划。

第二节　循环农业园区项目设计

一、循环农业园区形象设计

（一）办公用品类设计

循环农业园区的办公用品，主要包括名片、信封、信纸等事务用品，以及发票、介绍信、合同书等。这类办公用品上，可印上园区标志。

（二）指示标识类设计

指示标识是对某一设施、部门位置的确认，也是对景区、功能区域分布的提示。在某些循环农业园区，客人来自不同的地区，仅用文字来指示某一功能区域可能会出现不必要的麻烦，可以使用区域指示类标识。这类指示标识的设计要素以分布内容和企业标准色为主，企业标志、名称等要素通常安排在次要位置，让外来人员一眼看去就能立即明了指示的内容。循环农业景点指路类标识，除了要和区域指示类标识一样考虑标志色彩和名称等外，还包括指路语言和方向标。如果设计空间较少，可以考虑省去企业标志和名称等要素，但标准色或辅助色一般不能省略。

（三）服装饰品类设计

企业员工应统一着装，统一着装使循环农业园区的员工在社会上具有良好的形象。员工的服装应视其工作性质、工作岗位制定不同的样式，服装造型要符合员工身份，注意色彩协调搭配。行政办公人员的服装宜采用流行的西服样式，面料以毛涤为主，色彩以黑灰、蓝灰等为主，显得端庄、稳重和成熟；餐饮服务人员和乡村景点服务人员的服装，需要考虑穿着者是否便于工作；工装材质一般采用卡其布、牛仔布等耐磨的布料；配饰如领带、领结和丝巾等，多以企业的象征纹样为主要表现对象，而扣子、领带夹、别针则以单独的企业标志为主；雨披和雨伞等也可使用企业的标志色和标志图案。服务员应穿戴富有当地乡村特色的民族服饰，以体现特色。

（四）环境陈设类设计

循环农业园区环境设计布置要有地方特色和风格，环境陈设设计时主要应考虑以下三个方面。

1. 装饰材料的选择

各种材料具有其自身风格，木料古色古香、清新自然，钢铁和铝合金坚实稳固，玻璃则可扩大空间、增强气派。园区需根据当地资源特色和民俗特征，就地取材进行陈设摆放，这样既经济实惠，又能突出当地风格特色。例如，具有竹乡特色的循环农业园区，建筑可以采用竹木建设竹墙和竹顶，家具也可采用竹子编制，灯具可用竹笼子做装饰，体现园区特色。

2. 绿色植物的选择

绿色植物可净化空气，增强生机与活力。可选择一些常绿、耐阴和颜色鲜艳的花灌木作为盆栽，摆放在室内，增添室内的绿色和美化环境；在室外可选择美观的花卉、乔木、灌木和草本植物等作为盆栽，或设计成花坛、花镜、地毯式草地等，以改善和美化环境。

3. 灯光照明的选择

灯光不仅可照明，还使人感觉到舒适和愉悦。住房内应将强光和弱光结合起来，以保证客人在看书或工作时有明亮的灯光，而在看电视或休息时有柔和的灯光。餐厅则应选用明亮的灯光，能将食物的色感反映出来。对于突出建筑物的室外灯光的选择，夜晚灯光不仅能显示建筑的外观，还可烘托气氛，可采用较弱的全盘照明或较强的局部照明，或将两者相结合，创造出建筑物夜晚完美的感观效果。

二、循环农业园区道路设计

（一）对外交通与入内交通

1. 对外交通

对外交通指由其他地区向循环农业园区主要入口处集中的外部交通，包括公路和桥梁的建造以及汽车站点的设置等。对外交通主要依赖于社会道路网络系统，但园区与社会道路网可能存在一定距离，这部分道路需由园区建设，也可申请政府项目进行建设。

2. 入内交通

入内交通指循环农业园区主要入口处向园区的接待中心集中的交通，入内交通要考虑会车和大型客车入园的需求。从园区门楼到综合服务中心之间的道路必须相对较宽，以便于会车。园区内的机耕道和农机码头的设计必须考虑实用性和便捷性。

3. 停车场

根据循环农业园区的最大接待规模和车流量来设计园区停车场，为体现园区的生态特色，尽量安排在高大乔木的树荫下设置停车位，也可在棚架式葡萄或瓜棚下设置停车位。

（二）园区内部道路系统

在进行循环农业园区内部道路规划时，不仅要考虑道路对景观序列的连接功能，还要考虑其生态功能，如廊道效应等。特别是农田群落系统往往比较脆弱，稳定性不强，在规划时应注意其廊道的分隔和连接功能，考虑其高位与低位的差异（赵志刚等，2012）。

1. 主要道路

主要道路连接循环农业园区中的主要区域和景点，是构成园区路网系统的骨架。在园区道路规划时应避免使游客走回头路，整个园区的主要道路应形成一个循环；主要道路的路面宽度一般为4m，道路纵坡一般应小于15%。

2. 次要道路

次要道路需延伸至各景区，路面宽度为2m，坡度可比主要道路大些，次要道路通常设计成单行车道，但每隔一定距离要设置会车岛或车辆掉头坪。

3. 机耕道与农机码头

园区机耕道是指农业机械进入田间的通道，可设计成硬化混凝土路面或渣石路面，宽度为2m，兼顾农机行驶和行人步行。同时还需在机耕道的下田位置设置农机码头，即缓坡混凝土平台，方便农业机械进出农田，也可作为生产区的会车或倒车场所。

4. 游憩道路

游憩道路作为各景区内游玩人行道和艺术小径，其设计较为自由、形式多样，坡度大时可采用平台或踏步等处理形式，游憩道路对于丰富园区内的景观起着重要作用。

三、循环农业园区景观设计

（一）循环农业园区景观的类型

1. 自然景观

1）山地景观。山地景观主要包括高山、低山、丘陵、岩溶、峡谷等景观，属于当地自然资源，循环农业园区在利用现有山地景观时，应充分发挥艺术想象力和文化创造力，赋予山地景观文化内涵。

2）水域景观。水域景观指以水流或水体作为主体的景观，包括河流、湖泊（含人工水库）、溪水、瀑布、池塘、湿地、泉水等。

3）植被景观。植被景观指当地的地被植物景观、森林景观和其他特色植物景观，既可利用原生态的植被景观，也可考虑建设人工植被景观，优化乡村旅游环境。

4）特异自然景观。特异自然景观指各种奇异、罕见和特有的自然景观，特异自然景观主要是以其科学价值和想象空间来吸引人。

2. 农业景观

农业景观是指循环农业园区农业生产活动、生产过程、生产设施及特色农业景观，为乡村旅游消费者提供重要的旅游资源。

1）农田景观。由几种不同的作物群体的生态系统形成的大小不一的斑块或廊道所构成的景观，是当地园区内最基本的农业景观。

2）防护系统景观。防护系统景观指人们为了保障农业生产获得稳定的收成，除充分利用天然屏障外，建立的人工防护林系统而形成的农业景观，防护林网可视为农田景观中的廊道网格系统。

3）农林牧渔景观。农林牧渔景观指由农、林、牧、渔生产结合起来形成的景观，是比农田景观更高一级的系统景观。从结构上看，它通常是由农田、人工林、人工草地、放牧地、畜群围栏地和池塘等类型的斑块或廊道构成，其尺度通常较农田景观大，因而一些灌溉渠系、小溪流和道路等廊道也包括在这类景观中。

4）村屯庭院景观。村屯庭院景观指由村屯、房屋、庭院等组成的景观，包括房屋、围墙、街道等斑块和廊道，还包括畜禽舍、塑料大棚、温室、小型果园、零星果树和树木、草地、小池塘、绿篱、农副产品加工厂等构成的多种景观单元。

5）乡村景观。乡村景观指由农林相结合的景观和村屯庭院景观复合而成的景观，包括人工林地、农场、牧场、鱼塘、村庄等生态类型，以农业活动为特征，是人类在自然基础上建立的自然与人为结构相结合的景观。

6）水利工程景观。水利工程景观水利工程是流域管理的重要组成部分，同时高耸的大坝、碧绿的水面、蜿蜒的河堤、纵横交错的灌溉网也是美丽的景观。

7）交通系统景观。具有运输功能的河道、开展漂流等活动的溪流和河道，以及纵横交错的公路都属于交通系统景观。

3. 人文景观

1）特色民居。特色民居指具有地方特色的复古风味民居，如东北三开间、西藏碉房、闽南土楼、江南水乡民居等明清风格民居建筑，已成为乡村旅游的重要资源。

2）历史遗痕。循环农业园区可开发具有一定文化底蕴和人文基础的历史遗痕，通过复制和追溯历史典故与人物传奇，提升园区的旅游吸引力和文化魅力。

3）现代人文景观。乡村建筑、水利设施、乡村道路、农业机械化、丰收田野、劳动景观、乡村文化等，也已成为乡村旅游的景观。

（二）农业景观的利用与设计

1. 种植业景观

1）美化农田种植的季相构图。全面考虑季农田种植的季相构图，在保持乡土特色的基础上，增加植物品种和种类。还可以根据种植农作物景观的季节特点，在考虑季相构图的同时，局部突出一个季节的特色，形成季节鲜明的农田景观效果。

2）道路、农田边缘的美化。道路两侧和农田周围或与其他景观交接的边缘地带，称为田缘线。在设计农业景观时，要考虑增加空间的多样性。因此，在考虑为游人提供良好的庇荫条件下，在道路的两侧及农田的边缘，垂直郁闭度应小一些。观赏价值较高的花灌木、自然的草本花丛及地被植物层的高度一般应在视线以下。

3）营造农田周围荒地景观。农田周围荒地可栽种一些观赏性较高的花灌木和不同季节观赏的缀花草坪，可为开展旅游休闲文娱活动提高场所。

2. 林业景观

1）道路、山脊和河流等带状景观。在进行林业景观改造设计时，可在靠近林道的两侧和交叉路口，栽植一些风景树群或孤植树，使林业景观显得自然活泼。林中道路规划宜选择自由流动大曲率的线型，随树群迂回曲折，并途经林区主要景点；道路的铺装设计应就地取材，与周围自然环境相协调；此外，还应注意道路路面的光影变化。

2）森林景观。循环农业园区的林业景观设计时，需大力营造混交林。混交林的设计应考虑其能够互补，形成良好的林业景观，如松和山毛榉、松和枫/槭树、松和白桦等，在森林景观的营造上，要移走或砍伐掉路旁和拐角处有碍视线的树木。防护林的设计需注意林相的四季景观效果，重点进行林缘线的美化，形成层次丰富、色彩绚丽、四季可观赏的林带景观。此外，在林业生产景观的规划设计中要特别注意保护野生动物以及野生动物的饲草等资源，促进野生动物生息繁殖，为游客观赏野生动物提供条件。

3. 牧业景观

在规划牧业景观时，应将草地与林地交错分布，使景观更加优美，对于放牧畜禽等动物，可通过对动物的观赏、摄影和认知等活动获取乐趣和享受，这类动物景观的特点是观赏位置具有不定性，不像其他景观相对静止易于观赏。对于围栏或围网养殖的牛、羊、鹅和鸽子等畜禽类动物，不仅可供观赏，同时可为少年游客提供饲喂体验活动。

4. 渔业景观

渔业景观是渔业生产、生态环境、休闲游憩结合的农业生产景观。循环农业园区渔业生产景观规划中，以池塘养殖为主的地区，应考虑调整产业结构，发展名、特、优、新品种，并提高渔业生产的集约化程度。可大力发展稻渔共生种养，既可提高土地利用率和经济效益，又可增加观赏性。在进行渔业生产规划的同时，充分利用渔业的设施、空间、生产经营活动场所生态和自然环境资源，为人们了解渔业、钓鱼休闲和体验渔村生活提供条件，充分发挥其观光功能。

（三）景观小品设计

1. 盆景和观赏植物

盆景和观赏植物，如花卉、观赏树木、观赏竹类等，既可作为循环农业园区内景观小品供游客观赏，又可作为园区的生产经营项目，提供盆景和观赏植物的销售，满足游客需求。

2. 农耕文明特色景观

循环农业园区可将体现传统农耕文明的器物、用具和工具等，如犁、水车、风车、石磨、纺车、织布机等，收集或复制后陈设于特定区域内，为园区提供农耕文明特色景观，还可为游客提供体验。

四、循环农业园区建筑设计

（一）循环农业园区建筑的选址

1. 总体布局

根据循环农业园区用地总体布局，综合考虑相邻用地的功能、道路交通等因素，将与公共服务配套设施衔接方便的地方作为园区建筑兴建的地址。

2. 地质和水文

选择工程地质和水文地质条件优越、自然通风和采光好的地段，避免选址在容易发生滑坡、泥石流、洪涝、地质断裂等灾害的地带。

3. 节约资源

选址要考虑节约土地资源，可选择在丘陵、缓坡或荒地，不占用耕地；住宿建筑要集中，布局要紧凑，可节约公共设施（如管线和道路等）费用；并应保护好原有的自然环境。

（二）循环农业园区建筑总体布置

1. 建筑风格与总体要求

根据循环农业园区整体规划，首先确定建筑的风格，建筑设计应继承和发扬传统建筑风格；其次确定建筑物的朝向、层数、布局和空间组合；再次确定建筑的质量，需满足抗震和节能要求；最后确定建筑出入口位置及周围环境的绿化等。

2. 人居环境原理

园区建筑的布置需要满足不同年龄客人居住和娱乐生活等要求，有效安排好居住与娱乐活动的空间组合；合理安排基础设施用房和设备的位置，如中央空调设备、沼气池等的位置；适当考虑庭院和屋顶的立体绿化建设。

3. 安全性与便捷性

园区建筑的布置需要考虑建筑物的防火救灾，必须满足建筑的防火间距及消防抢救的要求。此外，还要满足建筑的日照和通风等国家建筑标准要求。合理规划交通道路，便于休闲区、娱乐区、住宿区与管理区、生产区等的联系。

4. 合理性与因地制宜

园区建筑的布置，需要考虑建筑物竖向布置的合理性，根据园区地型和地貌，可采用错层、掉层和跌落等形式设计，使园区建筑与环境有机结合。对园区中具有历史文化价值的住宅等建筑，必须重点保护和修缮，体现其历史文化价值。

5. 功能分区与总体布局

园区建筑的布置需要考虑建筑内的平面功能。住宿建筑内厨、卫、房、厅、堂分区明确，方便游客生活。可设计成传统天井式院落，不仅有利于通风和采光，还可为游客提供公共活动场所。依据园区的总体规划布局，充分考虑园区住宅与园区内各个功能区的协调关系，设计出既保留传统文化特色又适应现代农业生产和发展需求，且经济适用、美观、舒适的住宅。

6. 层次性与立体空间格局

园区建筑的布置需要考虑建筑的立面设计和处理。建筑立面一般考虑以一层或二层为宜，不要超过三层，突出地方特色，统一协调建筑的风格、样式和结构。建筑的外墙材料应就地取材，呈现出乡土气息的色彩。可考虑设计开敞的门窗，使用明快的色彩装饰等处理手法，使住宅建筑立面造型具有一定的时代气息。园区建筑的屋顶建议采用坡屋顶，不仅排水和隔热效果好，且能与自然景观密切融合，突出乡村风格，考虑到能够让游客有消暑纳凉和观光赏景的地方，部分屋顶可做成能够上人的平屋顶，其女儿墙设计应与坡屋面协调，以减少平屋顶的突兀感。

五、循环农业园区水电设计

（一）循环农业园区建筑的配套设施设计

1. 给排水设计

1）给水设计。循环农业园区大多数规划建设在远离城市供水管网的地区，因而园区的生活水源需采取自给自足的方式。为保障园区饮用水的安全，园区住宅供水的水质必须符合国家《生活饮用水卫生标准》（GB 5749—2006）。园区可采用“水源—水泵—水塔—用水点”或“水源—水泵—屋顶水箱—用水点”的供水方式。根据水源水质的实际情况，确定是否采取沉淀和过滤工序，有条件的园区，可选用水处理一体化的小型设备，以保证供给符合卫生标准的生活用水。在能够由市政给水管网供水的循环农业园区，应采用市政给水管网直接供水，不仅前期建设资金投入少，且设备维护费低。

2）排水设计。园区住宅建筑排水设计包括室内排水和室外排水两个系统，设计时应进行雨污分离。对于室内排出的生活污水应通过化粪池和生态湿地等进行无害化处理后，再进行排放，或经处理后作为园区农业生产和绿化植物等灌溉用水。对于屋顶的雨水和室外道路及地面的雨水进行收集后，可以直接排放到生态湿地和水塘等加以利用。

2. 电气和能源设计

1）电气设备设计。由于循环农业园区通常建设在农村，其用电与农村用电基本相同。园区电气设备设计需考虑以下问题：首先，电源的可靠性，在合理的用电负荷预测基础上，搞好电源建设，且要有前瞻性；其次，园区用电设备的安全保护，用电线路敷设和线路保护要严格按规范实施，如穿管保护、线路的过负荷、短路和漏电保护，园区中移动用电设备的安全用电应尤为重视，杜绝园区内电线乱接乱拉的现象，注意林木区和建筑等的电气火灾；最后，要在园区设置合理有效的避雷设施。

2）能源的设计。太阳能利用的设计，在日照充裕的地区，可利用受光面积大、日照时数长的向南斜坡屋顶，设置太阳能集热板和太阳能储藏室，加热生活用水和供暖系统的水。还可以利用太阳能发电来为生活提供照明等。在住宅建筑的设计上应考虑自然采光和保温，可设置天井庭院使房间间接得到热量。园区还可以建沼气池，产生的沼气经过脱硫处理后，可用来烧水和煮饭等，沼气也可设计为多户使用。

3）通信设施设计。在园区管理区、经营服务区以及生活区等应安装宽带网络，并根据需要安装电脑或者电视或电话，为园区职工工作和游客生活提供方便。

（二）生产性项目的配套设施设计

1. 水利排灌系统设施

循环农业园区内外水系贯通，排灌方便，充分利用现有的主要水系及水利工程，设计灌溉沟渠、排水通道等主干水系。园区水利和灌排系统设计要因地制宜，既要兼顾生产和生活用水，又要考虑畜禽和水产养殖用水。

2. 机械化生产配套设施

循环农业园区作为一种新型现代农业企业，园区内的主要生产性项目应实现机械化生产，必须从道路、电力供应和燃油供应等方面规划设计相关的配套设施，以满足机械化生产的需求。

第三节　循环农业园区建设

一、生产性项目建设概述

（一）循环农业园区土地整理

土地整理是通过采取各种工程措施和生物措施，对田、水、山、路等进行综合整治，提高耕地质量，增加耕地面积，改善农业生态条件和生态环境。循环农业园区投资者通过流转当地村民的土地资源来进行规模化经营，其原有土地资源是由村民分散承包的，通常存在地块零散、地势高低差异大、利用状态各异等问题，为实现园区的长远发展和整体效益，必须先进行土地整理。

1. 工程措施

采用工程措施平整土地，归并零散地块，修筑梯田，整治养殖水面，规整各类生产性项目用地的总体安排。

2. 附属设施

建设道路（包括机耕道和田埂）、机井、沟渠、护坡防护林等农田和农业配套工程，改善农田生态环境。

3. 生物措施

采用种植绿肥和豆科植物等生物措施，提高低产田土壤有机质含量和土壤肥力，加快促进土壤熟化。

4. 土壤改良

治理沙化地、盐碱地和污染土地，进行土壤改良，恢复植被。

（二）生产性项目选择

循环农业园区的生产性项目选择，主要是选择合适的农业生物种类，农业生物种类选择需考虑以下五个方面。

1. 自然资源和环境条件

在生产实践中人工栽培和饲养的生物种类，已经通过了前人的实践证明，能够适应当地的自然条件，循环农业园区的种群选择仍然是以它们为主体。但在园区建设中，为提高经济效益，往往需要引进新的品种或新的生物种。在引进新的物种时，切不可盲目行事，必须经过严格的动植物检疫，并进行较长时间的适应性试验研究，慎重筛选。否则，不仅可能导致引进的物种失败，造成经济损失，也有可能导致外来物种入，造成严重的后果。

2. 社会经济条件

当地社会经济条件是设计和建设循环农业园区的重要社会保障。经济比较落后的地区，难以保证较高的物质、能量和资金的投入，对于资金集约型经营项目需谨慎选择。因此，在进行循环农业园区设计时，首先要充分预测生产单位的资金投入能力、设备拥有水平、产品加工能力、交通运输状况等因素，同时，还要考虑当地人们的宗教信仰和风俗习惯等社会因素。

3. 劳动者文化技术水平

在进行循环农业园区设计时，必须针对生产单位的劳动者文化技术水平高低，来合理选择生物种群。对技术水平较低的农民，不适合从事技术集约型的农业生产项目。因此，发展农业职业教育，提高农业从业人员的文化技术水平，是加快循环农业园区发展的基础。

4. 市场需求和价格变化

循环农业园区是以生态与经济协调为前提的，在选择生产性项目时，对市场应该有较准确的把握，需要考虑以下四个方面。

1）市场容量。即所发展的生产经营项目有多大的市场容量，不可盲目发展市场容量小的项目。

2）市场需求规律。鲜活农产品具有淡季与旺季，如种植反季节蔬菜，可在蔬菜供应的淡季获得较高的经济效益。

3）市场价格变化。通常情况下农产品价格具有地域性差异，即农产品在产地价格较低，而在消费中心价格较高。

4）市场占有能力。选择生物种群时，还要考虑生产单位的市场占有潜在能力，提高配套产品的加工能力，开展网上销售等，这可有效提高产品的市场占有力。

5. 生态环境效益

循环农业园区中产生的各种有机废弃物，可以利用腐生食物链的某些生物成员进行转化和利用，从而实现园区的无污染和无废物生产。因此，在园区中必须合理安排这类生物组分，提高系统的生态环境效益。

二、生产性项目的结构优化

（一）食物链生产环设计

利用人类不能直接利用或利用价值较低的生物产品作为资源，通过加入一个新的生物种群进行能量和物质转化，以增加一种或多种产品的产出。生产环的增加，可实现变废为宝、变低价值为高价值、变粗为精、变滞销为畅销，从而提高整个系统的效益。生产环的加环可以加入一个或多个生产环节，这需要根据系统的资源种类和性质确定。食物链生产环加环设计流程如图 9-1 所示。

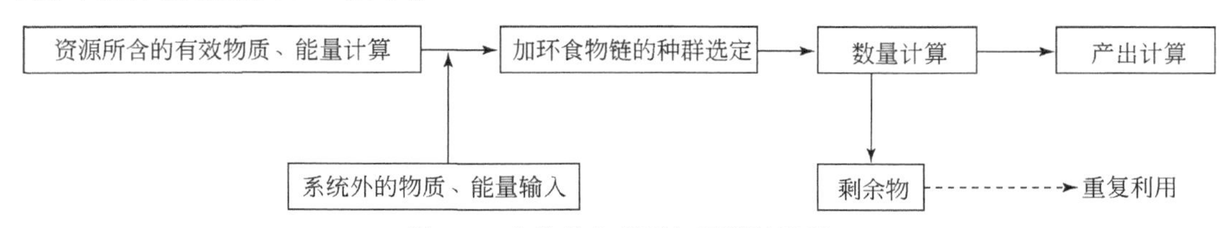

图 9-1　食物链生产环加环设计流程

（二）食物链增益环设计

食物链增益环主要是针对人类生产、生活过程中产生的废弃物来设计的。因为这些废弃物中仍然含有一定数量的营养物质和能量，实际上它们本身就是一种资源。根据这些资源的性质和特征，选定合适的生物种群来进行物质和能量的富集，这种富集的产品又可以提供给生产环，从而增加生产环的效益。水域通过放养水绿狐尾藻等水生植物，富集水体中的养分，并形成初级产品，这些产品又可以作为草食性鱼类的饵料提供给水域生态系统的生产者，从而提高鱼类产量；畜禽粪便和垃圾等可用来养殖蚯蚓和蝇蛆等腐生性生物，以富集转化废弃物中的有机质，生产出高蛋白的产品，这些产品又可作为蛋白饲料来养鸡和养猪，以提高生产环的效益。食物链的增益环设计，对开发废弃物资源、扩大食物生产、保护生态环境等都具有很重要的意义。食物链增益环设计流程如图 9-2 所示。

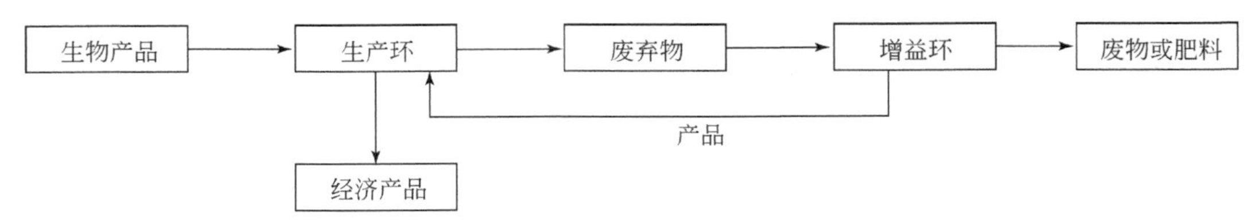

图 9-2　食物链增益环设计流程

（三）食物链减耗环设计

利用生物措施可防治或控制有害生物，这类可以抑制耗损环的生物种群，称为食物链的减耗环，食物链减耗环的应用前景十分广阔。减耗环的具体设计可分四步进行：①查清当地主要有害生物类群（耗损环）及其发生发展规律，以及种群动态规律和它们彼此之间的相互关系。②选择对耗损环生物种群具有拮抗、捕食、寄生等作用，但又对系统中的生产性生物无害的合适的生物种群。③建立减耗环生物种群的保护、放养与人工繁殖等工艺技术体系。④根据耗损环的种群数量和发生发展规律，来确定减耗环生物种群的数量配比。食物链减耗环设计流程如图 9-3 所示。

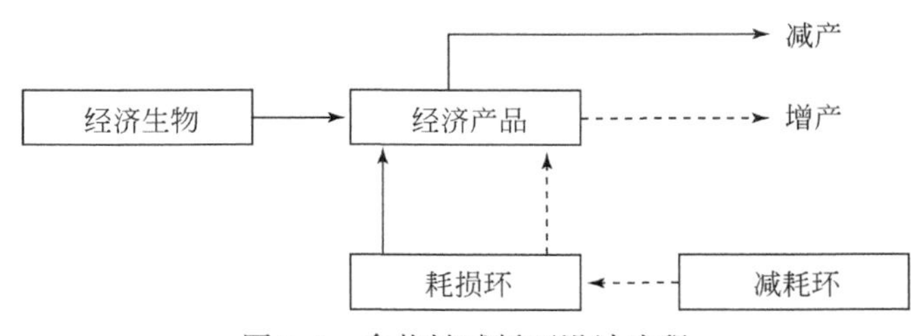

图 9-3　食物链减耗环设计流程

（四）食物链的解链设计

对于一些存在重金属等污染的农田，如果种植粮食作物或饲料作物，重金属就会通过食物链富集，最终危害人体健康，而且这样的食物链拉得越长，有毒物质的富集浓度也就越高，对人体的危害也就越大。针对这样的情况，使用食物链解链技术，避免或减轻有毒物质可能造成的危害。在进行食物链解链设计时，要合理确定解链的时机和解链的方式，以达到较好的效果。目前，食物链解链设计可从三个方面考虑：①在农业生态工程设计中，通过改变产品用途，使它们脱离与人类食物相联的食物链，切断污染物进入人体的渠道。例如，在污染的耕地上种植粮食，但这些粮食用于生产工业酒精或工业淀粉。②改变农业生态工程设计中的生物种群类型，使它们的产品不可能进入人体。例如，污染的耕地可用于种植棉花、黄麻、红麻等工业原料作物，或用于种植观赏植物。③加入一个或多个生物种群，使那些对于人类有害的物质得以降解，或使有毒物质离开农业生态系统。例如，含有污染物的有机废弃物，可加工成城市公园绿地所需的优质肥料，使有毒物质不再在农业生态系统内循环。图 9-4 是以污染耕地为例的食物链解链设计。

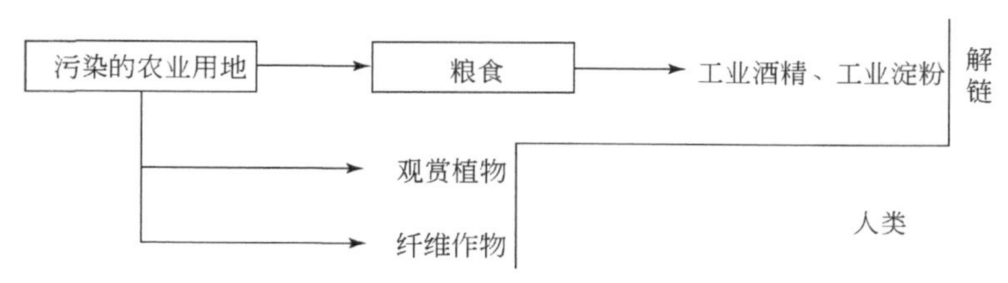

图 9-4 以污染耕地为例的食物链解链设计

（五）产品加工链的设计

农副产品的加工虽然并不一定包含农业生物成员，不属于食物链的环节，但农副产品加工业是农业生态系统的一个重要组分，通过加工可以实现产品增值。从某种意义上说，通过机械设备和工艺流程的产品加工，也可以看作农业生态系统中的一个食物链环节，而且这个环节对农业生态系统的经济流起着非常重要的作用。实际设计产品加工链时，应充分考虑系统内的资源、产品和副产品的种类和数量，因地制宜地选择合适的加工项目和生产规模。产品加工环设计流程如图 9-5 所示。

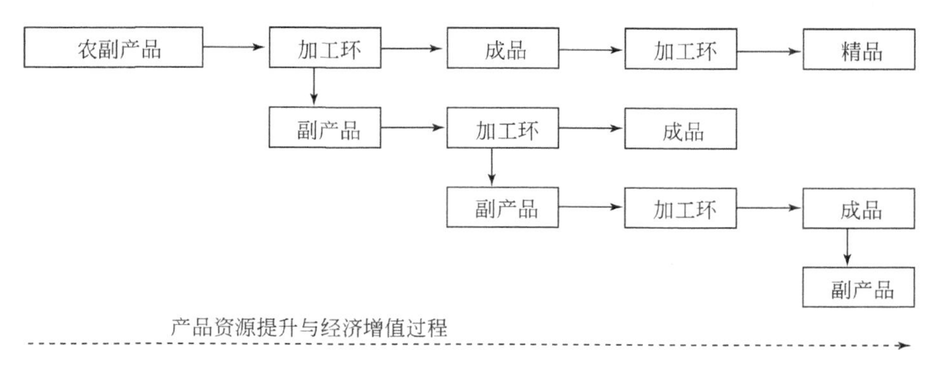

图 9-5 产品加工环设计流程

（六）食物链复合环的选择与设计

在农业生态系统中的有些生物或生产环节，既可以作为农业生态工程的减耗环或增益环，本身又能提供产品，即又是一个生产环，这称为复合环。江南地区的稻田养鱼，就是一种典型的复合环利用模式，稻田里杂草一般使水稻减产10%左右，人工除草需要耗费大量的人力，稻田中若放养草鱼，杂草成了草鱼的好饵料，在不投入人工饵料的情况下一般可获得500～1000kg/hm^{2}的鱼产量，同时也能大大减轻农田杂草的危害，使水稻增产。此外，稻田养鸭、农田养蜂和果园栽培食用菌等也都具有这类效果。

第四节　循环农业园区管理

一、循环农业园区经营管理

（一）生产性项目管理

1. 生产计划管理

生产计划管理即编制生产计划、生产技术准备计划和生产作业计划等。对于循环农业园区而言，虽然在循环农业园区规划阶段基本明确了生产性项目的总体安排和具体规模，但实际每年的生产计划仍需根据具体情况、市场行情、销售渠道等来合理安排，这种安排需要生产管理人员和技术人员共同讨论，明确当年的生产计划，并做好相关配套安排。

2. 生产组织管理

循环农业园区的生产组织管理，主要是指生产过程管理。在循环农业园区的生产性项目中，农副产品加工项目可参照工业企业的管理办法，种植业和养殖业项目则须按照农业企业的管理办法实行。

3. 生产过程控制

循环农业园区的生产过程控制，重点在生产成本控制。对于循环农业园区的生产性项目而言，其生产成本包括人工成本和物化成本，管理者必须具有成本意识。在循环农业园区的生产管理中，最大的管理难点在于劳动用工的聘用和管理，面对劳动力价格不断提高的现状，劳动用工的数量和质量直接影响着生产成本，如何降低或控制人工成本，直接影响循环农业园区的总体效益。

（二）农产品营销策略

1. 高品质化策略

人们生活水平不断提高，对农产品品质的要求越来越高，优质优价正成为新的消费趋势。要实现循环农业园区的高效发展，必须全面提高所生产的农产品的品质，实行优质优价和高产高效的策略。把引进、选育和推广优质农产品作为抢占市场的一项重要策略。

2. 低成本化策略

价格是市场竞争的法宝，同品质的农产品价格低的竞争力就强。生产成本是价格的基础，只有降低成本，才能使价格竞争的策略得以实现。要增强市场竞争力，对于生产规模较大的循环农业园区，可以实行低成本低价格策略。可通过积极引进新技术、新品种、新工艺、新设备和新机械，提高生产率和生产效率，减少生产费用投入。

3. 大市场化策略

农产品销售不仅要立足本地，关注周边市场，同时要着眼国内外大市场，寻求销售空间，开辟空白市场，抢占大额市场。开拓农产品市场，要树立大市场的观念，实行市场细分化（market segmentation）策略，定准自己产品销售的不同地域，按照不同销售地的消费习性，生产各类不同的适销对路的产品。

4. 多品种化策略

农产品消费需求的多样化特征决定了生产者必须考虑应对市场的多品种化策略，从而满足不同消费者的个性化消费需求。循环农业园区应引进和开发适合当地推广的名、特、优、新、稀品种农产品，以新品种引导新需求，开拓新市场。

5. 反季节化策略

鲜活农产品具有明显的市场供给淡旺季特征，淡季价格高，旺季价格低，从而决定了淡季上市产品的高效益。循环农业园区具有相对较大的生产规模、较强的技术力量、较先进的生产设施，以及较强的经济实力，反季节生产具有明显的优势，采用反季节化策略可有效地提高循环农业园区的整体效益。实现反季节供给主要有三条途径：一是实行设施种植和工厂化养殖，使产品提前上市或周年供应；二是通过储藏保鲜，延长农产品销售期，变生产旺季销售为生产淡季销售或消费旺季销售；三是引进和开发适应不同季节生产的品种，实行多品种错季生产上市。

6. 土特化策略

改革开放以来，各地引进不少农业生物新品种，其产量高，但与一些本地土特产品相比，其品质和口感相对较差。使人们的消费需求开始转向崇尚自然野味和热衷土特产品，因此，风味独特的土特产品和地方特色农产品等具有广阔的市场销售前景。

7. 加工化策略

发展农产品加工，既是满足市场的需要，也是提高农产品附加值的需要，发展以食品工业为主的农产品加工是世界农业发展的方向和潮流。循环农业园区的加工业主要包括农产品加工、种养废弃物资源化利用加工以及特色农村工副业等，规模化加工业的形成对于园区经济效益和环境保护具有重要作用。

8. 标准化策略

我国农产品在国内外市场上面临着国外农产品的强大竞争，为了提高竞争力，必须加快建立农业标准化体系，实行农产品的标准化生产经营。制定完善一批农产品产前、产中、产后的标准，形成农产品的标准化体系，以标准化的农产品争创名牌，抢占市场（高倩文和李迪秦，2016）。

二、循环农业园区品牌资源

（一）无公害食品

循环农业园区是以农业生产为主的现代农业企业，食物类农产品生产是其重要职能。无公害食品是指农药残留、重金属和有害微生物等卫生质量指标达到无公害食品标准的农产品。实际上，无公害食品是一种市场准入条件，没有达到这一标准的食品是不能进入市场流通的，是作为食品销售的农产品的政府限制行为。因此，循环农业园区生产的食物类农产品，至少应达到无公害食品的要求和标准，可使用无公害农产品标志［图9-6（a）］。

(a) (b) (c) (d)

图9-6　我国农产品的品牌标志

（二）绿色食品

绿色食品是指在无污染的生态环境中种植及全过程标准化生产和加工的农产品，严格控制其有毒有害物质含量，使之符合国家健康安全食品标准，并经专门机构认定，许可使用绿色食品标志的食品。我国绿色食品分两类：A级绿色食品［图9-6（b）］、AA级绿色食品［图9-6（c）］。绿色食品必备的条件：产地必须符合绿色食品生态环境质量标准；生产过程必须符合绿色食品生产操作规程；产品质量必须符合绿色食品标准；产后处理必须符合绿色食品包装和贮运标准。

绿色食品认证：申请人向中国绿色食品发展中心及其所在省（自治区、直辖市）绿色食品办公室、绿色食品发展中心领取《绿色食品标志使用申请书》《企业及生产情况调查表》及有关资料，允许使用相应的绿色食品品牌标志。

（三）有机食品

未使用农用化学品和基因工程产品，提倡用自然和生态平衡的方法从事生产和管理，并按照国际有机农业技术规范从事生产所获得的、通过认证的直接产品和加工制品称为有机食品。有机食品的原料来自有机农业生产体系或野生天然产品，在生产和加工过程中必须严格遵循有机食品生产、采集、加工、包装、贮藏和运输的标准，生产和加工过程中必须建立严格的质量管理体系、生产过程控制体系和追踪体系，有机食品必须通过合法的有机食品认证机构的认证。

有机食品生产的基本要求：生产基地在三年内未使用过农药和化肥等违禁物质；种子或种苗来自自然界，未经基因工程技术改造过；生产单位需建立长期的土地培肥、植保、作物轮作和畜禽养殖计划；生产基地无水土流失和其他环境问题；作物在收获、清洁、干燥、贮存和运输等过程中未受化学物质的污染；从常规种植向有机种植转换需两年以上转换期，新垦荒地例外；生产全过程必须有完整的记录档案。

有机食品加工的基本要求：原料必须是获得有机认证的产品或野生无污染的天然产品；已获得有机认证的原料在最终产品中所占的比例不得少于95%；只使用天然的调料、色素和香料等辅助原料，不用人工合成的添加剂；有机食品在生产、加工、贮存和运输等过程中应避免化学物质的污染；加工过程必须有完整的档案记录，包括相应的票据。

有机食品认证：环境保护部有机食品发展中心是我国有机产品事业的发起机构，也是推动我国有机产品事业发展的主力军与核心力量，在国际上有重要的影响。该中心一直从事有机农业和生态农业产业政策、标准、实用技术、生产基地建设的规划研究、宣传、培训和质量控制等工作，为政府主管部门进行有机产业管理决策提供技术支持，开创了我国有机产品事业的先河，目前在全国设有23个省级分中心和办公室。通过认证的有机食品可使用有机食品标准［图9-6（d）］。

（四）地方特色农产品

农产品地理标志，是指标示农产品来源于特定地域，产品品质和相关特征主要取决于自然生态环境和历史人文因素，并以地域名称冠名的特有农产品地理标志［图9-7（a）］。《农产品地理标志管理办法》规定，农业农村部负责全国农产品地理标志的登记工作，农业农村部农产品质量安全中心负责农产品地理标志登记的审查和专家评审工作。省级人民

（a）　（b）　（c）

图9-7　农产品地理标志（a）、中华人民共和国地理标志保护产品（b）及中国重要农业文化遗产（c）

政府农业行政主管部门负责本行政区域内农产品地理标志登记申请的受理和初审工作。农业农村部设立的农产品地理标志登记专家评审委员会，负责专家评审。

中华人民共和国地理标志保护产品，指产自特定地域，所具有的质量、声誉或其他特性取决于该产地的自然因素和人文因素，经审核批准以地理名称进行命名的产品［图9-7（b）］，如长白山人参为中华人民共和国地理标志保护产品。中华人民共和国地理标志保护产品包括：一是来自本地区的种植和养殖产品；二是原材料来自本地区，并在本地区按照特定工艺生产和加工的产品。

中国重要农业文化遗产是指人类与其所处环境长期协同发展中，创造并传承至今的独特的农业生产系统，这些系统具有丰富的农业生物多样性、传统知识与技术体系、独特的生态与文化景观等，对我国农业文化传承、农业可持续发展和农业功能拓展具有重要的科学价值和实践意义［图9-7（c）］。例如，内蒙古敖汉旗旱作农业系统为中国重要农业文化遗产。中国重要农业文化遗产应在战略性、活态性、适应性、复合性、多功能性和濒危性等方面有显著特征，具有悠久的历史渊源和独特的农业产品、丰富的生物资源、完善的知识技术体系、较高的美学和文化价值，以及较强的示范带动能力。

参考文献

崔军．2011. 循环经济理论指导下的现代农业规划理论探讨与案例分析．农业工程学报，（11）：283 ~ 288

丁金胜．2015. 循环经济主导型农业生态园的规划设计研究．中国农业资源与区划，36（4）：140 ~ 144

高倩文，李迪秦．2016. 基于劳动力资源均衡利用的家庭农场规划——湖南省家庭农场案例分析．农业工程，6（4）：110 ~ 112

高志强，兰勇．2017. 家庭农场经营与管理．长沙：湖南科学技术出版社

高志强．2011. 农业生态与环境保护．北京：中国农业出版社

韩玉，龙攀，陈源泉，等．2013. 中国循环农业评价体系研究进展．中国生态农业学报，21（9）：1039 ~ 1048

梁建梅．2015. 基于循环农业发展视角下的乡村规划设计策略研究——以大理剑川县水古楼村规划设计为例. 昆明理工大学

骆世明．2008. 生态农业的景观规划、循环设计及生物关系重建．中国生态农业学报，16（4）：805 ~ 809

薛辉，赵肖玲，张高棣，等．2012. 循环农业科技园区规划理论框架构建．安徽农业科学，（7）：4297 ~ 4299

杨乐．2012. 基于低碳——循环农业理念的生态农林园规划研究——以河南佳多琵琶寺生态农林园为例．杨凌：中南林业科技大学

张海成．2012. 县域循环农业发展规划原理与实践——以临夏北塬循环农业发展规划为例．杨凌：西北农林科技大学

赵志刚，王凯荣，谢小立，等．2012. 循环农业模式指导下的产业园区规划——以温汤镇农业产业园为例. 农业科技管理，31（4）：5 ~ 8，36

邹冬生，高志强．2013. 当代生态学概论．北京：中国农业出版社